Origines de l'Homme, origines d'un homme

Yves Coppens

Origines de l'Homme, origines d'un homme

Mémoires

Odile
Jacob

Tous les dessins sont de Sacha Gepner (sauf figure 19)

15, rue Soufflot, 75005 Paris

www.odilejacob.fr

ISBN : 978-2-7381-3605-3

INTRODUCTION GÉNÉRALE

Écrire des Mémoires ? Drôle d'idée ! Il paraît que cela se fait à un certain âge ! J'ai dû l'atteindre…

Une fois le principe admis, il faut fouiller dans sa mémoire – la mémoire des Mémoires – pour tenter de structurer, *a posteriori*, sa vie ! Ce qui n'est pas simple. Mais, une fois immergé, c'est finalement intéressant. On dessine les contours de tiroirs aux limites choisies, en faisant bien en sorte qu'il y ait des trous dans les tiroirs pour rendre plus fluide leur enchaînement – ce que j'ai appelé transitions. Et il convient ensuite de remplir lesdits tiroirs et, pour qu'ils ne débordent pas et qu'on puisse par conséquent les fermer, il faut trier ce qu'on y met, ce qui n'est pas non plus une mince affaire ! Quatre-vingts ans de souvenirs, de rencontres, de voyages, d'initiatives, de résultats, de succès, de joies, de plein de petits plaisirs et de tout petits malheurs, de grands éblouissements et que sais-je encore ? Quand on n'a pas eu de plan de carrière, il faut donc s'en trouver, ou, en tout cas, faire en sorte que le livre ait des chapitres, chapitres chronologiques, thématiques ou de n'importe quoi pourvu qu'ils ne soient pas trop redondants. Pour moi qui travaille dans le temps, la démarche chronologique a été la plus simple. La tendance est ensuite de vouloir tout dire, au moins de dire beaucoup, de s'étaler en dix volumes plutôt qu'en trois ou en trois plutôt qu'en un. Mais voilà ! après que votre éditeur, plus expérimenté, plus pragmatique aussi, vous a expliqué que la plus élégante manière d'offrir ses Mémoires aux autres est de le faire en un seul volume, vous vous efforcez de « fourrer » toute la matière en une seule bouchée. C'est ce que j'ai fait, mais, pour garder mes illusions, j'ai divisé le volume en trois parties que j'ai appelées trois livres.

Le tri, on l'a dit, est difficile, mais quand on l'a atteint, toujours plus ou moins, il faut le livrer et à peu près obligatoirement à la première personne. « Moi, je » ; alors se pose la question de méthodes d'allègement de cette prétention permanente ! J'ai tenté, bien que ce soit très illusoire, d'injecter des histoires évidemment vécues que je n'aime pas appeler anecdotes (trop accessoires) parce qu'elles sont mieux que cela. Ce n'est jamais totalement satisfaisant. Alors j'ai cité des amis ou des collègues qui font la même chose que moi et qui parfois en font ou en ont fait plus ; c'est peut-être une manière d'adoucir la dimension inévitable de son ego.

Enfin ce livre est certes un livre de Mémoires mais le livre de la part des mémoires tournée vers mes passions devenues profession et, du même coup, vers mon expérience et ma pratique des disciplines de ma « compétence », en espérant qu'elles intéressent et surtout qu'elles inspirent d'autres recherches, ou qu'elles suscitent même de nouvelles vocations. Je n'ai donc que bien peu parlé, par exemple, de ma mère, pianiste, premier prix du conservatoire de Nantes, disparue jeune, une maman particulièrement sensible à qui je dois sûrement beaucoup, en tout cas un large pan de ma facette « émotionnelle », la fameuse « chair de poule » face à l'œuvre d'art. Je n'ai que peu parlé de la famille de mon père, car j'ai essentiellement vécu dans l'« autre » famille, ni de l'origine de son nom, de mon nom, le même que celui de mon éditeur mais habillé en néerlandais ! Je n'ai pas parlé de mes deux sœurs, une, même père même mère, comme disent les Africains, l'autre, même père, dite demi-sœur, ce que je trouve très désagréable. Et j'ai sûrement omis de rendre hommage par ailleurs à beaucoup de personnes dont la rencontre a compté dans mon existence ici ou ailleurs.

Enfin voilà, je me « livre » en pâture ! Et voici le découpage de ces « Mémoires », divisés, comme je l'ai annoncé, en trois « livres ».

Le livre 1, « La coupole de granite », parcourt les années 1934 à 1959. Il pourrait s'appeler *La Bretagne.*

Le livre 2, « Le sable et la cendre », se situe entre les années 1960 et 1984. Il pourrait s'appeler *L'Afrique.*

Le livre 3, « Le savant dans la cité », va de 1985 à aujourd'hui ; c'est un gros troisième tiers que l'auteur souhaiterait grossir encore ! Il pourrait s'appeler *Paris.*

Chaque livre est divisé en six chapitres, chacun terminé par une courte bibliographie comportant, évidemment, les écrits de l'auteur, même les plus minces (ce sont ses Mémoires, après tout !) et quelques références d'autres auteurs dont il fait partie ou pas, références parmi les plus synthétiques et/ou les plus récentes… De manière peu orthodoxe – cela ne se fait jamais dans une bibliographie –, j'ai ajouté, parfois entre parenthèses, ce que certains articles représentaient dans ma vie et dans la vie de mes disciplines – articles annonçant une découverte et désormais invisibles sous le poids des articles de description ou d'interprétation qui les ont suivis, articles pionniers desquels découlent les flots de papiers qu'ils ont inspirés, etc., et ceci d'autant plus que, comme chacun sait, le « péché » le plus fréquent des scientifiques est celui « par omission » ! Chaque livre est en outre terminé par une courte conclusion et par trois portraits rattachés à la période décrite.

Une conclusion générale ferme le volume, comme il se doit.

PREMIER LIVRE

LA COUPOLE DE GRANITE

Le premier tiers d'une longue mémoire
(1934-1959)

« [...] tant il est vrai que la réalisation d'un désir infantile est seule capable d'engendrer le bonheur. »

Sigmund Freud.

À Quentin dont le Grand Ouest, traité dans ce premier tiers, est une des racines et à Martine du Grand Est, une deuxième des racines de Quentin, avec toute mon affection.

À la mémoire de mes parents qui m'ont laissé plonger dans le sol et dans le temps.

Merci à Odile qui m'a affectueusement mais fermement « délivré » de ces Mémoires.

Merci à Jean-Laurent Monnier, Gregor Marchand, Pierre Gouletquer, Christine Bougeot, Serge Cassen, Josette Rivallain, Marie-Yvane Daire que j'ai « pompés » sans vergogne ; merci aussi à la mémoire de Pierre-Roland Giot, Pierre Merlat, Jacques Briard, Jean L'Helgouac'h, Yannick Rollando et même, soyons généreux, à celles de Jules César et de son fils adoptif, Auguste.

Merci à Sacha Gepner qui a bien voulu offrir son talent et son temps à une grande partie de l'illustration de ce livre.

Merci à Marie-Lorraine Colas, à Jeanne Pérou, à Dominique Renoux, qui ont tout fait, avec ce que je leur ai fourni, pour que ce livre soit beau. Merci à Marie de Oliveira, qu'on oublie souvent parce que sa contribution n'arrive qu'après… et qui pourtant fait tout pour que ce livre soit aimé.

Et merci à Monique Tersis, bien sûr !

« Avec la science et l'amour, on fait le monde. »

Anatole France, *Le Livre de mon ami.*

Préface

Les vingt-cinq premières années de mon existence peuvent être découpées en quatre parties involontairement rythmées : les sept premières à Vannes (début de l'école en « dixième » ; j'avais 7 ans), les trois suivantes à Clermont-de-l'Oise et Paris (fin du primaire, « dixième, neuvième et huitième », je n'ai pas fait de septième), les sept suivantes à Vannes (collège et lycée, tout le secondaire), les quatre dernières bretonnes à Rennes (début du supérieur) et toutes les suivantes à Paris (études doctorales et vie professionnelle) ; on s'arrêtera ici à 1959, année de départ de mes grandes expéditions.

Avant que, durant ces années, je n'attrape l'archéologite (pour des raisons que j'ignore), je me souviens avoir contracté l'exotite (pour des raisons que j'ignore également) ; j'ai en effet l'impression que l'attrait de l'ailleurs et des gens d'ailleurs m'a envahi avant que ne s'empare de moi l'attrait de l'avant et des gens d'avant, sans pour autant que l'ailleurs ne me quitte.

Mais, dans le petit brouillard des années de l'enfance et de l'adolescence, les points de repère ne sont pas légion. Retenons-en deux d'allure significative. Le premier m'est venu de la mémoire des autres, pas de la mienne. C'est en effet une phrase inscrite dans les souvenirs de ma famille et que l'on me prête (par son langage maladroit elle semble traduire mon tout petit âge d'alors,

3 ou 4 ans) : « Quand je sera grand, je sera soldat nègre[1]. » Le second est l'image de ma première collection d'antiquités, reposant précieusement dans des boîtes d'allumettes tapissées de coton : quelques monnaies en argent de Louis XV (offertes par ma grand-mère paternelle) et quelques coquilles fossiles des affleurements secondaires de l'est du bassin de Paris, rapportées du front de l'Aisne ou des Ardennes par mon père (évidemment mobilisé) lors d'une permission (ce qui trahit un âge de 6 à 7 ans).

Ces points d'appui modestes ne sont destinés qu'à rechercher les tout premiers signes des deux maladies citées, les pathologies s'étant ensuite toutes les deux généreusement déclarées sans plus laisser de doute sur leur diagnostic : accumulation de documents d'Afrique (surtout) et d'Asie tropicale de toutes natures, dans le premier cas, réunis dans des cahiers intitulés « Les Nègres 1 », « Les Nègres 2[2] », etc. ; accumulation de revues et de livres de préhistoire, d'archéologie, d'histoire antique ou médiévale, avant que ne viennent les rejoindre, briques, tessons et pierres taillées, dans le second cas. L'exotite a pu me venir d'un certain environnement breton où les marins parlent avec des noms qui chantent de rivages lointains et colorés ; l'archéologite d'un environnement tout aussi breton où les grosses pierres dressées, alignées, montées les unes sur les autres, jaillissent de toutes les landes et de tous les bois de ce pays de bocage. Mais l'une et l'autre ont pu tout simplement naître d'un esprit rêveur où l'imaginaire avait une

1. Il est inutile de préciser qu'il n'y avait pas la moindre connotation désagréable dans cette terminologie ; j'étais au contraire fasciné par l'autre, par la différence, et le suis demeuré. J'ai appris par ailleurs, sans doute de mes parents, et sans m'en rendre compte, le respect de cet autre, qu'il soit enfant ou âgé, homme ou femme, d'une couleur ou d'un « faciès » (comme on dit sans élégance) ou d'une autre couleur et d'un autre « faciès », au point qu'il m'est et me reste naturel ; je n'y ai pensé que lorsqu'on me l'a fait remarquer. C'est pour cela que j'emploie ce mot de « nègre », sans le déguiser, car pour moi il est noble ; et c'est ici une citation (qui date de 1937 ou 1938 !) que je ne peux trahir.

2. Les « nègres » étaient pour moi les autres, dont les différences m'attiraient fraternellement, me fascinaient et me fascinent toujours. Il y a quatre-vingts ans que je n'emploie plus ce mot, mais c'est ici encore une citation.

place immense, bien plus fréquente que l'on pense sous les crânes de tous les petits garçons et de toutes les petites filles de la Terre. Après tout le « soldat nègre » est un homme qui possède à la fois les couleurs de son uniforme que tous les enfants admirent et celles de sa peau que j'estimais être le complément de luxe tellement enviable. Faute d'être né noir, je voulais le devenir ! Quant aux vestiges du passé, ils soulèvent, à partir d'indices souvent modestes, de larges plages de rêve où l'imagination est non seulement permise, mais obligatoire.

Toujours est-il que j'arrivai à l'âge adulte chargé de ces deux obsessions devenues inguérissables ; j'avais fait avec succès ce qu'il fallait des années durant pour entretenir la seconde en parcourant terres labourées et falaises côtières à la recherche d'objets anciens mis au jour par la charrue ou par la mer ; j'attendais avec patience que l'occasion se présentât pour commencer à assouvir la première, quelque peu sur sa faim, même si le cadre breton s'était doucement élargi à l'Europe de l'Ouest (j'étais à Londres en 1948, pour me récompenser de mon brevet – le brevet des collèges –, en Espagne et en Italie à plusieurs reprises dans la fin des années 1940 et le début des années 1950, en Belgique et en Hollande dans les mêmes années 1950, à Bâle, pour ma première mission officielle à l'étranger, en 1959) ! Tout cela, c'était certes une mise en bouche de l'ailleurs mais pas encore véritablement le traitement efficace de l'exotite !

Comme j'ai rencontré Jules César avant Neandertal, l'ordre que je suivrai, contrairement à mon habitude, sera celui du temps de ma vie et non celui du temps de l'Homme.

OUVERTURE

Quelques petits sesterces[1] pour les « commissions »

il y a 2 000 ans

« Ce que les Hommes appellent civilisation, c'est l'état actuel des mœurs (de chez eux) et ce qu'ils appellent barbarie, ce sont les états antérieurs (ou d'ailleurs). »

D'après Anatole FRANCE
(les parenthèses sont miennes).

1. Je dis sesterces mais certaines monnaies pouvaient être des aurei (en or), des quinaires (en or ou en argent), des deniers (en argent), des dupondi, des as, des semis ou des quadrans en bronze (cuivre et étain), en billon (argent et cuivre), en orichalque ou en laiton (cuivre et zinc).

Durant mes années de « secondaire » à Vannes, dont les étés se passaient à La Trinité-sur-Mer, je fréquentais beaucoup le musée de préhistoire James Miln-Zacharie Le Rouzic de Carnac (créé en 1882), que conservait Maurice Jacq, un des gendres de Zacharie Le Rouzic, pionnier de la préhistoire locale. À force de m'y rendre, la plupart du temps à pied (4 kilomètres), j'avais été remarqué par ce monsieur – il ne pouvait guère faire autrement – et nous étions devenus « amis », malgré la différence d'âge. Nous bavardions des heures dans la petite pièce « bureau » de ce musée tout de plain-pied, musée fait d'une très grande et longue pièce contenant les objets archéologiques recueillis dans la région et d'une pièce aussi longue, mais moins profonde contenant les moulages dressés de dalles néolithiques ornées (provenant de dolmens du département) (figure 1). Je dois à Maurice Jacq, bienveillant, nombre des premières connaissances de cette préhistoire morbihannaise si riche, du mésolithique (8 000 à 7 000 ans), à l'époque romaine (2 000 à 1 700 ans), connaissances d'autant plus intéressantes qu'elles étaient sans cesse accompagnées d'une démonstration sur pièces.

Or Maurice Jacq avait acquis pour son musée, peu de temps auparavant, un vase gallo-romain genre amphore, rempli de monnaies des premiers siècles de notre ère, sorte de trésor (sans doute mis à l'abri par son propriétaire au moment des menaces d'invasion des alentours du milieu du IIIe siècle). Le vase contenait en effet 12 000 pièces, la plupart en bronze ou

Figure 1. *Musée James Miln-Zacharie Le Rouzic de Carnac (aujourd'hui démoli et remplacé par un petit square), où j'achetais mes monnaies romaines.*

alliages divers[1], quelques-unes en argent, aux effigies des nombreux empereurs qui s'étaient succédé durant les trois siècles de ce fameux empire qui avait suivi la république. L'étude des monnaies ayant été réalisée, Maurice Jacq avait cru bon de mettre en vente les doubles, nombreux, pour le bénéfice du musée. Je n'y tenais plus ! Mes parents alertés trouvèrent dans ces achats une idée facile de me faire plaisir pour célébrer mes anniversaires qui tombaient précisément au mois d'août. Plusieurs années, je reçus ainsi pour mon plus grand bonheur, une ou deux pièces de bronze du fameux vase ; une année même, j'en ai oublié la raison, ce fut une monnaie en argent (de Néron) que je

1. Car, comme toujours et partout, plusieurs fois dévaluées depuis les premières...

reçus en cadeau. Je ne quittais pas mes « sesterces » et, d'ailleurs, aujourd'hui encore, je ne les ai pas quittés[1].

La période romaine entrait tout à fait dans mon champ de passion, par la voie du terrain en tout premier lieu, par la voie des textes vraiment derrière ; je n'étais pas mauvais en latin ; j'ai d'ailleurs eu sept ans de pratique scolaire de cette langue morte à laquelle, heureusement, l'archéologie donnait un peu de couleurs ; mais ce n'était pas ma matière préférée.

Imprégné d'Armorique et de préhistoire, je considérais quand même les Romains comme les envahisseurs qu'ils étaient – vous vous souvenez, « ceux d'ailleurs » d'Anatole France. Et mon chauvinisme d'alors ne pouvait supporter cette défaite navale des Vénètes, aux deux cents navires à voile (disait Strabon), devant les Romains aux barques à rames, un jour de calme plat, dans les eaux du golfe du Morbihan ou de ses parages océaniques immédiats (septembre 56 avant Jésus-Christ). Et je m'offris le luxe de recopier le *De bello gallico* de Jules César pour le retraduire et me rendre compte par moi-même des invraisemblances et des vantardises du général romain que j'avais, émotionnellement, en horreur ! J'ai retrouvé ce recopiage, daté de juillet 1949, sur un petit carnet dont je reproduis ici deux des pages (figure 2). Comment les puissants Vénètes, dont je me sentais, à raison ou à tort, descendre, avaient-ils pu se laisser « avoir » par une humeur de la météo qu'ils connaissaient par cœur ? Je ne m'en suis jamais remis. Mais mon intérêt pour l'archéologie romaine et gallo-romaine de terrain, curieusement, n'en souffrit pas.

J'ai couru les sites gallo-romains, parcouru les voies dites « romaines » – qui avaient d'ailleurs souvent repris les chemins

1. Ces monnaies sont à l'effigie de Néron (54-69), Trajan, Hadrien, Gordien, Valérien, Gallien, Postumus, Tetricus et Maximilianus Herculus (286-305), belle collection, n'est-ce-pas ? Quant à l'amphore, elle venait de Bermagouët en Missillac (Morbihan).

gaulois –, traqué les places fortifiées, fouillé les habitations dites « villas[1] », en les recherchant souvent, par la toponymie, et recueilli à terme suffisamment de briques (*tegulae*) et de tuiles (*imbrices*) pour construire, moi-même, si j'en avais eu le courage et le talent, une de ces maisons. Le Vannes romain (appelé « Darioritum ») me fascinait et je me suis efforcé, des années durant, d'en retrouver, d'ailleurs avec succès, des traces (j'étais dans chaque tranchée de travaux publics), mais aussi des morceaux de son *castrum*.

C'est en effet vers le milieu du IIIe siècle que ces menaces d'invasion dont je parlais à propos de l'enfouissement de l'amphore aux monnaies, entraînèrent la construction de remparts autour des principales villes gallo-romaines – Nantes, Rennes, Brest, Alet (Saint-Malo), Vannes – et le tracé de ceux de Vannes est désormais bien connu. L'excellent petit livre *Les Remparts de Vannes*, publié en 2008 à l'initiative du service de l'animation du patrimoine de la Ville, dessine le périmètre (980 mètres) de ce *castrum* de 5 hectares, stratégiquement installé sur le promontoire rocheux dit du Mené (sur lequel fut construite ensuite la cathédrale Saint-Pierre), délaissant ainsi la ville gallo-romaine du haut Empire (fondée à la fin du Ier siècle avant Jésus-Christ), essentiellement bâtie sur la colline de Boismoreau (quartier de Saint-Patern, de la gare, de l'étang au Duc, du cimetière). Quatre fragments des murs de cette première enceinte sont conservés ; j'en fréquentai deux : le plus important, rue Thiers, au fond d'un jardin privé que les propriétaires alors pharmaciens, les Mesguen, m'autorisaient à visiter, admirer, mesurer, photographier, palper, parfaitement construit en rangées de pierres de petit appareil de granite,

1. Ces villas sont parfois si belles (aussi belles disent les archéologues que les plus belles villas des côtes italiennes de la Méditerranée – mer Tyrrhénienne – et notamment celles réputées de la baie de Naples) que cela pose un problème « économique » : pourquoi ces Gallo-Romains des côtes sud-armoricaines étaient-ils si riches ? On a pensé que la raison pouvait en être le profit de l'exploitation du sel marin dont nous reparlerons plus loin.

de gneiss ou de micaschiste du pays, interrompus par deux ou trois niveaux de briques, et le second, au fond de ce qui était alors le garage des voitures de pompiers, près de la préfecture et qu'on me laissait aussi approcher et contempler sans limites. Je ne connaissais pas les deux autres.

Un village celte s'était en effet installé dès le Vᵉ siècle avant Jésus-Christ, sur les bords de la rivière Marle, au carrefour de trois collines (la Garenne, Boismoreau, le Mené) et c'est à ce village que succéda Darioritum (ce qui en celte, signifie le gué). Et la ville gallo-romaine de Darioritum se fit Venetum (Vannes) dès le IVᵉ siècle après Jésus-Christ, prenant le nom du peuple (les Vénètes) dont elle était la capitale.

Je suis allé me régaler, depuis, du long mur merveilleusement conservé du rempart gallo-romain du Mans (Vindunum), toujours flanqué de quelques tours et de quelques portes. Et puis, installé à Paris en 1956, je n'ai cessé de fréquenter Lutèce, son *cardo* – la rue Saint-Jacques –, grand axe nord-sud (j'étais assistant à la Sorbonne sur son « talus » ouest cette année-là et je suis revenu vingt-cinq ans plus tard, professeur au Collège de France, sur son « talus » est), son *decumanus* – le boulevard Saint-Germain ou la rue des Écoles –, grand axe est-ouest, et de courir ses thermes de Gay-Lussac, du Collège de France et de Cluny et ses arènes, sans parler de mes descentes obsessionnelles dans toutes les tranchées de fondations d'immeubles ou de réparations de fuites de gaz du Paris antique, sous l'œil toujours bienveillant et souvent amusé des ouvriers ou des chefs de chantier. Ici aussi mes récoltes ou mes remarques ont été multiples, du théâtre de la rue Racine au Forum de la rue Soufflot, de l'enceinte de l'île de la Cité aux premiers ponts sur la Seine (le Petit Pont et le pont Notre-Dame), des premières rues et de leurs maisons riveraines du flanc nord de la Montagne-Sainte-Geneviève ou de son plateau (rue Lhomond, rue des Fossés-Saint-Jacques, rue Gay-Lussac) à son

Figure 2. *Deux des pages de carnet où j'avais recopié en 1949* (mon carnet était daté) *le* De bello gallico *de Jules César, pour le traduire à nouveau !*

aqueduc long de 25 kilomètres et apportant l'eau de Rungis aux 10 000 habitants que pouvait contenir alors la ville.

Pour moi, « mon » gallo-romain archéologique venait simplement s'asseoir sur le « gaulois » de la Tène, juste après la mauvaise victoire de Jules César. En dehors de quelques informations très vaguement distillées au fil des cours de latin[1], j'ignorais pratiquement tout de l'histoire de la Rome conquérante de la fin du VIIe siècle avant Jésus-Christ. C'est pourtant un parcours admirable mais bien sûr chaotique qui y a conduit une monarchie d'origine étrusque (les Tarquins) à ce qu'on a appelé la république, déjà à la tête d'une confédération de cités-États (le Latium), avant de s'installer, grâce aux succès des guerres puniques, sur l'ensemble de la Méditerranée occidentale et bientôt orientale. Jules César, toujours lui, politique clairvoyant mais dictateur jalousé, sera bientôt assassiné et ce sera son fils adoptif, Octave Auguste, qui ne gardera d'ailleurs que le nom d'Auguste (31 avant Jésus-Christ-14 après), qui organisera pour trois siècles, ce qui est considérable, un immense empire, succédant à la république agitée, dans une *Pax augusta* autour de la fameuse *Mare nostrum* la bien nommée. Vandales, Wisigoths, Francs, Ostrogoths, Goths, venus du nord, mettront fin à ce long et immense empire qui a vu se succéder bien des empereurs aux règnes longs ou moins longs et dont « mes » monnaies me donnaient une petite idée.

« Mon gallo-romain archéologique », d'abord très gaulois, puis de plus en plus habilement romanisé, s'inscrivait donc entre 56 avant Jésus-Christ et la fin de l'empire avec Romulus

1. Je connaissais La Rome aux sept collines que fondèrent en 734 avant Jésus-Christ les fameux jumeaux Romulus et Remus, nourris par la louve généreuse mais pas la bien jolie naissance de Rome ; il fallait pourtant, à la ville éternelle, une ascendance céleste ; les jumeaux célèbres descendaient en effet d'Énée, lui-même fils de Vénus ; nous voilà rassurés ! Je connais d'ailleurs désormais Rome sans doute autant que Paris ! Rome qui a aujourd'hui 3 000 000 d'habitants et qui en aurait eu 1 000 000 il y a 2 000 ans !

Augustule, affaibli par la division de l'État et le développement de Constantinople. L'archéologie est ensuite évidemment présente mais moins éclatante, avant que ne se manifeste la première dynastie des Mérovingiens, Clodion (428-448), Mérovée (448-458), Childéric (458-481) et surtout Clovis (481-511), roi franc qui réussit la réunification de la Gaule en se présentant, « malin », aux Gallo-Romains comme l'héritier des empereurs et leur représentant ! Je n'ai guère abordé les Carolingiens ni les Capétiens, si ce n'est en « bon » archéologue, au travers de certaines de leurs céramiques, à l'argile très particulière, dite « séricitique », et que j'avais avec une autorité et une prétention juvéniles, juste pour me démarquer, appelée « soyeuse ».

*

Y. Coppens, « Quelques découvertes d'archéologie préhistorique, protohistorique et romaine », *Bull. mens. Soc. polym. Morbihan,* Vannes, années 1953-1954, 1955, p. 108-109.

Y. Coppens, « Du gallo-romain, rue du Colonel Maury à Vannes », *Bull. mens. Soc. polym. Morbihan,* Vannes, séance du 12 novembre 1953, 1955.

Y. Coppens, « La céramique "soyeuse" dans le sud du Morbihan », *Notices d'archéologie armoricaine des Ann. de Bretagne,* Rennes, année 1956, LXIII, 1, 1957, p. 143-152, 3 fig.

Y. Coppens, « La cité gallo-romaine des Vénètes », *Bull. mens. Soc. polym. Morbihan,* Vannes, séance du 10 octobre 1963, 1964.

Y. Coppens, « La romanisation de la Gaule » et « Quand Paris est devenu Paris », in *Le Présent du passé,* Odile Jacob/France Info, 2009.

Y. Coppens, « Lutèce, Chantiers sous Paris » et « Le pilier de Saint-Landry », in *Le Présent du passé au carré,* Odile Jacob/France Info, 2012.

Y. Coppens, « La naissance des Gallo-Romains », « Jules César », « L'équipement d'un chirurgien romain », « La fabrication de la monnaie romaine », « Des monnaies celtes et des monnaies romaines », « La circulation dans l'Empire romain », « Une villa romaine en Bretagne », « La ville romaine », « Les thermes romains », « Les murs de Paris », in *Le Présent du passé au cube,* Odile Jacob/France Info, 2013.

Y. Coppens, « Les fouilles de Condate », « Exotisme romain », « De Lutèce à Paris », « Un bateau gallo-romain », « Angoulême et Vannes », « Le Louvre, Maillol et le Mucem », « La préhistoire de France », in *Des pastilles de la préhistoire. Le présent du passé 4,* Odile Jacob/France Info, 2015.

P. André, « Le rempart de Vannes et la défense de la ville au Bas-Empire », actes du colloque « Les remparts de Vannes », *Bull. des Amis de Vannes*, 12, 1988, p. 20-26.

P. André *et al.*, *Quand Vannes s'appelait Darioritum*, catalogue de l'exposition, La Cohue/Musées de Vannes, 1992.

P. André, A. Triste, « Question sur les origines antiques de Vannes (Ier siècle avant Jésus-Christ-Ier siècle après Jésus-Christ) », Association bretonne, 1997, t. CVI, p. 97-102.

C. Goudineau, « Lutèce », in Jean Leclant (dir.), *Dictionnaire de l'Antiquité,* PUF, 2005.

P. Grimal, *L'Empire romain*, Éditions de Fallois, 1993.

P. Grimal, *Histoire de Rome*, Mille et Une Nuits, 2003.

J. Guilleux, *L'Enceinte romaine du Mans*, J.-M. Bordessoule éditeur, 2002.

C. Le Pennec, « Vannes au Bas-Empire : un castrum », *Bulletin de la Société polym. Morbihan*, 2012, tome 138, p. 55-93.

CHAPITRE 1

Des petits pots pour le sel

il y a 2 500 ans

« Quelques pincées de sel… pur comme de l'argent fondu. Ah ! ce sel, j'en viderais une pleine écuelle avec un seul pain rond. »

Abou Moutahhar Al Azdi, Bagdad, xᵉ siècle.

C'était en 1944. Je revenais de quelques années dans la région parisienne (Clermont-de-l'Oise et Paris) – j'étais alors régionparisien, disait Quentin[1] – pour m'inscrire en sixième au collège de Vannes. C'est d'ailleurs dans ce collège et lycée Jules-Simon que je ferai mes sept années de secondaire, comme je l'ai évoqué dans l'ouverture. Mon attirance pour l'archéologie, déjà ancienne, ne faisait que s'affirmer et s'exprimer[2]. C'est donc très rapidement – mais je ne me souviens plus exactement quand – qu'un ami de mon grand-père maternel, Joseph Bouix, frappé par ma passion, proposa à ce dernier de m'introduire dans une société « savante » qui portait et porte toujours le joli nom de « polymathique ». Il ne pouvait pas m'y inscrire, me précisa-t-il, car je n'avais pas l'âge d'en devenir membre, mais il pouvait me donner accès à sa bibliothèque et à son musée en attendant que je vieillisse – c'était en 1944, j'avais en effet 10 ans[3] !

Le siège de la Société polymathique était un petit château du XVe siècle, appelé Château-Gaillard, d'abord résidence du chancelier

---

1. Mon fils.
2. Mes copains de collège m'appelaient « Coco le Fossile » ou « le Père la brique » !
3. Officiellement présenté le 9 octobre 1952 (presque huit ans après y être officieusement entré !), j'y ai été admis membre le 13 novembre de la même année. Et cela m'a mis doublement en colère, car j'y ai été parrainé par mes deux parents que j'avais précédés dans l'institution et que j'avais donc introduits, n'étant pas encore membre. Ma première communication, datée de la séance du 11 octobre 1951 (j'avais 18 ans), était d'ailleurs apparue dans la rubrique « Correspondance » et commençait en ces termes : « Le jeune fils de notre collègue M. Coppens a, au cours des vacances, prospecté le littoral à la recherche de fours et de dépôts d'augets. À son tableau de chasse figurent huit dépôts… » Une honte : non seulement c'était mon travail et mes résultats mais, en outre, ils étaient présentés par mon père sous l'intitulé très condescendant de « Correspondance » !

du duc de Bretagne, puis siège, au XVIIe siècle, du Parlement de Bretagne, au cœur des quartiers médiévaux de la ville de Vannes. Comme toutes ces sociétés savantes nées au XIXe siècle, la Polyme, comme on l'appelait familièrement (fondée en 1826), avait réuni des amateurs de sciences historiques, archéologiques et naturelles qui avaient offert à ladite société leurs récoltes géologiques ou paléontologiques, zoologiques ou botaniques, archéologiques ou préhistoriques.

Le musée de la Société polymathique du Morbihan était ainsi devenu fort de collections naturalistes d'origine essentiellement locale, de valeurs d'ailleurs très inégales, mais aussi et surtout de collections archéologiques – néolithique, âges du bronze et du fer, périodes gauloise et gallo-romaine – d'une extrême richesse, reflet de l'importance des peuplements de la région et de l'éclat de leurs cultures, reflet aussi de plus d'un siècle de fouilles à l'ancienne à la recherche presque exclusive de la belle pièce.

Mes jeunes années ont ainsi été illuminées par des centaines d'objets magiques, contemplés des centaines d'heures ; on m'ouvrait le musée quand je le désirais, mais tout de même pas les vitrines. Je me souviens de longues haches votives au poli parfait et à la couleur souvent verte comme l'océan, de pots maladroits mais élégants ou faits au tour et arrogants, colorés les uns et les autres, selon les fantaisies du feu, en rouge vif ou bruns divers, en gris plus ou moins intenses ou en noirs éclatants ; je me souviens d'épingles, de couteaux, d'épées et de « haches » en bronze, de formes variées ; je me souviens de statuettes en terre blanche de Vénus nues et dressées et de déesses mères assises – et parfois de leurs moules –, fascinantes malgré les tirages multiples dont elles avaient certainement fait l'objet.

Le rez-de-chaussée et le premier étage étaient alors occupés par cette présentation publique de collections – le rez-de-chaussée par celle de sciences naturelles (animaux empaillés, coquilles, roches), le premier étage, privilégié, par celle somptueuse de préhistoire ; pour accéder à la bibliothèque, il fallait monter au-dessus du musée, au deuxième étage, par ce même grand escalier de pierre à vis qui sentait bon la fraîcheur, l'humidité et le pipi de chat et puis encore au-dessus, au troisième et dernier étage, par un petit escalier en colimaçon dans une tourelle uniquement faite pour le contenir et dont j'avais trouvé un jour la porte dérobée maquillée en faux placard peint – en fait, on pouvait y arriver aussi par le grand escalier de pierre, mais l'accès par cette voie était condamné.

Le deuxième étage était composé de deux grandes pièces reliées entre elles, aux murs tapissés de livres et qui servaient de salle de réunion et d'une petite pièce appelée Cabinet des Pères du désert, totalement couverte de placards aux portes de bois peints au XVIIe siècle de scènes évoquant la vie des ermites. C'est donc derrière un de ces panneaux que je découvris, un jour, porte, escalier secret, et nouvel étage de livres, de revues, de journaux et de collections stockés en attendant une intégration meilleure. Il est facile d'imaginer le bonheur qu'a pu vivre, seul, dans ce château rempli de souvenirs et de trésors, un petit garçon épris d'histoire, de préhistoire et de lectures.

Soixante-dix ans après, j'ai l'impression d'y avoir passé l'essentiel de mon temps, ce qui n'est certainement pas le cas puisque le collège puis le lycée et leurs contraintes devaient m'en prendre quand même aussi un petit peu !

C'est pendant cette période de plénitude – c'est le mot qui me vient pour traduire à la fois l'impression de grande sérénité et de total bonheur que m'ont laissée ces années « Polyme » –, que je reçus le « choc » du terrain[1]. Joseph Bouix, celui-là même qui me fit entrer dans le monde merveilleux de la Société polymathique, m'invita un jour à visiter, sur la côte orientale du golfe

1. Presque le syndrome de Stendhal.

du Morbihan, un site archéologique que venait juste d'y découvrir le docteur Le Pontois (un polymathe – naturellement). C'était en 1948. Je me rendis donc avec mon vieux compagnon dans une petite presqu'île, appelée Le Péchit ou Senage, à la côte basse et tourmentée, et me trouvai bientôt sur une plage modeste de vrai sable – pas de vase – face à une microfalaise de terre dont la tranche se montrait littéralement bourrée de tout petits fragments de fine poterie rouge brique. Je ne pourrai jamais décrire l'effet que m'a fait cette vision. Pour la première fois, j'étais en présence d'objets d'une réelle antiquité m'arrivant du temps, des objets que je pouvais observer (ce que je fis longtemps), oser toucher, questionner, recueillir. J'étais fasciné, rempli d'un enthousiasme que je m'efforçais de contenir ; pour moi, passionné depuis des années, je n'avais rencontré de semblables objets que dans des livres ou au travers de vitrines, et je n'avais jamais osé penser pouvoir les croiser dans leurs gisements tels que leurs fabricants et propriétaires les avaient laissés. Soudain, l'inattendu venait se livrer, se mettre sous mes yeux, sous ma réflexion, sous ma main. J'ai l'impression que le choc d'une conversion peut ressembler à cela. Ce n'était certes pas pour moi une conversion, mais c'était bien, au sens propre, une révélation.

« C'est un four à augets romain », m'assena Joseph Bouix, en riant beaucoup de me voir ainsi hébété.

Je suis rentré ce soir-là excité au point de n'en pas dormir ; le lendemain, j'étais évidemment à nouveau sur la petite plage de Senage, mais seul cette fois avec mes « interlocuteurs antiques », carnet et mètre en main, afin de noter tout ce qu'ils allaient me raconter ; ce n'était d'ailleurs pas un vrai carnet que j'avais mais un cahier de mon équipement de collégien, et pas un double décimètre rigide, métallique et pliant, mais le mètre à ruban de la trousse de couture de ma grand-mère maternelle chez qui j'habitais. Et je passai ainsi sur ce rivage « enchanté » des moments véritablement fantastiques.

Et puis, fort de ce que j'avais vu, recueilli, appris, des conditions de gisement de ce type de site, le seul type qu'à l'époque je connaissais, je partis le long des côtes, de toutes les côtes du Morbihan, le long du golfe d'abord, le long de celles de l'océan ensuite, en chercher d'autres. Je prenais parfois le car, le « vapeur » d'autres fois – un petit bateau qui desservait les principaux bourgs établis sur les bords de cette mer intérieure ou sur ses îles –, pour y mener une prospection systématique. Et je découvris des sites et des sites de toutes sortes, des stations telles que celle de Senage, mais aussi de beaucoup d'autres faciès et de beaucoup d'autres âges. Quand je les avais repérés, j'y revenais à bicyclette, armé de quelques outils et de beaucoup de petits sacs pour y recueillir mes précieuses « prises ».

Mais ne nous dispersons pas et restons-en aux gisements de petits pots. Dans les pages des *Bulletins mensuels de la Société polymathique du Morbihan*, j'en ai décrit huit nouveaux en 1951 (dont les découvertes s'additionnaient depuis 1948), neuf en 1952, deux en 1953, onze en 1954, dix en 1956, soit une quarantaine en une demi-douzaine d'années de prospection !

En 1953 et 1954, je publiai deux articles de synthèse sur ce sujet dans les *Notices d'archéologie armoricaine des Annales de Bretagne*, résumant dans le premier ce que j'avais observé de plus que mes aînés (G. de Closmadeux en 1880, P. du Chatellier en 1886, H. Quilgars en 1902, E. Rialan en 1924) et tentant, dans le second, leur inventaire et, du même coup, leur répartition géographique.

Qu'avais-je donc recueilli tout au long de ces années ? Des milliers et des milliers de tessons de ces petits pots troncprismatiques (à section rectangulaire et côtés trapézoïdaux s'élargissant vers le haut) que l'on appelait augets ou augettes (figures 3 et 4) ; des cornets en même poterie fine mais un peu plus épaisse ; de petits « tortillons », des boules et des « pièces en T », tous en argile ;

Figure 3. *Un auget, dessin de face « transparent » et figuration dans sa réalité.*

Figure 4. *Mode de stockage des augets dans les sites.*

des briquettes de différents types à section rectangulaire, trapézoïdale ou circulaire, en argile aussi, et des tessons de pots rouges, bruns ou noirs d'un autre usage que celui des augets. Les coupes de terrain m'avaient livré de véritables dépôts d'augets (figure 4), souvent emboîtés les uns dans les autres et posés sur une de leurs plus grandes faces, soit parfois, mais plus rarement, des dépôts de tortillons, soit encore des fours ou des fosses aux parois d'argile cuite sur place.

Mais qu'étaient donc ces fours dits à « augets » ? Et à quoi servaient ces augets eux-mêmes ? Il s'agissait d'installations liées à l'extraction et à la commercialisation du sel marin. Il n'est pas nécessaire de réfléchir beaucoup pour déduire de cette première donnée que les artisans pratiquant ce métier avaient dû penser sa mise œuvre en termes de matières premières (argile pour le contenant et eau de mer pour le contenu), en termes de stockage (cuves), en termes de conditionnement du sel et de méthodes pour son extraction (augets et fourneaux), et enfin en termes de vente.

Imaginons donc un de ces artisans souhaitant s'installer ; il cherche d'abord bien sûr un endroit proche d'un rivage d'eau salée – mer ou lagune – et, si possible, d'une source d'argile. Quand il l'a trouvé, il creuse d'importants trous pour stocker, les uns, l'eau salée ou la saumure (après lavage à l'eau salée des algues ou du sable des côtes et concentration de cette eau par cuisson), les autres, l'argile, et d'autres encore pour les salaisons, et il en colmate les parois et le fond avec de l'argile crue pour les rendre plus étanches. Il va ensuite construire ses premiers fourneaux, pour cuire les augets et les briquetages. Et puis il construit les seconds fourneaux, des foyers surmontés de grilles de briquetages sur voûtains de bois et d'argile, grilles sur lesquelles seront posés les petits augets remplis d'eau de mer. Et les fameux petits vases rouges se chargeront ainsi petit à petit, au fil de la lente évaporation de leur contenu, du précieux sel attendu ; Pierre Gouletquer décrit les premiers fourneaux de cuisson des augets mais ne croit pas à la récolte du sel par évaporation, il l'imagine plutôt par simple ratissage des surfaces des estrans et puis séchage dans les augets.

Le terrain livre évidemment tous ces éléments, avec toute la richesse de leurs variantes opportunistes, fantaisistes ou créatrices.

Les cuves de stockage ont par exemple toujours des parois en argile crue, mais parfois ces revêtements s'appuient sur des affleurements ou sur des dalles de roche cristalline (granite) ou métamorphique (gneiss, micaschistes) posées sur chant ; d'autres fois, ce sont de véritables petits murs de galets qui sont montés, liés à l'argile crue. Le fond est lui aussi fait d'argile, même si quelquefois une sorte de dallage de pierres plates vient le renforcer. À Locmiquel, dans le Morbihan, j'avais noté 30 centimètres d'épaisseur de paroi d'argile, composée d'une plaque interne plus élaborée et d'un revêtement externe brut ; à Ilur, dans le Morbihan, Marie-Yvane Daire, qui a beaucoup étudié ces installations et les a soigneusement fouillées, a exploré deux cuves, l'une de 2,30 mètres sur 1,80, l'autre de 2,60 mètres sur 2,20 et les deux de 60 centimètres de profondeur ; à Yoc'h, elle a trouvé aussi deux cuves, l'une de 1,20 mètre de diamètre, l'autre de 1,25 mètre, toutes les deux de 60 centimètres de profondeur, et elle a estimé leur capacité à 450 litres environ, tandis qu'ailleurs ce ne sont pas deux cuves qu'elle a mises au jour, mais une seule – un fossé de 300 à 700 litres de capacité environ (à l'Aupinière en Ille-et-Vilaine par exemple) –, ou une batterie de 4 ou 5 petits bassins – 5 cuves dans une seule grande fosse et 4 cuves isolées dans le voisinage (à Landrellec dans les Côtes-d'Armor).

Les fourneaux sont, la plupart du temps, des fosses, creusées, tapissées d'argile comme les fosses de stockage mais évidemment dotées d'une entrée pour l'alimentation en combustible. Ils sont en général rectangulaires (2,50 mètres de long aux Ébihans, dans les Côtes-d'Armor, 2,05 mètres sur 1,70 à Ilur, fouillés par Marie-Yvane Daire), et l'entrée des braises se fait par une extrémité (petit côté) ou par un des grands côtés. Une autre petite fosse voisine permettait la préparation des braises. Certaines stations offrent plusieurs fours, les uns peut-être pour la cuisson des briques et des augets, les autres pour l'évaporation de l'eau salée, sa concentration ou son séchage. Mais le même four pouvait servir successivement aux deux fonctions : à la cuisson de ses propres parois et des briquetages (d'abord et une fois pour toutes), et puis au montage et au fonctionnement de la petite usine (ensuite et longtemps).

Les « fourneaux-usines » à évaporation (ou pas) étaient faits, de bas en haut, d'une structure de bois arc-boutés, les « voûtains », plaqués d'argile, structure construite en travées pour, à la fois, recouvrir et protéger les braises, permettre à la chaleur d'agir sans obstacles mais aussi bien sûr supporter les grilles à augets ; les grilles elles-mêmes, constituées de briquettes ou de barres d'argile s'entrecroisant, faisaient donc entretoises entre les voûtains. Quelques chiffres, bien qu'ils soient très variables, peuvent fixer les idées : à Ilur (M.-Y. Daire), les voûtains avaient 45 centimètres de haut et 5 centimètres d'épaisseur ; à Locmiquel (Y. Coppens), les briquettes avaient 30 centimètres de long, 3 à 4 centimètres de large et 5 centimètres d'épaisseur.

Et maintenant voyons les drôles de petits pots, les augets, produits en masse pour recevoir l'eau de mer et le sel et puis probablement conservés tels qu'ils sortaient du fourneau-usine comme emballage du pain de sel et commercialisés ainsi, inventant, il y a 2 500 ans, l'emballage perdu ! Ils sont donc, du moins dans le sud de la Bretagne, car leur forme varie avec les régions, en tronc de prisme, à ouverture et fond rectangulaires, et côtés trapézoïdaux (figures 3 et 4), avec à peu près les dimensions suivantes : à Senage (Y. Coppens) 8 à 8,5 centimètres de hauteur, 10 à 11,5 sur 6,5 à 7 centimètres à l'orifice, 6,5 à 7 sur 2,8 centimètres au centre et 3 centimètres au fond, ce qui leur donne une capacité de 0,30 litre environ, et leur permet par la suite de produire un petit pain de sel de 0,5 kilo. La poterie est extrêmement fine – 1 à 2 millimètres d'épaisseur –, sans dégraissant, lissée à l'intérieur, irrégulière à l'extérieur, et certainement cuite à température élevée ; Pierre Gouletquer, qui a fait sa thèse (1970) sur le sujet, a même eu la révélation de leur fabrication et la raison de sa rapidité en l'expérimentant lui-même. Les augets n'auraient pas été faits au moule, ni cuits, mais séchés et pliés dans un moule ! Des poteries à angles, c'est en effet rare ! Les potiers bouilleurs de sel préparaient de petites feuilles d'argile de dimensions à peu près standard, les lissaient au doigt du côté exposé qui allait devenir l'intérieur et puis pliaient cinq fois la feuille dans un moule avant cuisson ou séchage. De la même façon, les cornets qui accompagnaient parfois les augets étaient faits d'une feuille d'argile roulée – on le voit à la jonction des deux bords, celui du départ et celui de l'arrivée. Différents calculs ont été tentés par différents auteurs pour apprécier la rentabilité de ces entreprises : à Ilur, Marie-Yvane Daire a compté, sur ses 9 voûtains, 8 à 10 travées d'augets en même temps, soit un chargement de 144 augets et une production qu'elle considère de 72 kilos de sel à chaque opération ; la température des fours a été, par ailleurs, estimée à 850 °C.

Les tortillons, si caractéristiques de ces stations, entrent, quant à eux, dans la catégorie des objets en argile servant de séparation entre les pots ou les briquettes, mais, contrairement aux boudins, boules de toutes tailles et proportions, réalisés à l'improviste avec une poignée ou une pincée d'argile chaque fois que la nécessité s'en faisait sentir, ils ont, eux, une certaine homogénéité – ce qui veut dire qu'ils ont été véritablement fabriqués. De 4 à 6 centimètres de long, et de 4 à 8 millimètres de diamètre (Y. Coppens), ce sont de petits cylindres en S aux extrémités s'amincissant et s'aplatissant en même temps que s'élargissant pour évidemment s'appliquer à l'objet qu'ils ont pour fonction de tenir à l'écart des autres.

En dehors des installations destinées à l'exploitation proprement dite (cuves, fours, fourneaux, foyers, dépôts), on découvre souvent à proximité – ce qui se comprend – au moins un bâtiment de pierre ou de bois, abri et atelier à la fois, dont il reste parfois des éléments de murs en pierres sèches et des trous de poteaux. Des trous de poteaux et des murets se rencontrent aussi dans les environs immédiats des structures de combustion, trahissant l'existence de couvertures légères de ces fourneaux, protections élémentaires contre les intempéries. Le briquetage apparaît d'ailleurs parfois à l'intérieur même de ce que l'on peut appeler l'atelier.

Voici donc un joli exemple d'artisanat gaulois, original et efficace, et dont l'exploration a enchanté mes dix premières années de prospection archéologique. Par chance, il s'est trouvé que les côtes basses du golfe du Morbihan avaient été pour ces « bouilleurs » un endroit idéal d'implantation de leurs exploitations et il s'est trouvé aussi que la légère remontée du niveau marin depuis leur installation l'avait atteint et m'en offrait des coupes, à différents niveaux d'avancement et d'orientation en fonction des sites. Sans fouiller – je n'en avais pas l'autorisation – l'ensemble des quarante coupes en deux dimensions, découvertes et levées, m'avait donné une belle image en trois dimensions des établissements que je tentais de décrire et de comprendre !

Quant à la quatrième dimension, l'âge, il m'a réjoui de manière un peu passionnelle ! Je m'étais efforcé de lire le passage du *De bello gallico* dans lequel Jules César racontait sa bataille et sa victoire sur les Vénètes et j'étais scandalisé par sa vantardise. Je prenais donc, de manière très peu objective, je dois dire, fait et cause pour l'indigène – que j'étais un peu – contre l'envahisseur (souvenez-vous encore d'Anatole France). Ma découverte, concrète celle-là, de poteries noires graphitées à décors circulaires (cercles concentriques et festons en pointillé) – ce qui se traduit en termes chronologiques par deuxième âge du fer, de 500 à 56 avant Jésus-Christ, date de la bataille évoquée – dans un de ces fours à augets m'avait ravi. De manière gentille vis-à-vis d'un garçon de 18 ans, mais quelque peu condescendante, des aînés m'avaient dit et avaient même écrit (Fromols de Rakowski, 1953) que ces fours étaient uniquement gallo-romains, une telle technique n'ayant pu être maîtrisée par les « malheureux » Gaulois ! J'avais tenu bon et mon père était venu à mon secours en datant ladite technique grâce au carbone 14 du charbon de bois d'un de mes fours, au Centre de recherches radiogéologiques de la faculté des sciences de Nancy qu'il avait créé. Verdict : 377 avant Jésus-Christ avec une marge d'erreur très faible. Je jubilais ! Mes ancêtres (ou pas !) vénètes n'étaient pas si bêtes qu'on voulait bien le dire ; ils avaient inventé la start-up, et puis la production de masse, l'emballage perdu, et leur activité, même si elle s'était poursuivie (environ un siècle encore) durant le début de l'époque dite gallo-romaine, était bel et bien indigène de création et de tradition indigène sous l'occupation !

Pierre-Roland Giot dans un ouvrage collectif de synthèse sur la protohistoire armoricaine, écrivait en 1995 : « La côte armoricaine devait être [...] une vaste usine [...] préparant le sel. »

*

Y. Coppens, « Correspondance », *Bull. mens. Soc. polym. Morbihan*, Vannes, séance du 11 octobre 1951.

Y. Coppens, « Nouveaux fours à augets de la côte morbihannaise », *Bull. mens. Soc. polym. Morbihan,* Vannes, séance du 11 décembre 1952.

Y. Coppens, « Deux nouveaux "gisements" d'augets à l'île aux Moines et quelques notes à propos des augets », *Bull. mens. Soc. polym. Morbihan,* Vannes, séance du 11 juin 1953.

Y. Coppens, « Nouveaux gisements d'augets, nouveaux foyers sur la côte morbihannaise ». *Bull. mens. Soc. polym. Morbihan,* Vannes, séance du 11 février 1954.

Y. Coppens, « Quelques découvertes d'archéologie préhistorique, protohistorique et romaine », *Bull. mens. Soc. polym. Morbihan,* Vannes, séance du 9 décembre 1954.

Y. Coppens, « Notice sur les fours à augets de la côte méridionale bretonne et plus spécialement du Morbihan », *Notices d'archéologie armoricaine des Ann. de Bretagne,* Rennes, année 1953, 1954, LX, 2, p. 336-353, 6 fig.

Y. Coppens, « Inventaire des stations d'augets morbihannaises » *Notices d'Archéologie armoricaine des Ann. de Bretagne,* Rennes, année 1954, 1955, LXI, 2, p. 295-305.

Y. Coppens, « Moisson archéologique », *Bull. mens. Soc. polym. Morbihan,* Vannes, séance du 10 mai 1956.

Y. Coppens, « Un tesson orné du four à augets de Kerhellec en Plouharnel », *Bull. mens. Soc. polym. Morbihan,* Vannes, séance du 14 juin 1956.

Y. Coppens, « Préface », in M.-Y. Daire, *Le Sel gaulois, bouilleurs de sel et ateliers de briquetages armoricains à l'âge du fer,* Saint-Malo, Centre régional d'Archéologie d'Alet, 1994, p. 1-2.

R. Coppens, Y. Coppens, « Première datation absolue des fours à augets », *Bull. mens. Soc. polym. Morbihan,* Vannes, séance du 12 novembre 1964.

J. Fromols de Rakowski, « Les fours à augets du littoral breton sont uniquement gallo-romains », *Bull mens. Soc. polym. Morbihan,* Vannes, séance du 7 mai 1953.

P.-L. Gouletquer, *Les Briquetages armoricains. Technologie protohistorique du sel en Armorique,* thèse, Rennes, 1970.

P.-L. Gouletquer, « Les briquetages de l'âge du fer sur les côtes sud de la Bretagne », *Bull. Soc. préhist. fr,* 1970., 67, p. 399-411.

CHAPITRE 2

Des haches dans le porte-monnaie

il y a 3 000 ans

« Ne soyez pas trop sévère avec votre argent, donnez-lui sa chance. Dépensez-le ! »

Chester HIMES.

Ma « découverte » de la paléomonnaie a commencé dans la plus grande inconscience de mon enfance et de mon adolescence. Durant mes journées « lèche-vitrines » du musée d'Archéologie de la Société polymathique du Morbihan, au premier étage du fameux Château-Gaillard, j'avais remarqué, entre autres objets, un joli alignement de haches en bronze. C'étaient des haches munies d'un anneau et dites « à douilles » (douilles d'ailleurs très profondes, avec bourrelet marquant l'ouverture et parois minces) (figure 5), de la fin de l'âge de bronze et du début de l'âge du fer (2 700 à 2 800 ans B.P.), mais je n'en savais rien. Elles étaient côte à côte, de gauche à droite, dans un sens dit chronologique, sous le verre du « plateau » d'un meuble à tiroirs.

Or deux choses m'intriguaient et j'y suis maintes et maintes fois revenu ; les plus à gauche, les plus anciennes (?), avaient l'air solides, bien rigides, bien conservées, parfois décorées et d'un beau vert bronze soutenu ; les suivantes, toujours aussi solides, aussi rigides, avaient, me semblait-il, un peu perdu de l'éclat du joli vert des premières ; quant aux dernières, non seulement, elles étaient devenues gris anthracite avec quelques vagues taches vertes par-ci par-là, mais elles avaient en outre abandonné leur belle forme si caractéristique des premières (celles de gauche) : elles ressemblaient aux « objets qui coulent » des toiles de Salvador Dali ; elles n'avaient plus aucune tenue ! C'est resté pour moi une observation, une image, sans interprétation sinon que ces haches, avec le temps, semblaient de moins en moins vertes, de plus en plus grises et paraissaient se dégrader ou, en tout cas, moins bien se conserver.

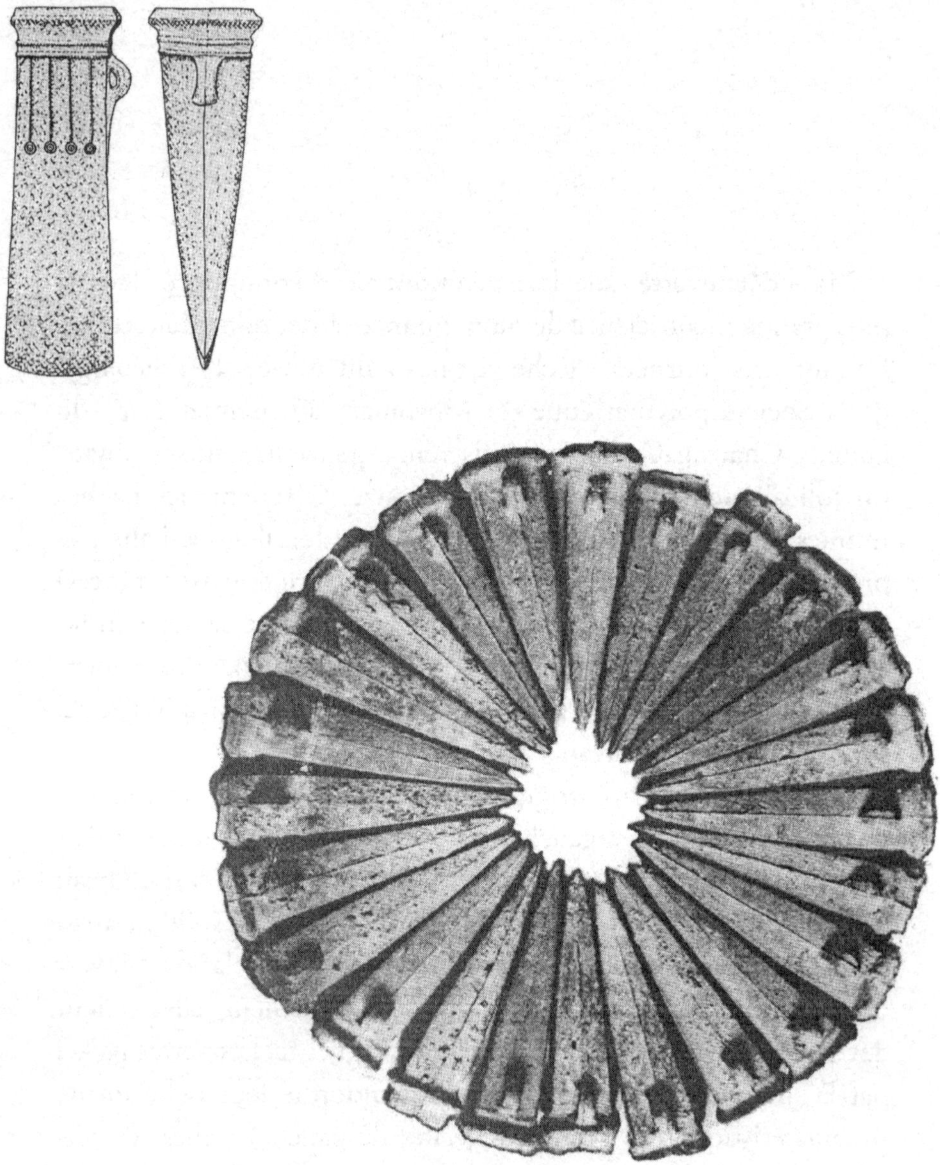

Figure 5. *Une hache à douille, dessin de face et de profil et exemple de stockage (dépôt de Cléguerec, Morbihan).*

Une deuxième observation de cette bien lointaine époque est qu'il y avait plusieurs tailles de haches, plusieurs pointures, dont certaines me paraissaient si petites que je me demandais à quoi elles avaient bien pu servir. Voilà, mon aventure paléomonétaire s'était arrêtée là.

Et puis, j'ai suivi, avec passion, les travaux savants de mon « copain » de fac, devenu collègue et spécialiste mondial de l'âge du bronze, Jacques Briard, et ceux d'une amie plus jeune, Josette Rivallain, qui en fit sa thèse. Un ingénieur, embauché par le laboratoire de Jacques Briard, Jean Bourhis, infligea à ces objets divers examens, au spectrographe de masse, à la diffraction X, à la diffraction neutronique. Toujours est-il que ces belles haches de mon enfance se révélèrent de composition variable, ce qui était à prévoir : de l'étain et du cuivre avec un petit peu de plomb et de moins en moins de cuivre et d'étain pour finir par un plomb sans doute un peu bronzé en surface pour garder l'apparence d'une hache d'antan ! C'est ce que l'on pourrait appeler une dévaluation !

Les travaux de Josette Rivallain sont venus compléter, conforter et affiner ces observations. Les tailles des haches à douille se sont en effet avérées bien différentes, représentant probablement des unités « monétaires », des multiples et des sous-multiples, de 396 à 79 grammes, puis à 36 grammes. Mais peut-être ne s'agissait-il, dit-elle, que de la production d'ateliers différents.

Le système d'échanges simples, d'échanges d'objets contre d'autres objets, chacun symbolisant une certaine valeur, a dû exister de tout temps. On passe ainsi du troc à l'achat, achat qui peut se faire de différentes manières, notamment à partir d'objets de qualité, de même forme, de même taille ou pas et de nature variée. On a trouvé ainsi des caches de lames de silex, des accumulations de haches en pierre « noble » et d'immenses carrières de haches en matière plus courante que l'on pourrait qualifier à la fois d'usage et d'échanges – 6 millions de haches en dolérite par exemple, vers 4 000 ans avant aujourd'hui, à Plussulien dans le Côtes-d'Armor (pour une exploitation d'environ deux siècles).

Mais on parle véritablement de paléomonnaies à partir de la fin de l'âge du bronze. Pourquoi ? Parce que, pour la première fois, il semble qu'il s'agisse de véritables étalons, d'une valeur fixe (plus ou moins !), pour chaque taille et chaque poids, parce qu'il existerait ainsi des réserves de pouvoir d'achat, garantie de la valeur de l'objet étalon pour au moins un certain temps ; parce que ces objets n'étaient pas fonctionnels même s'ils étaient la copie d'objets qui l'étaient ; parce que leurs stockages étaient particulièrement importants (garantie ou trésor mis à l'abri) : un dépôt de 4 000 haches à douille a été par exemple découvert à Maure-de-Bretagne en Ille-et-Vilaine, c'est un record ; mais on a compté 80 dépôts dans les Côtes-d'Armor représentant 6 500 haches ; 90 dépôts dans le Finistère d'un total de 9 000 haches ; 25 dépôts en Ille-et-Vilaine de 6 000 haches ; 5 dépôts en Loire-Atlantique de 200 haches ; 30 dépôts dans le Morbihan de 3 000 haches. Et, bien sûr, on continue à en trouver[1].

Ces décomptes datent de 1995, ce qui fait alors 25 000 haches à douille dites armoricaines et une estimation de 75 000 à l'origine, soit 15 tonnes de ces objets et la collecte et l'usage de 7 à 8 tonnes de cuivre, 6 tonnes de plomb et 2 tonnes d'étain, métaux provenant en partie des côtes de Bretagne (exemple : Pénestin, à l'embouchure de la Vilaine), réputées comme celles d'Espagne et des îles Britanniques être de bons gisements de ces métaux – Pline l'Ancien ou Diodore de Sicile appelaient ces régions les Cassitérides.

Comme ces objets semblent avoir été très sensibles aux chocs (parois très minces), que leur tranchant étroit ait interdit leur

1. En juin 2016, un dépôt de 300 haches a été découvert à Pouldéro, près de Langonnet, dans le Morbihan (Josette Rivallain, *Bull. Soc polym. Morbihan*, mars 2017).

réaffûtage, que leur forme et leur composition aient empêché leur emmanchement, que leur fabrication et leur finition aient manqué de soins (accidents de coulées, perforations, mauvais ajustements des deux parties à la sortie du moule), il semble vraiment qu'ils aient été impropres à tout usage utilitaire ; ils avaient donc une fonction de circulation, écrit Josette Rivallain, et représentaient une réserve de valeur ; il s'agissait véritablement de monnaies.

Par contre, il ne semble pas que mes pressentiments de chronologie et de dévaluation aient été justifiés ; ce phénomène paléomonétaire a été en effet brutal et intensif à la fois ; il n'aurait duré que deux siècles, vite remplacé, dès ce que l'on appelle le deuxième âge du fer (la Tène), par la monnaie telle qu'on l'entend aujourd'hui, des pièces de métal rondes et plates à effigies sur les deux faces, venues du Proche-Orient (Crésus, le bien nommé, ou du moins son entourage, pourrait bien en avoir été l'inventeur !)

*

Y. Coppens, « Préface », in *Du monde des chasseurs à celui des métallurgistes (Hommage à J. L'Helgouac'h et J. Briard), Revue archéologique de l'Ouest*, 2001, suppl. 9, p. 5-6.

Y. Coppens, « Paléoanthropologie et préhistoire », in *Annuaire du Collège de France 2001-2002*, résumé des cours et des travaux, Collège de France, 2002, p. 659-690.

Y. Coppens, *L'Histoire de l'Homme. 22 ans d'amphi au Collège de France (1983-2005)*, Odile Jacob, 2008.

J. Briard et J. Rivallain, « De l'échange à la paléomonnaie en Préhistoire européenne occidentale », *Cahier, monnaie et financement*, 1987, 17, p. 7-51.

J. Rivallain, J.-M. Servet, « Caractéristiques paléomonétaires et fonctions monétaires et haches à douille armoricaines », *La Vie préhistorique*, Éditions Faton, 1996, p. 218-222.

Y. Rollando, J. André, Y. Coppens, R. S. Minot, « La préhistoire du Morbihan, le Vannetais littoral », *Mém. Soc. polym. Morbihan,* Vannes, années 1959-1960, 1961.

Y. Rollando, Y. Coppens Y, R. S. Minot, S. Pincemin, « La préhistoire du Morbihan, le Vannetais littoral », *Mém. Soc. polym. Morbihan,* Vannes, 1985.

CHAPITRE 3

De grosses pierres pour les morts

il y a 7 000 ans

« Il y a de cela plus de sept millénaires
Ancrés sur l'estuaire à sa rive tribord
Les premiers paysans quittèrent leurs araires
Pour lever vers le ciel leur montagne des morts. »

Jacques Briard,
« Barnenez, le tombeau sur la mer ».

Ma famille « bretonne » – une petite dizaine de personnes autour de mes grands-parents maternels – rythmait sa vie de manière très régulière : Vannes d'octobre à juin, La Trinité-sur-mer de juillet à septembre. Ce qui veut dire que, pendant bien des années, celles d'enfance et d'adolescence, j'ai passé mes mois d'été à La Trinité-sur-Mer (d'où mon initiation au musée de Carnac), à pied longtemps, en stop quelquefois, à bicyclette un peu mais plus tard, puis en scooter et en bateau bien sûr ; j'y ai fréquenté les plages et pratiqué la pêche à pied, comment y échapper, mais j'y ai aussi parcouru la campagne, les champs, les chemins, les bois, les landes, fasciné par toutes les grosses pierres dont ils étaient semés. Je pense d'ailleurs que c'est peut-être cette compagnie omniprésente et obsédante qui a nourri mon imaginaire et m'a conduit à cette passion pour l'Antiquité ou l'a renforcée.

Il faut dire que je n'aurais pas pu rêver plus extraordinaire environnement. Entre la rivière d'Étel, la presqu'île et la baie de Quiberon et le golfe du Morbihan – c'est-à-dire précisément le territoire que je pouvais atteindre par mes modestes moyens de déplacement – s'étend en effet la région de Carnac au sens large où, entre le Ve (7 000 ans) et le IIe millénaire avant Jésus-Christ (4 000 ans), les premiers agriculteurs néolithiques ont planté des milliers de menhirs et construit des centaines de dolmens. Les quatre grands alignements du Ménec, de Kermario, de Kerlescan et du Petit Ménec que l'on cite toujours, et qui constituaient sans doute un seul et même immense sanctuaire couvrant d'ouest en est près de 5 kilomètres, comptent encore

Figure 6. *Exemple d'Alignement de Menhirs, le Ménec, Carnac.*

aujourd'hui près de 2 500 pierres (figure 6). En ce qui concerne les sépultures, la seule commune de la région de Carnac en a conservé plus de 500.

Les plus anciennes sont d'énormes accumulations de terre et de pierres recouvrant caveau principal et tombelles secondaires – c'est ce qui a été appelé le carnacéen. Le tumulus Saint-Michel à Carnac par exemple a 12 mètres de haut, 125 de long et 60 de large ; celui du Mané-er-Hroëk à Locmariaquer, 10 mètres de haut, 100 de long, 60 de large. Ces tombes royales de dizaines de milliers de mètres cubes, au mobilier d'apparat – une quarantaine de haches en jadéite ou en fibrolithe et des centaines de pendeloques en callaïs dans le caveau principal du tumulus Saint-Michel, 92 haches en fibrolithe, 13 en jadéite, 1 anneau disque en jadéite, 9 pendeloques et 44 perles en callaïs dans le caveau du tumulus du Mané-er-Hroëk –, sont pratiquement contemporaines des dolmens dits à couloir, les plus nombreux. Si j'ai pris plaisir à faire cette première petite énumération fantastique en quantités, poids, volumes, richesses, c'est pour situer l'extravagance du monde mégalithique, celui qui précisément se confond presque avec le monde de mon enfance.

C'est donc avec de gros cailloux plein la tête que je suis arrivé à la faculté des sciences de Rennes en octobre 1951[1]. À peine inscrit aux certificats de SPCN (sciences physiques, chimiques et naturelles) et PCB (physique, chimie, biologie), je me suis précipité dans les services des directions des circonscriptions des antiquités préhistoriques et historiques, les premiers à l'Institut de géologie, les seconds à la faculté des lettres, pour offrir mon bénévolat à leurs directeurs, Pierre-Roland Giot pour la préhistoire, Pierre Merlat pour l'histoire. Le résultat ne s'est pas fait attendre : tous mes congés universitaires des années 1952, 1953, 1954, 1955, 1956 ont été employés à fouiller.

1. L'Université bretonne, projetée dès 1414, a été fondée en 1460 à Nantes par François II, duc de Bretagne. Elle enseignait les arts, la théologie, le droit, la médecine. Son transfert à Rennes, envisagé par Henri IV en 1591, a eu lieu en 1735.

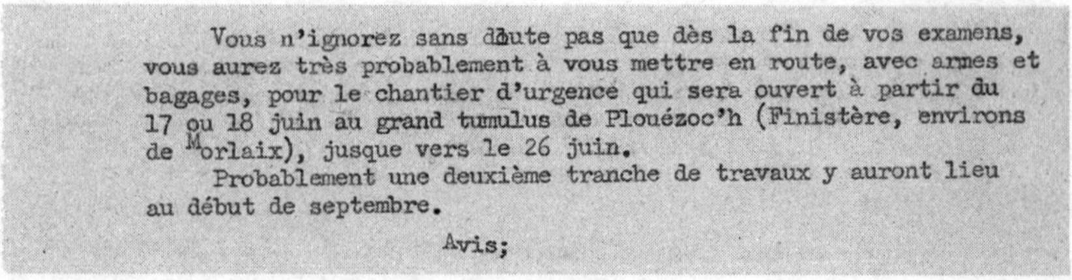

Vous n'ignorez sans doute pas que dès la fin de vos examens, vous aurez très probablement à vous mettre en route, avec armes et bagages, pour le chantier d'urgence qui sera ouvert à partir du 17 ou 18 juin au grand tumulus de Plouézoc'h (Finistère, environs de Morlaix), jusque vers le 26 juin.

Probablement une deuxième tranche de travaux y auront lieu au début de septembre.

Avis;

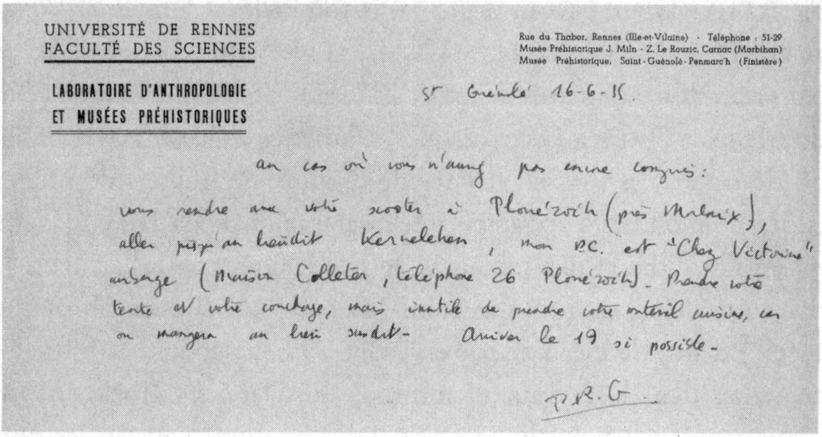

UNIVERSITÉ DE RENNES
FACULTÉ DES SCIENCES

LABORATOIRE D'ANTHROPOLOGIE
ET MUSÉES PRÉHISTORIQUES

Rue du Thabor, Rennes (Ille-et-Vilaine) · Téléphone : 51-29
Musée Préhistorique J. Miln - Z. Le Rouzic, Carnac (Morbihan)
Musée Préhistorique, Saint-Guénolé-Penmarc'h (Finistère)

St Guénolé 16-6-55.

au cas où vous n'auriez pas encore compris :

vous rendre avec votre scooter à Plouézoc'h (près Morlaix), aller jusqu'au lieu-dit Kernelehen, mon P.C. est "Chez Victorine" auberge (Maison Colleter, téléphone 26 Plouézoc'h). Prendre votre tente et votre couchage, mais inutile de prendre votre matériel cuisine, car on mangera au lieu susdit. Arriver le 19 si possible.

P.R.G.

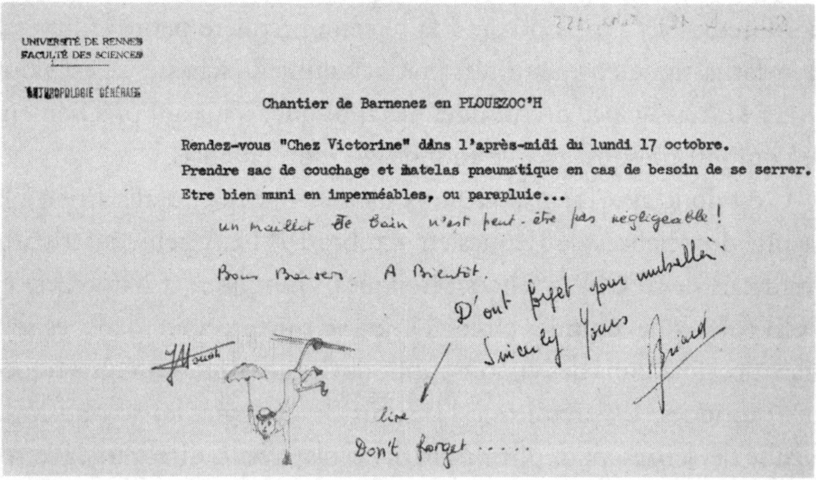

UNIVERSITÉ DE RENNES
FACULTÉ DES SCIENCES

ANTHROPOLOGIE GÉNÉRALE

Chantier de Barnenez en PLOUEZOC'H

Rendez-vous "Chez Victorine" dans l'après-midi du lundi 17 octobre.
Prendre sac de couchage et matelas pneumatique en cas de besoin de se serrer.
Etre bien muni en imperméables, ou parapluie...

un maillot de bain n'est peut-être pas négligeable !

Bons Baisers. A Bientôt.

D'ont forget your umbrella!

Sincerly Yours

lire

Don't forget .....

Figure 7. *Quelques exemples de « convocations » à la Giot (peu amènes, mais cachant une vraie timidité) pour des chantiers à venir, avec parfois quelques ajouts de mes compagnons de fac et de chantiers, 1955.*

Ces chantiers furent successivement le tertre tumulaire de la Croix-Saint-Pierre en Saint-Just (Ille-et-Vilaine), l'établissement gallo-romain de Trouguer en Cléden-Cap-Sizun (Finistère), le tumulus de l'île Carn en Ploudalmézeau (Finistère), les cairns de Barnenez en Plouezoc'h (Finistère), le tertre tumulaire de Notre-Dame-de-Lorette au Quillio (Côtes-d'Armor) et que sais-je encore. La problématique de toutes ces recherches (en dehors du petit fort gallo-romain) était claire : trouver les prémices du phénomène mégalithique en Bretagne.

En août 1953, je me souviens que nous étions, Pierre-Roland Giot et quelques étudiants, à l'île Carn, une toute petite île du nord du Finistère au nom provocateur (pour un préhistorien)[1]. Depuis le début du siècle, en effet, une butte artificielle de 8 mètres de hauteur et 40 mètres de diamètre susceptible de contenir un monument avait été décrite dans les inventaires qu'avaient établis les archéologues. Un tour du cairn, encore haut d'environ 4 mètres et large de 30, nous séduisit assez, malgré le grand quadrant qu'en avait mangé l'implantation d'un fort allemand de la Seconde Guerre mondiale, pour que nous nous décidions à y revenir l'année suivante.

Nous y étions en effet à nouveau au mois d'août 1954. J'y ai eu 20 ans ! Nous étions cinq, Pierre-Roland Giot, Jacques Briard, Jean L'Helgouac'h, Henri L'Hostis et moi ; nous avions installé nos tentes sur le continent et passions chaque jour sur l'île lorsqu'elle se faisait presqu'île, car elle était reliée à la terre à chaque marée basse. Après avoir soigneusement levé les plans de la colline au goniomètre et nous être longtemps demandé « par quel bout » la prendre, nous nous sommes mis d'accord pour l'aborder par le sud-est, orientation fréquente d'ouverture des sépultures mégalithiques. Et bien nous en a pris puisque nous nous y sommes

1. J'y suis retourné en août 2017.

très vite heurtés à une structure qui, une fois nettoyée, vidée, s'est avérée être une sorte de petit coffre quadrangulaire de 1,20 mètre de long, 70 centimètres de large et 1 mètre de hauteur aux quatre murs en pierres sèches et au plafond fait de quatre grosses dalles.

Après y avoir recueilli un malheureux éclat de silex et trois tessons, ce qui, il faut bien le dire, était plutôt décevant, il nous vint l'idée de sonder les quatre murs ; trois se révélèrent uniquement constitués de terre et de pierres ; seul le petit mur nord-ouest apparut par contre n'être qu'une cloison entre ce faux « coffre » et autre chose. Comme ce mur supportait une des quatre dalles et que cette dalle était fendue, il n'était pas possible, sans risque d'éboulement, de le démonter totalement. On se décida donc à en retirer quelques pierres de manière à y aménager une sorte de guichet suffisant pour y laisser passer un homme « mince et agile », comme l'a écrit Pierre-Roland Giot.

Je répondais alors à ce critère (!) – il paraît même que j'étais le plus mince des cinq – puisque je fus choisi pour passer le guichet, ce que je fis sans peine en plongeant pour me glisser à travers le trou et, une fois la tête passée, en agitant le « reste » pour entrer complètement. Quelques minutes me suffirent pour m'habituer à la semi-obscurité et me faire prendre conscience que j'étais, ô merveille, dans la chambre sépulcrale intacte d'un dolmen aux parois de pierres sèches, au sol dallé et au plafond en dôme, construit lui aussi en pierres sèches et en encorbellement, une coupole de granite ! La salle était ronde, les murs montaient à la verticale sur 1 mètre de hauteur environ, puis commençait l'obliquité de l'encorbellement ; la hauteur, du dallage au faîte du dôme, était de 3,50 mètres. Je hurlai mon bonheur et fus rejoint par le patron et les trois compères. Jean L'Helgouac'h improvisa un air de bombarde et nous eûmes le soir une boîte de conserve de plus pour améliorer l'ordinaire, il est vrai très ordinaire, mais qui pense à la gastronomie à cet âge-là et dans ces moments-là ?

On avait affaire en fait à un de ces vrais dolmens à couloir et ce que nous avions pris pour un coffre en était précisément le couloir ; dans ce cas précis, après leur dernière visite, les bâtisseurs avaient construit un petit mur entre couloir et chambre et un autre, celui-là de fermeture, à l'entrée du couloir. Ce type de monument, sépulture collective, devait rester ouvert tant qu'il était « en fonction » ; lorsque la communauté qui y avait ses morts décidait d'y déposer le dernier pour ce monument-là et de clore le caveau, la tombe sanctuaire était « scellée », en l'occurrence ici par un mur, et, par-dessus le mur, par les pierres et la terre du cairn. L'entrée devenait par suite invisible et indiscernable – au point qu'elle l'était encore à l'époque des fouilles –, alors que le monument lui-même, qui devait rester un site de vénération, était au contraire construit et souvent topographiquement placé pour qu'on le voie et qu'on ne l'oublie pas.

On venait donc d'avoir la chance, en ouvrant cette tranchée au sud-est, de trouver rapidement le monument et de le découvrir dans le bon sens ; même si on ne l'a pas reconnue tout de suite, c'est bien en effet par l'entrée que nous y sommes entrés ! Notre autre chance avait été de le découvrir parfaitement conservé, ni effondré ni violé, depuis sa fermeture par les constructeurs. Enfin la troisième surprise vint de sa datation ; le carbone proposa un âge situé aux alentours de 4700 avant Jésus-Christ, atteignant presque les 7 000 ans : on était donc en présence d'une construction appartenant à la première architecture funéraire[1] monumentale du monde. Elle fut donc bâtie par une population peut-être venue là par mer et à la fois riche de ce savoir-faire de bâtisseurs et complètement dépourvue de richesses matérielles, puisque 1 lame en silex et 35 tessons d'une poterie noire sans décors, placés d'ailleurs sous le dallage, furent les seuls objets

1. En 1994, ce titre a été « volé » par un « temple » de 12 000 ans découvert en Turquie (Gobekli Tepe) et constitué de plusieurs cercles de piliers mégalithiques en T de 3 mètres de haut et de 5 tonnes chacun.

recueillis dans cette chambre sépulcrale. Quel endroit et quelle aventure plus extraordinaires rêver pour célébrer un anniversaire et pas n'importe lequel ? Le 9 août 1954, je ne bougeai pas de mon chantier, et ce sont mes parents qui vinrent m'y rendre visite et m'y souhaiter une heureuse vingtième bougie. Je m'en souviens parfaitement ; la mer était verte et notre tombeau du gris éclatant des vieux granites du Léon.

Les fouilles de ce cairn reprirent quelques années plus tard – j'étais déjà à Paris – et deux autres dolmens furent découverts sous le même « emballage ». Ce grand tumulus tout rond de Carn recouvrait donc trois monuments : notre petit dolmen à couloir et à chambre en tholos intact de 1954, un deuxième dolmen à couloir et tholos, et un troisième à chambre double sans doute du même âge mais qui avait été revisité aux alentours de 4 500 ans B.P., soit deux millénaires après sa construction et sa première utilisation.

Au total, ce sont 8 éclats de silex et 1 lame, 6 perles en schiste, mais surtout 180 tessons qui ont été collectés dans ce vieux complexe sépulcral. Le style céramique nous est même apparu si particulier et si nouveau qu'il nous a semblé mériter de porter le nom même de l'île. Une des céramiques dites « chasséennes bretonnes » du Ve millénaire avant Jésus-Christ s'appelle ainsi « de l'île Carn » désormais dans tous les traités de préhistoire du monde et grâce à nos grattouillages pleins d'enthousiasme des années 1950. Il s'agit d'une poterie beige foncé à brun noir, à la pâte homogène, parfaitement modelée, polie et lustrée au point d'avoir parfois les reflets du cuir. Les vases ont un fond rond, un col court, une ouverture à lèvre un peu ourlée et un décor dit à moustaches fait de fines moulures sous la panse.

Ce fut un beau jour de 1955 cette fois qu'un journaliste de Morlaix, Fanch Gourvil, volontiers « informateur » de Pierre-Roland Giot, dont il suivait, par intérêt personnel et pour son journal, *Le Télégramme*, les chantiers, arriva en trombe à notre laboratoire d'anthropologie préhistorique de Rennes. Un entrepreneur de travaux publics chargé de la construction d'une route venait en effet de lancer ses bulldozers et ses pelles mécaniques à l'assaut d'un énorme cairn vierge près de Plouezoc'h, au bord de la rivière de Morlaix. Pierre-Roland Giot se rendit immédiatement sur place, fit intervenir la gendarmerie – ce qui apparemment ne suffit pas – et entama une mise en instance de classement d'urgence du monument qui fit plus efficacement arrêter le désastre. Ce cairn, qui était une longue butte d'une centaine de mètres de long, barrant d'ouest en est la presqu'île de Kernéléhen, représentait en effet, pour une entreprise, une merveilleuse carrière de pierres toutes prêtes ! Or genre de tumulus – on vient de le voir avec l'exemple de Carn – recouvre habituellement des sépultures.

L'exploitation ayant commencé par le nord-ouest, c'est par les chambres de dolmens à couloirs, orientées comme souvent nord-sud, qu'avait débuté l'« éventration ». Quatre chambres avaient été atteintes, une chambre à couverture mégalithique et trois à voûte en encorbellement. Mais comme il n'y a pas de mal qui serve à bien, le « vandale » avait ainsi réalisé, bien malgré lui, et ceci à trois reprises, une somptueuse coupe des encorbellements que probablement jamais aucun préhistorien n'aurait osé entreprendre ! L'application de la législation avait donc permis à Pierre-Roland Giot d'arrêter avec rapidité et vigueur ce procédé un peu brutal d'« établissement de coupes » et, malgré lui, juste au moment où il le fallait, avant que le faîte de la *tholos* ne soit atteint ou trop franchement dépassé.

Dès juin 1955, Pierre-Roland Giot était sur place avec une petite équipe d'étudiants passionnés, Jacques Briard, Jean L'Helgouac'h, Henri Férec et moi-même ; le même équipage l'accompagna en octobre 1955. Et puis ces premières interventions se poursuivirent par bien d'autres campagnes réparties sur plus d'une douzaine d'années, réalisant, successivement et de manière exemplaire, exploration, fouilles, consolidation et restauration de cet autre majestueux témoin de la première architecture monumentale

Figure 8. *« Coupole de granite », chambre sépulcrale en* tholos, *d'un des dolmens de Plouezoc'h (Barnenez) (en coupe artificielle, réalisée sans le savoir, par un entrepreneur sans scrupule), 1955.*

du monde (livré à la connaissance de la science et du public dans le même temps, à une année près, que cet autre témoin du même phénomène culturel qu'avait été la découverte du cairn de Carn).

Le jeune étudiant que j'étais, se trouvant précisément dans ces années-là à Rennes, attaché à la circonscription et volontaire pour toute intervention, ne pouvait avoir été mieux servi ! Les cinquante années qui ont suivi, bien que riches en multiples surprises, n'ont jamais vraiment apporté d'autres découvertes aussi grandioses, au dire de mes deux copains, Jacques Briard et Jean L'Helgouac'h, restés travailler en Bretagne.

Qu'était donc ce fameux cairn de Barnenez ? En fait, l'emboîtement de deux tumulus construits successivement, les deux durant le Ve millénaire avant Jésus-Christ (7 000 ans) et représentant une prodigieuse construction de 85 à 90 mètres de long, 30 à 35 mètres de large et 5 mètres de hauteur. Cet ensemble recouvrait le nombre extraordinaire de 11 dolmens à couloir (en fait 12), à long couloir d'ailleurs, 5 dans le tumulus oriental, le premier construit, 6 dans l'occidental. Quant aux cairns de recouvrement eux-mêmes, ils ne représentaient pas un immense tas de cailloux pêle-mêle, mais un système soigneusement construit de pierres appareillées, montées en paliers successifs, affleurant en gradins à l'extérieur, 2 ou 3 gradins apparaissant ainsi à l'est, un plus grand nombre, moins régulièrement ordonnancés, avec dalles verticales de soutènement et contreforts à l'ouest (4 à 5 parfois, pour compenser les irrégularités du terrain et sa pente générale dans cette direction). Un grand mur transversal tronquait la construction du cairn oriental qu'il séparait donc du cairn occidental. Ce squelette en pierres du tumulus, dépossédé de son emballage de terre et de végétation, se présente ainsi désormais sous des mensurations un peu différentes, 72 mètres de long, 18 à 7 mètres

Figure 9. *À Plouezoc'h (Barnenez) en 1955, je suis à l'entrée de celui des douze dolmens dont j'avais pour mission de vider la galerie (13 mètres de long) de son remplissage de terre et de pierres effondrées pour lui redonner sa « lumière » d'origine.*

de large, et 5,80 mètres de hauteur maximale. Pierre-Roland Giot pensait que c'était ainsi que se présentait, tout nu, le monument à l'origine ; je ne le pense pas.

Les onze dolmens (douze), presque parallèles, s'ouvraient au sud. Aucune de leurs onze galeries n'avait donc été atteinte par la voracité des pelles mécaniques. Comme, lorsque nous sommes arrivés pour la première fois sur les lieux, quatre chambres étaient visibles dans la coupe de la carrière pirate, nous nous sommes efforcés de retrouver du côté intact les quatre entrées de ces monuments. Et, comme nous étions quatre étudiants, Pierre-Roland Giot a affecté à chacun la recherche et le dégagement de l'entrée et du couloir d'un des dolmens. D'ouest en est, l'ordre était Coppens, Briard, Férec, L'Helgouac'h ; il se trouve que j'ai été le premier à réussir la jonction galerie-chambre, 13 mètres à quatre pattes jusqu'au débouché sur la lumière de la fausse « carrière » ; je me souviens encore de l'équipe réunie pour assister à mon héroïque arrivée après la traversée du cairn en largeur !

Les quatre couloirs du programme furent donc atteints, parcourus, explorés, sans grande peine je dois dire, lors de cette première campagne ; il s'en est même ajouté un cinquième vers l'est dont le débouché sur le nord n'était pas apparu et que l'on a repéré grâce seulement à son entrée. Et puis les campagnes suivantes nous en ont fait découvrir une autre, et puis une autre encore, au total six nouvelles et encore une autre tout récemment par un jeune collègue, Luc Laporte ; elles conduisaient à des monuments parfaitement préservés, de l'entrée à la chambre, sauf effondrements partiels mais cette fois sans interventions extérieures.

Tous ces dolmens étaient du type classique dit « dolmen à couloir », composés donc chacun d'une galerie souvent longue (de 7 à 13 mètres) et d'une chambre, souvent petite, polygonale ou arrondie (de 2 à 3,50 mètres de diamètre). Bien que tous construits sur le même modèle, ils n'en présentaient pas moins de multiples variations architecturales : couloirs avec piliers latéraux portants ou piliers et maçonnerie sèche ou murs totalement en pierres sèches, sans table ou avec table, jointive ou non, et chambre (une fois double, avec antichambre), avec dalles de couverture ou superbes tholos en « ruches », atteignant jusqu'à 4 mètres de hauteur. Parfois l'entrée du dolmen, d'autres fois l'entrée de la chambre se sont trouvées en outre agrémentées de pierres sur chant aux positions ne jouant aucune fonction de support et ne participant pas à la fabrication du mur, mais ayant probablement le rôle de stèles « votives » – un certain nombre de dalles entrant dans ces constructions avaient été en outre gravées de signes que l'on connaissait bien ailleurs en Bretagne dans les monuments mégalithiques et en particulier dans la grande région sacrée du Morbihan. Ces gravures ne sont d'ailleurs pas placées n'importe où puisqu'elles appartiennent aux deux dolmens des extrémités, le plus oriental et le plus occidental et à celui central des cinq monuments du premier cairn. Il s'agit de figures en U (symbolisant peut-être des cornes de bovidé ou les jougs qui les unissent), de figures triangulaires, pointes vers le haut (haches ou araires), de signes en croix (haches emmanchées), de lignes ondulées, une ligne aux extrémités infléchies et réunies par une autre ligne droite (arc) et du fameux cartouche quadrangulaire divisé par deux encoches en deux parties irrégulières, une petite en haut, une grande en bas, et planté de deux gerbes généreuses symétriques et divergentes de lignes courbes (interprétées ailleurs comme la figuration de la « déesse des morts »). N'oublions pas de mentionner aussi un trou quadrangulaire d'une douzaine de centimètres de diamètre vers la porte d'entrée de la chambre du dolmen le plus occidental.

On a toujours dit que les dolmens étaient des tombes collectives car, dans les régions où leur sol et les matériaux de leur construction sont de pH basique, de nombreux squelettes y ont été conservés. On a dit aussi que ces sépultures étaient à la fois lieux de dépôt des cadavres et lieux de culte, visités à chaque introduction de nouveau locataire, mais peut-être aussi en dehors des enterrements, à l'occasion de cérémonies ou, pourquoi pas, sans occasion ; ce sont les offrandes qui ont fait penser à cela. Et, lorsque le monument était considéré comme complet, ou peut-être entre deux « livraisons », on le fermait. On a vu à Carn la double fermeture du premier dolmen, l'une à l'entrée de la galerie, l'autre entre la galerie et la chambre. Ici ce sont des bourrages de pierrailles des couloirs qui, dans quelques-uns des dolmens, semblent avoir joué le rôle de fermeture. Quant à l'acidité bien connue des sols bretons, elle a consommé comme ailleurs les cadavres que ces gens lui avaient confiés ; et cependant, comme pour démontrer le rôle de tombeau de ces grandes constructions, quelques ossements humains ont été recueillis dans deux des monuments (dans leurs couloirs d'ailleurs). Le mobilier enfin, ou ce que l'on appelle ainsi, s'est révélé évidemment intéressant, chronologiquement significatif mais d'une incontestable pauvreté par rapport à ce que l'on aurait pu attendre de la somptuosité de l'architecture. Un certain nombre de monuments n'ont même rien livré ! Mais on a tout de même recueilli quelques beaux pots – brisés et dispersés de manière peut-être rituelle (parce qu'il n'y a pas de raison pour qu'ils ne se soient pas conservés entiers s'ils l'avaient été au moment de leur dépôt). Ces pots, tous de fabrication locale, même si leurs formes, leur pâte, leur cuisson, leur décor trahissent des influences variées, sont de trois catégories, d'ailleurs chronologiquement successives : la catégorie des vases du monument de l'île Carn, à fond rond, rebords simples ou en S étiré, minces, en poterie noire ou rouge, qu'on appelle chasséen, du nom d'une culture néolithique qui date en même temps la construction et les premières utilisations de ces monuments ; d'autres à fond plat, en forme de cloche ou de calice, en très belle poterie rouge vif ou brune et décorés de pointillés obliques en bandeaux, qu'on appelle caliciformes ou campaniformes, du nom de leurs formes et qui révèlent une seconde signature culturelle et chronologique ; d'autres encore, épais, à fond plat, en forme de pots de fleurs, en poterie grossière rouge ou grise et mal cuite, qu'on appelle SOM, ces lettres décrivant leur origine (Seine, Oise, Marne) ou celle de leur inspiration et qui correspondent à un emploi plus tardif des monuments en question.

Des lames et des pointes de flèches (dites à tranchant transversal) en silex accompagnaient les poteries les plus anciennes ; une armature de flèche à pédoncule et ailerons en très beau silex blond et un petit poignard en cuivre accompagnaient les tessons campaniformes ; quant aux gros pots de fleurs, ils étaient associés à de belles haches polies en silex.

Comme pour le monument de Carn, les datations des charbons de bois au carbone 14 nous ont étonnés et ravis par leur très grande antiquité (on n'arrive pas facilement à se dégager du « plus c'est vieux, mieux c'est ! ») : 6 700 ans pour la construction du premier tumulus (les cinq premiers dolmens), 6 400 pour la seconde construction (les six dolmens suivants).

Voilà donc bien une histoire extravagante : le monument le plus fantastique de toute l'histoire du mégalithisme qui se trouve être en même temps la toute première architecture monumentale nous est offert, en coupe, par un entrepreneur de petit scrupule. En avouant son âge, voilà en outre que notre sanctuaire, que nous avions humblement imaginé sous influence, nous raconte qu'il a été inventé par une forte culture d'implantation armoricaine, faite de chasseurs (l'arc), éleveurs (les bœufs), agriculteurs (les haches) et navigateurs (les barques), homogène, à l'organisation sociale puissante, et vigoureuse, et dont la capitale religieuse devait avoir été Carnac. Les gens des deux côtes avaient bien été les mêmes, inspirés par la même « déesse » et animés par le même génie bâtisseur.

Quand on recherche les éléments les plus anciens du mégalithisme armoricain, là où les concentrations de monuments sont les plus spectaculaires, on trouve bien sûr une certaine chronologie dans les constructions, ne serait-ce que par le réemploi de certains matériaux. Les plus anciens (Mané-Hui à Carnac, 7 600 ans) livrent une poterie et un mobilier lithique que l'on retrouve sur le site de l'alignement du grand menhir de Locmariaquer, comme dans le caveau de la tombe princière carnacéenne du Mané-er-Hroëk (haches en fibrolithe) ; or le caveau de Mané-er-Hroëk est bouché par une dalle gravée fracturée, réemployée, donc antérieure, mais les gravures de cette dalle sont de même inspiration et de même facture que celles qui ornaient le grand menhir et quelques menhirs de son alignement ainsi que les dolmens qui en ont réemployé les matériaux.

C'est cette obsession des origines du mégalithisme qui nous avait fait fouiller les monuments particuliers qu'étaient les longs tertres tumulaires de la Croix-Saint-Pierre à Saint-Just en Ille-et-Vilaine et de Notre-Dame-de-Lorette au Quillio dans les Côtes-d'Armor ; quadrilatères de menhirs est-ouest de 20 mètres sur 5 à 7, encadrant une élévation de terre et de pierres au contenu particulièrement modeste. Ces monuments étaient certes anciens mais déjà bien imprégnés de mégalithisme et rien ne dit qu'ils aient été véritablement antérieurs aux dolmens à couloir court de Carn ou aux premiers des dolmens à long couloir de Barnenez.

Et quand on continue à chercher l'origine – c'est une obsession – de cette grande civilisation mégalithique armoricaine, on est entraîné vers ses prémisses mésolithiques, dits téviéciens (de l'île Téviec, près de la côte ouest de la presqu'île de Quiberon, dans la commune de Saint-Pierre-Quiberon), datés de 8 600 à 6 500 ans. Mais j'y reviendrai plus loin ; disons seulement ici qu'à cette époque, en Morbihan, des populations installées sur la côte antérieurement, semble-t-il, aux premiers agriculteurs et à leurs constructions, vivaient beaucoup de la mer (poissons, coquillages), un peu de la chasse (cerfs), mais offraient, aussi, dans leurs débris de cuisine, des restes de petits bœufs et de moutons domestiques, comme une bonne « blague » faite aux archéologues qui aimeraient tant que les mésolithiques soient des chasseurs et des collecteurs et ne se prennent pas pour des éleveurs.

Mais comme une tourbe de Locmariaquer a montré, à la fois, du défrichage (beaucoup moins de chênes qu'avant) et des cultures de céréales (blé et orge) dès 7 800 ans, ça y est, mes amis et collègues ont été rassurés ; devinez leurs conclusions ? Les mésolithiques, qui en sont bien, ont volé du bétail aux néolithiques, qui en sont bien aussi. Voici donc nos tout premiers agriculteurs, plus tôt arrivés qu'on ne le pensait et vite sédentarisés.

Mais sont-ce vraiment des gens d'ailleurs qui sont arrivés avec leurs connaissances nouvelles à la conquête de notre « Far West » ? Ou ne seraient-ce pas les « cro-magnoïdes » mésolithiques indigènes, déjà bien établis qui se seraient néolithisés, recevant de proche en proche, avec de la céramique troquée contre des fruits de mer, les recettes de la nouvelle économie ?

Toujours est-il que dès 7 000 ans, sans doute 8 000, poussent tout autour de la terre de Bretagne, d'incroyables monuments faits d'énormes cailloux qu'il faut tout de même chercher, extraire, soulever, transporter, avant de les planter, et c'est bien là, quelle qu'en soit l'inspiration, une explosion créatrice qu'il convient de saluer à la mesure de son génie, de ses tours de force techniques et de ce qu'elle a laissé. Et, pour ces réalisations, il fallait des hommes. Mais il fallait aussi des arbres (pour les planchers de roulage, les rouleaux proprement dits, les glissières, les leviers, les étais, les chèvres) et diverses matières végétales, écorce, racines, plantes fibreuses (pour les cordages, les liens, les lanières, les câbles) et il fallait un État puissant, croyant, ingénieux, hiérarchisé et en mesure de savoir et de pouvoir fédérer tant de gens pour autant d'ouvrage.

Le grand menhir de Locmariaquer faisait 20 mètres de haut, ce qui lui donnait environ 17 mètres une fois planté, 4 mètres d'épaisseur et un poids estimé à 300 tonnes ! 50 hommes ont probablement été nécessaires pour l'acheminer (sa matière, un orthogneiss, se rencontre près d'Auray), le monter sur la rampe d'accès à son alvéole et l'y faire basculer. Et Jean L'Helgouac'h qui eut à étudier le site a montré que ce géant n'était en fait qu'un élément, mais tout de même le principal, d'un alignement d'au moins 19 menhirs, de taille décroissante sur 55 mètres dans une direction nord-nord-est (les plus proches du géant avaient 14 mètres et 100 tonnes pour l'un, 11 mètres et 75 tonnes pour un autre, etc.). Les tessons recueillis aux alentours datent d'au moins 6 000 ans. Une centaine d'alignements simples ou compliqués ont été ainsi répertoriés en Bretagne, l'alignement étant un type de monument apparamment peu construit ailleurs.

Mais revenons au phénomène du réemploi en racontant la découverte extravagante de Charles-Tanguy Le Roux. S'intéressant au superbe monument de l'île de Gavrinis et à son dolmen à galerie (ou couloir) particulièrement orné (quantité et qualité des gravures), il en nettoie le tumulus et, ce faisant, dégage pour la première fois par le dessus la dalle de couverture de la chambre. Et quelle n'est pas sa surprise d'y déceler des gravures (invisibles donc, puisque normalement recouvertes de terre et de pierres) et, qui plus est, des gravures interrompues… Intrigué, il poursuit bien sûr son enquête, et avec succès puisque c'est sur la dalle de couverture d'un autre dolmen, la Table des Marchands à Locmariaquer, qu'il va reconnaître la suite du dessin brisé de Gavrinis ! Il n'est pas impossible qu'un troisième morceau ait d'ailleurs couvert le caveau fermé d'Er Vinglé, sous le cairn d'Er Grah, à Locmariaquer encore. Ce serait le deuxième menhir de l'alignement du grand menhir qui aurait ainsi été brisé en trois morceaux, la tête de la stèle allant à Er Vinglé, le centre (17 tonnes) à Gavrinis, nécessitant un transport par terre et par mer, et la base (40 tonnes) à la Table des Marchands, elle, il est vrai, très voisine.

Le phénomène d'abattage des idoles aura été, chez ces populations, aussi colossal que celui de leur érection. Non content de les briser, elles vont en effet les réemployer, en leur faisant parcourir des distances importantes et compliquées, évidemment pas pour le seul plaisir. Ces fragments, par-delà le bris, devaient conserver leur sacralité.

Rappelons que les fameux alignements de Carnac, immenses temples à ciel ouvert, datés de 6 500 à 6 000 ans, semblent composés, chaque fois, d'un cercle (d'ailleurs plutôt ovale) à l'ouest, un peu décroché par rapport à la tête des alignements, et de 10 (Kermario)[1] à 13 (Kerlescan) files de centaines de menhirs (il en reste aujourd'hui 1 099 au Ménec, 982 à Kermario, 240 à Kerlescan, 101 au Petit-Ménec), suffisamment taillés pour avoir en général l'extrémité la plus mince vers le bas, les dimensions et le poids décroissant d'ouest en est. Pierre-Roland Giot s'était amusé à calculer que les blocs, pouvant peser de 1 à 2 tonnes au minimum à 50 à 100 tonnes au maximum, représentaient une bonne soixantaine de milliers de tonnes de granite au total et qu'ils avaient nécessité la mobilisation de 15 à 20 personnes par tonne, soit 200 et jusqu'à 500 personnes parfois.

Il se trouve que, un généreux demi-siècle plus tard, je suis devenu président d'un comité scientifique international chargé, entre autres objectifs, de faire entrer les monuments mégalithiques

1. C'est ma propre famille maternelle, ironie du sort, qui était propriétaire des terrains supportant les alignements de Kermario et par suite des alignements eux-mêmes ; j'ai retrouvé l'acte de vente à l'État de ces terrains et de ce monument, acte daté de novembre 1882 et signé Rio, notaire à Carnac !

« de Carnac, de la baie de Quiberon et du golfe du Morbihan » au patrimoine mondial de l'humanité. Après plusieurs mauvais départs, le montage actuel à trois pattes – comité scientifique international, association Paysages des mégalithes du Sud-Morbihan et comité de pilotage – fonctionne suffisamment bien pour espérer arriver un jour qu'on souhaite proche à ses fins. Or j'ai été extrêmement impressionné par le développement des connaissances en quelques dizaines d'années. Mon discours précédent, même si j'ai suivi évidemment depuis l'évolution des travaux scientifiques et de leurs résultats, a heureusement une valeur « historique », sinon j'en aurais honte !

J'ai ainsi appris, avec satisfaction, de ces recherches récentes que la région qui s'étend de la rivière d'Étel à la presqu'île de Rhuys a la plus grande densité de monuments mégalithiques au monde, ce qui en fait une région incontestablement particulière, et qu'on peut qualifier de sacrée ; c'est toujours ce que j'ai pensé, mais mon opinion relevait plus de l'impression et du chauvinisme, je dirais presque de l'espoir, que d'une donnée véritablement démontrée.

J'ai appris avec la même satisfaction que les estimations anciennes de nombre des monuments (Pierre-Roland Giot disait 10 000 pierres) et de leur tonnage (Pierre-Roland Giot parlait de 60 000 tonnes) étaient très en dessous de ce qu'avait pu être la réalité (Christine Boujot, communication personnelle).

Les personnalités de « mon » comité m'ont encore appris que bien des monuments de nature différente avaient pu être reliés dans leur fonction mais qu'il était, pour le moment, difficile de séparer ce qui était contemporain et associé de ce qui était chronologiquement distinct et bien démarqué. La densité des monuments ne facilite pas le travail, d'où notre décision de créer des cartographies d'« ensembles » de monuments, au lieu de celles de monuments individualisés.

J'ai appris, notamment des collègues étrangers, anglais, irlandais, danois, portugais, espagnols, que le type de monument dit « alignement », dans l'importance de chacun d'entre eux et dans l'abondance de leur effectif, était caractéristique de ces régions armoricaines.

J'ai appris que le nombre de dalles sculptées n'était nulle part aussi dense et riche que dans notre région privilégiée.

J'ai appris aussi que la richesse des mobiliers, leur perfection, leur origine lointaine (Espagne, Alpes) étaient la preuve de la qualité de certains des personnages inhumés dans ces terres carnacoises, la preuve aussi de la puissance de leur société et de son caractère très hiérarchisé.

« C'est peut-être une vaste nécropole », a dit Serge Cassen. En visitant Delphes, qui a eu, en partie, un peu cette fonction, j'y avais un peu pensé.

J'y ai appris que de nombreux monuments jusqu'ici ignorés, faisaient seulement leur apparition ces années-ci, alors que, bien sûr, on imaginait tous les connaître tant ils sont gros : des alignements brisés ou enfouis ou les deux, mis au jour sous des labours de profondeur insuffisante pour les atteindre (Belz) ; des alignements immergés et inconnus y compris des riverains (La Trinité-sur-mer, Saint-Pierre-Quiberon) ; des alignements « en pointillé » pour des raisons de végétation importante ou de destructions partielles ayant rompu les lignes (Erderven), etc.

Quant aux âges de cette somptueuse période, comme l'avaient révélé nos « datations surprises » de Carn et de Barnenez, disons 7 000 ans bien sonnés pour les premières architectures funéraires monumentales, 6 000 ans pour leur épanouissement et diversification, 5 500 ans pour de nouvelles inventions monumentales, dolmens coudés, sépultures à entrées latérales, allées couvertes, 4 500 ans, pour l'apparition du cuivre et de l'or dans les mobiliers funéraires ; quant au bronze (cuivre et étain), il ne fera son apparition que 500 ans plus tard !

N'oublions pas enfin, même si ces termes ont tendance aujourd'hui à être remplacés par des dénominations plus précises et par suite plus justes, que « menhirs » et « dolmens », adoptés en première analyse par tous les pays du monde pour désigner les pierres levées et les tombeaux construits à l'aide de grosses pierres (mégalithes), sont nés au pays de Carnac : c'est la Table dite des Marchands à Locmariaquer qui a le privilège d'avoir été dénommée « dolmen » (table de pierres) la première.

*

Y. Coppens, « Le mystère des 4 000 menhirs de Carnac », *Sciences et avenir*, 1952, 65, p. 293-297 et 335, 12 fig.

Y. Coppens, « Découvertes de stèles énigmatiques à La Trinité-sur-Mer », *Mémoires et procès-verbaux Soc. polym. Morbihan,* Vannes, années 1953-1954, 1955, fasc. 2, p. 295-305.

Y. Coppens, « Discussion », in M. Jacq. « Découverte d'un anneau-disque en serpentine aux environs de Languidic », *Bull. mens. Soc. polym. Morbihan,* Vannes, séance du 8 décembre 1955.

Y. Coppens, « Un bipenne morbihannais inédit », *Bull. mens. Soc. polym. Morbihan,* Vannes, séance du 8 mars 1956,

Y. Coppens « Découverte d'une hache marteau en Plumergat », *Bull. mens. Soc. polym. Morbihan,* Vannes, 1957.

Y. Coppens « Une hache polie en granite rose », *Bull. Soc. préhist. fr.*, 1959, LXVI, 5-6, p. 279-280, 1 fig.

Y. Coppens « Préface », in Gabriel Le Carn, *Le Guide des Mégalithes du Morbihan,* Coop Breizh, 1999, p. 5-6.

Y. Coppens, « Préface », in Pierre Converset et Jacques Poullaouec, *Haïku des pierres Carnac,* Éditions Apogée, 2006, p. 4-5.

Y. Coppens, « Préface », in G. Bailloud, G. Wilhelm-Bailloud, *Zacharie Le Rouzic, archéologue et photographe à Carnac, il y a 100 ans*, Éditions Blanc et Noir, 2014, p. 5.

G. Bailloud, C. Boujot, S. Cassen, C.-T. Leroux, *Carnac. Les premières architectures de pierre,* CNMHS/CNRS Éditions, « Patrimoine au Présent », 2009.

C. Boujot, E. Vigier, *Carnac et environs : architectures mégalthiques,* Éditions du Patrimoine, Centre des Monuments nationaux, « Guides archéologiques de la France », 2012.

S. Cassen, *Exercice de stèle. Une archéologie des pierres dressées. Réflexions autour des menhirs de Carnac*, Éditions Errance, 2009.

P.-R. Giot, « Le tumulus de Barnenez », *Ar Men*, 1986, 3, p. 18-35.

P.-R. Giot, *Barnenez, Carn, Guennoc*, Association pour l'avancement des travaux du laboratoire d'Anthropologie, Préhistoire, Protohistoire, Quaternaire armoricain, Rennes, 1987, 2 vol.

L. Laporte, F. Cousseau, P. R. Ramírez, R. de Balbín Behrmann, P. Gouézin, « Le douzième dolmen de Barnenez : destructions et reconstructions au sein d'une nécropole mégalithique », *Bulletin de la Société préhistorique française*, janvier-mars 2017, t. 114, n° 1, p. 93-114.

C.-T. Leroux, *Gavrinis et les mégalithes du golfe du Morbihan*, Jean-Paul Gisserot Éditeur, 2006.

Y. Rollando, Y. Coppens, J. André, R. S. Minot, « La préhistoire du Morbihan, le Vannetais littoral », *Mém. Soc. polym. Morbihan,* Vannes, années 1959-1960, 1961, 41 fig., 1 tabl., 2 pl.

Y. Rollando, Y. Coppens, *Corpus des ensembles archéologiques du Morbihan*, Vannes, 1965, 1er fascicule, 6 fiches, 14 pl.

Y. Rollando, Y. Coppens, R. S. Minot et S. Pincemin, « La Préhistoire du Morbihan, le Vannetais littoral », *Mém. Soc. polym. Morbihan,* Vannes, années 1985-1986, 1986.

CHAPITRE 4

De somptueuses ramures pour le dernier voyage

il y a 8 000 ans

« Le beau jour se prouve au soir. »

Manuscrit du XIVe siècle, Oxford.

Au cœur de mes gourmandises de l'autre côté des vitrines, cette fois celles du musée de Carnac, il y avait ces sépultures somptueuses de l'île de Téviec. Un couple de Nancéiens, les Péquart, amateurs passionnés, avait en effet mis au jour, dans cette petite île, un site mésolithique d'une extrême richesse. Et cette petite île, elle était là, comme pour me narguer, à quelques encablures de la plage occidentale de ce que l'on appelle, à juste raison, l'entre-deux-mers. Cette partie étroite de la presqu'île de Quiberon, à l'endroit où le tombolo fait de l'île de Quiberon une presqu'île. Elle était donc là du côté « côte sauvage », rocheuse et dangereuse (rien que durant mon secondaire à Vannes, un de mes amis du lycée, Tatiboet, et un de mes professeurs, Gaillard, s'y étaient noyés, l'un en s'y baignant, l'autre en y pêchant). Combien de fois ai-je observé cette île, comme une sorte de coffre merveilleux, semi-réel, semi-diabolique, les jours de brume ou de crachin lorsque seule sa silhouette était discernable.

À force de visites au petit port de Portivy, le seul de ce côté de la presqu'île, à force de rencontrer des pêcheurs et à force de leur expliquer mon souhait le plus cher, un jour, un beau jour, l'un d'entre eux céda ; il irait à la pêche comme d'habitude, me promit-il, mais me déposerait « en passant » sur l'îlot et me reprendrait le soir ! Un rêve ! Et cela s'est passé ainsi et bien passé ! J'ai été abandonné par le petit chalutier et surtout par son « annexe[1] » sur la fameuse Téviec à l'aube d'un jour sans trop de vent, ni par

1. On appelle ainsi le petit bateau (la plate) qui est à bord et qui permet de se rendre du mouillage en eau profonde à la côte.

suite trop de mer, et repris par lui le jour même un peu avant la nuit. Quelle journée ! En fait, je n'y ai pas vu grand-chose, sauf de gros tas de coquilles, mais j'y étais et je pouvais à loisir scruter l'endroit, m'en imprégner, en faire le tour, juste là où il y a 7 000 à 9 000 ans les derniers des Cro-Magnon avaient vécu, chassé, s'étaient régalés de fruits de mer, avaient commencé peut-être à élever quelque bétail, étaient morts et y avaient été enterrés (23 d'entre eux, ce qui est considérable).

Je reconnais que ma légitimité pour évoquer ici les populations mésolithiques de Bretagne et même du Morbihan est bien maigre – juste la « prouesse » d'une visite à Téviec –, mais tant pis ! Leur découverte dans les années 1930 a été si importante et généreuse que le terme *téviécien* définit désormais cette culture mésolithique ; je ne pouvais guère m'en priver !

J'ai cité Téviec, mais les Péquart avaient aussi fouillé un des habitats de ces mésolithiques à Hoëdic (Port-Neuf) et Gregor Marchand a repris avec des méthodes et des connaissances évidemment beaucoup plus élaborées, la fouille de l'habitat de Beg-er-Vil en Quiberon, tandis que Pierre Gouletquer avait travaillé sur les sites du Finistère (côte et intérieur) et n'en avait pas moins fait une incursion sur un site mésolithique voisin de celui de Téviec, Kerhilio en Erdeven ; et on peut allonger la liste de sites côtiers, je pense à Malvant, à Groix, définissant un mésolithique sud-breton.

De quoi s'agit-il ? De descendants, en effet, des Cro-Magnon du paléolithique supérieur, dont les nouvelles conditions de vie plus confortables sur le plan climatique et, par suite, alimentaire ont permis une gracilisation du squelette.

Ils chassaient le cerf, le chevreuil, le sanglier, mais aussi de nombreux oiseaux de mer, du cormoran et du goéland au guillemot et au canard ; ils ramassaient des moules, des huîtres, des berniques, des bigorneaux, mais il n'est pas impossible qu'ils aient eu quelques chèvres, quelques moutons, quelques petits bœufs et même des chiens.

Leurs outils sont en pierre et en os ; les grattoirs, les burins, les perçoirs en silex sont nombreux mais la panoplie habituelle de petit outillage, pointes à troncature, trapèzes, triangles isocèles ou scalènes ne l'est pas moins. Parmi les pièces en os, en dents ou en bois animal, citons des alènes, des épingles et des manches d'outil. Enfin n'oublions surtout pas la riche parure faite de colliers de coquilles et de dents avec pendeloques en coquillage ou en pierre. Les amas coquilliers ont évidemment suffisamment changé le pH pour que les ossements se conservent, ce qui en Bretagne, comme je l'ai déjà dit, est rarement le cas. C'est ce qui a permis la découverte exceptionnelle de sépultures en fosses peu profondes, associées à des foyers probablement rituels, de cadavres, hommes (1,59 mètre en moyenne), femmes (1,52 mètre) ou enfants, parés, saupoudrés d'ocre et équipés de quelques outils. Deux squelettes téviéciens, encadrés de provocantes ramures de cerf, révélateurs de l'existence d'une incontestable structure sociale hiérarchisée, n'ont évidemment pas pu passer inaperçus. On ne traite pas, surtout dans la mort, tout le monde de la même manière.

*

Y. Coppens, *Des pastilles de préhistoire. Le présent du passé 4*, Odile Jacob/France Info, 2016.

P.-L. Gouletquer, « Le site de Kerhilio, Erdeven (Morbihan) », *Ann. de Bretagne*, 1968, p. 122-127.

M. Marchand, *Préhistoire atlantique*, Éditions Errance, 2014.

M. Péquart, S.-J. Péquart, M. Boule, H. V. Vallois, *Téviec, station nécropole mésolithique du Morbihan*, Archives de l'Institut de paléontologie humaine, 1937, mémoire 18.

CHAPITRE 5

De tendres bêtes pour la table

il y a 100 000 ans

« La presqu'île du Taymir est un énorme réfrigérateur et un réfrigérateur si efficace qu'il a même conservé le temps. »

Yuri GORBAÏNOV, directeur de la réserve du Taymir,
Khatanga, Sibérie, juillet 1999.

… et les mammouths !

Toute cette histoire-ci a commencé à la Sorbonne ; c'était en 1954, j'avais juste 20 ans et j'avais demandé un rendez-vous à Jean Piveteau, professeur de paléontologie à la vénérable université, pour solliciter de lui sujet et direction de thèse. « Entrez par la rue Saint-Jacques, par le 54, comme l'année », m'avait-il précisé au téléphone, précision utile en effet car les bâtiments somptueux – circonscrits par les rues des Écoles, Saint-Jacques, Cujas, Victor-Cousin et de la Sorbonne – offrent le choix d'au moins deux douzaines d'ouvertures. Et même une fois entré dans le sanctuaire par la bonne porte, le cheminement jusqu'au bureau du maître gardait quelque parfum d'initiation : après le sas d'entrée, je me souviens d'une grande porte à droite à laquelle il fallait d'ailleurs sonner, et puis de quelques marches montant à de grandes pièces sur la rue Saint-Jacques et à un vaste corridor-bibliothèque aveugle qu'il convenait d'emprunter, et puis d'une petite porte encore, à ne pas manquer, donnant elle-même sur un autre escalier, en colimaçon celui-là, étroit et confidentiel, accédant dans le Saint des saints, à LA porte à laquelle on ne manquait évidemment pas d'arriver le cœur battant par l'émotion et l'exercice.

Je fis part à Jean Piveteau ce jour-là de ma passion déjà ancienne pour la préhistoire et la paléontologie humaine et de mon souhait de faire un doctorat sous son autorité dans cette dernière discipline. C'est alors que ce grand monsieur, après avoir d'abord accepté de diriger mes futures recherches, ce qui me remplit l'âme de joie, s'appliqua, avec une immense courtoisie, à en détourner complètement le cours. « Pour faire des recherches en paléontologie humaine, m'expliqua-t-il, il faut avoir des fossiles humains ! » – jusque-là, ça me semblait logique – « mais les fossiles humains sont rares, continua-t-il, et ceux qui les détiennent ne sont en général pas très disposés à les prêter, surtout à de jeunes chercheurs. » Voilà donc poliment mais fermement une porte qui se fermait. Mais il reprit, encourageant, son discours, en me conseillant de me faire les dents, si je puis dire, sur des animaux fossiles, ajoutant que je pourrais toujours plus tard revenir à l'homme fossile si je le désirais et à plus forte raison si j'en trouvais moi-même ; il me donna tout de suite le choix entre deux groupes tout aussi biostratigraphiquement significatifs, les rongeurs ou les proboscidiens. Je lui dis ma préférence pour les grosses bêtes et sortis donc de ce premier rendez-vous, heureux d'avoir « gagné » patron et projet, la tête remplie de silhouettes encore bien floues de mastodontes et de mammouths qui en quelques instants étaient devenues ma « propriété » scientifique. C'est fou ce que la passion rend possessif !

Je commençai donc à courir les bibliothèques et les collections de paléontologie, publiques ou privées, mais le terrain aussi, les sablières, ballastières, gravières en exploitation, les saignées des rivières, les coulées de solifluxions, les lœss, les grouines, et ne tardai pas à réunir ouvrages adéquats, ossements et dents d'éléphants fossiles et d'autres gros bestiaux en quantités impressionnantes. Un peu en Bretagne, beaucoup en Normandie, en Picardie, en Île-de-France, en Lorraine, les sols et sous-sols me livrèrent des masses de restes d'éléphants, de rhinocéros, de bisons, d'aurochs, de chevaux, de rennes, d'ours, des dernières dizaines de milliers d'années, quelquefois des dernières centaines de milliers d'années. On n'imagine absolument pas tout ce qui peut se trouver sous nos pieds ; il suffit de s'y intéresser un peu, d'aller chercher ces témoignages du passé là où ils peuvent avoir été conservés, et on les rencontre. Les premières chasses furent donc très bonnes.

Pour mon second rendez-vous avec Jean Piveteau, j'arrivai à la Sorbonne l'enthousiasme au cœur et la serviette bourrée de fossiles, essentiellement des molaires de mammouths. Arrivé dans le bureau de Jean Piveteau, je lui racontai mon bonheur, lui présentai un tableau des caractéristiques des molaires de proboscidiens que j'avais déjà rencontrées mais cela ne servit à rien et visiblement ne l'intéressa pas du tout.

Ma flamme avait cependant plu à Jean Piveteau ; les petits travaux d'archéologie et de préhistoire que j'avais publiés en Bretagne participèrent sans doute aussi à le convaincre de la réalité de mon attirance pour la recherche. Toujours est-il qu'il me fit recruter par le CNRS à compter du 1er octobre 1956 et affecter à son laboratoire. Je connus donc quelque temps, mais pas longtemps, les semi-sous-sols de la Sorbonne[1] et ses contre-plongées sur le trottoir de la rue Saint-Jacques ; pas longtemps en effet, car un des chefs de travaux de Jean Piveteau, Jean-Pierre Lehman, ne tarda pas à être élu professeur de paléontologie au Muséum national d'histoire naturelle, et Jean-Pierre Lehman, en accord avec Jean Piveteau, entraîna dans sa migration de la rue Saint-Jacques à la rue Buffon quelques-uns des jeunes chercheurs (dont j'étais) du laboratoire de paléontologie des vertébrés et de paléontologie humaine de la faculté des sciences de l'université de Paris. La stratégie commune de nos deux patrons était d'alléger la Sorbonne et de peupler le Muséum[2] un peu calme.

Or, à peine installé – j'étais à nouveau en semi-sous-sol, côté Jardin des plantes cette fois, avec contre-plongée sur de la verdure –, Jean-Pierre Lehman, qui venait de faire le tour du propriétaire,

1. La Sorbonne, fondée en 1253 par Robert de Sorbon (je suis allé voir son village dans les Ardennes), chapelain de Saint Louis, était à l'origine une pension pour les étudiants et les maîtres en théologie, pauvres, le Collegium pauperum magistrarum.

2. Le Muséum national d'histoire naturelle était quant à lui le Jardin royal des plantes médicinales. Il fut créé par Louis XIII en 1633, sur les conseils de son médecin « ordinaire », Guy de La Brosse, pour dispenser un enseignement meilleur aux futurs médecins et apothicaires.

me demanda de regarder d'un peu plus près qu'il ne l'avait fait quelques caisses qui avaient l'air de contenir, disait-il, des restes de proboscidiens. Je m'exécutai très vite et « découvris » en effet les ossements, presque tous les ossements, d'un mammouth. Il ne me fallut pas beaucoup de temps pour retrouver, deux étages au-dessus, dans les catalogues et la bibliothèque, la carte d'identité de mon animal. Découvert en 1906 par un commerçant nommé Gorokhov au bord d'une rivière, l'Atrikanova (dans une crique dite Eterikanka), sur une des îles de la Nouvelle Sibérie, la plus grande (Bolchoï Liakhovsky), ce mammouth avait été retrouvé en 1908 par le savant naturaliste russe K. A. Vollosovitch. Entre 1908 et 1910, cet explorateur passionné était parvenu en plusieurs campagnes à l'extraire du permafrost et à le transporter en traîneau à chiens de l'île au continent et puis en bateau sur la Lena et en chemin de fer jusqu'à Saint-Pétersbourg. Très endetté par cette opération que l'Académie des sciences de Russie ne voulait pas lui rembourser, Vollosovitch s'adressa à un de ses amis, le comte Stenbock Fermor qui accepta d'acheter l'animal et eut l'idée de l'offrir au Muséum national d'histoire naturelle de Paris. Les mauvaises langues disaient même que le généreux comte espérait en retour la Légion d'honneur parce qu'elle donnait droit à de la musique militaire le jour de ses funérailles ! Une recherche de Christian de Marliave toute récente n'a pas permis de retrouver le nom de A. V. Stenbock Fermor parmi les récipiendaires de cette distinction ; il y a donc des chances que notre donateur ait été conduit au tombeau dans le silence.

Le mammouth de l'Atrikanova (figure 10) arriva à Paris en 1912 ; ses restes les plus spectaculaires – fragments de peau et de pelage, enveloppes de pattes et de la tête, sexe (mâle), d'ailleurs curieusement disparu depuis – furent alors exposés (en 1914), mais de manière temporaire, et puis oubliés. Quant aux éléments du squelette, ils restèrent dans leurs contenants ou y furent remis,

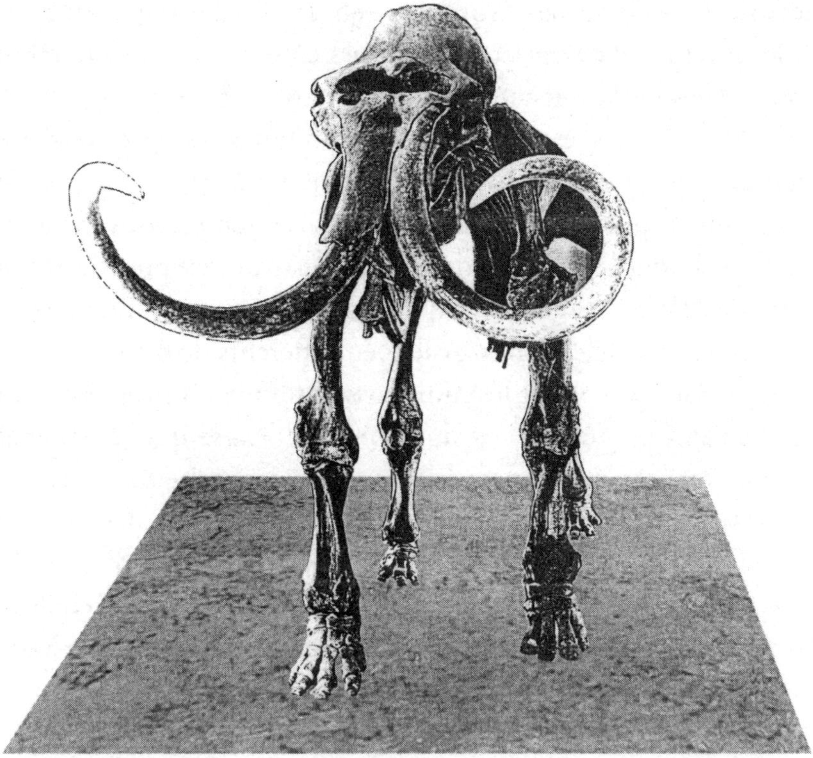

Figure 10. *Mammouth de l'Atrikanova tel que je l'ai monté à l'Institut de paléontologie du Muséum national d'histoire naturelle, 1957.*

luisants de graisse. J'appris en outre que ce mammouth sibérien se trouvait être le seul parvenu hors du territoire russe, un oukase ayant été promulgué immédiatement après son expédition en France, interdisant désormais toute sortie du pays d'origine de mammouths ou de restes de mammouths congelés.

Jean-Pierre Lehman, averti, m'invita à réparer cette négligence et à mettre sur pied ce fossile important. Je me mis donc à l'ouvrage en commençant par faire l'inventaire des pièces ; il manquait une défense (emportée par Gorokhov en 1906), les deux humérus (une caisse perdue peut-être), quelques côtes et quelques vertèbres (dont celles de la queue), en d'autres termes bien peu de chose. Une fois identifiés les numéros probables des côtes et des vertèbres manquantes, je sollicitai Jacques Richir, restaurateur en chef du laboratoire, pour les fabriquer en plâtre (en renonçant cependant à refaire la queue) ; je lui demandai aussi de sculpter de toutes pièces la défense absente – ce qu'il fit superbement – et de mouler deux humérus d'éléphant d'Asie, peu différents de ceux du mammouth, pour remplacer les humérus égarés ; je lui proposai enfin de mouler aussi tous les os du carpe et du tarse que je craignais de voir trop facilement « prélevés » par des visiteurs « passionnés », si nous laissions les originaux à leur place et à leur portée. Et puis Yves Gasnier et Pierre Barrat, attachés l'un et l'autre à la maison, le premier à l'atelier, le second à l'entretien, merveilleux hommes à tout (bien) faire du laboratoire, furent mobilisés à leur tour pour forger le support métallique ; et cette petite équipe Barrat-Coppens-Gasnier-Richir, qui s'entendait comme larrons en foire, fonctionna si bien – ce fut un plaisir – que le mammouth sibérien de l'Atrikanova fut bientôt sur pattes.

Il y a quelques années, en Sibérie, le président du « comité mammouth » de l'Académie des sciences de Russie, Alexei Tikhonov, me confia que notre montage avait depuis – depuis plus de cinquante ans donc – servi de modèle aux collègues russes confrontés à des problèmes de montage comparables – ce qui fait toujours plaisir même s'il s'agissait d'une élégante courtoisie ! Alexei Tikhonov est devenu depuis un collègue proche et un ami que j'ai d'ailleurs fait entrer au comité scientifique international du musée d'Anthropologie préhistorique de Monaco que je préside, mais il ne m'a jamais dit si cette déclaration, un jour de grand froid, n'avait été qu'une politesse !

Ce mammouth devint pour moi pendant quelque temps et de manière inattendue, une sorte de carte de visite. Yves Gasnier me confia un jour que j'étais connu parmi les personnels du Muséum sous le nom de « Monsieur Mammouth » et il est vrai que cet élégant animal m'entraîna dans toute une série d'aventures.

À peine dans ses nouvelles fonctions, Jean-Pierre Lehman voulut en effet inaugurer son règne par une exposition ; c'était pour lui, je crois, une manière de se présenter à ceux qui l'avaient élu, de montrer qu'il avait compris qu'une des missions du Muséum était l'information du public et de faire savoir en même temps à ce public qu'une nouvelle direction venait de se saisir des rênes de la section de paléontologie de l'établissement. Il fut décidé, à l'assemblée des professeurs du Muséum, que cette exposition se tiendrait dans la grande galerie disponible du bâtiment de botanique, le long de la rue Buffon, côté jardin, dans l'alignement de celui de paléontologie mais plus au sud.

Toute l'équipe ancienne du laboratoire de paléontologie du Muséum et toute la petite équipe nouvelle, fraîchement débarquée de la Sorbonne, y travaillèrent avec ardeur pour présenter diverses récoltes ou réalisations importantes de la communauté paléontologique française jamais encore mises en valeur. Et « mon » mammouth, étant donné sa dimension, sa somptueuse paire de défenses et son port majestueux, y fit si bonne figure qu'il devint, en quelque sorte et malgré lui et malgré moi, le « clou » de l'exposition. Tout le monde en parla, la presse ne retint que lui au moins dans le choix qu'elle fit de l'illustration de l'événement et beaucoup de visiteurs firent savoir aux gardiens, qui nous le répétèrent, qu'ils venaient pour voir le mammouth. C'était, il faut bien le dire, souffler la vedette de manière un peu facile (le volume) à d'autres thèmes aussi bien présentés et parfois plus scientifiquement novateurs.

Quelques jours après le vernissage, Jean-Pierre Lehman reçut d'ailleurs la visite de deux producteurs, Anatole Dauman et Philippe Lifchitz, qui venaient étudier la possibilité de tourner un film au Muséum. Un réalisateur de leur « écurie » et pas des moindres, Alain Resnais, avait, racontaient-ils, eu l'attention retenue par l'image du mammouth parue dans la presse et fait connaître pas suite son intention de réaliser un court métrage sur l'évolution biologique. « Mammouth » ayant été le mot clé de la conversation et « mammouth » étant dans la tête du patron synonyme de Coppens, Jean-Pierre Lehman me fit appeler dans son bureau pour que je m'occupe de ces messieurs et de leur démarche. Je m'efforçai donc de les convaincre de l'extrême intérêt du sujet, de son caractère fondamental et méconnu, de son côté particulièrement cinévisuel tant il est riche en images, belles, spectaculaires et inattendues. Et je fus bientôt invité à leur rendre visite au siège de leur maison de production, Argos Films, rue de Washington, pour parler plus avant du projet.

La chance voulut que j'y fusse reçu autour d'une table en faux marbre (comblanchien), bourré d'invertébrés fossiles. Je pus donc introduire convenablement mon propos en faisant la démonstration de l'ignorance probable de leurs visiteurs (en commençant par la leur, que je ne mentionnai pas) qui s'appuyaient chaque jour sur un admirable fond marin de plus de 100 millions d'années et sur des centaines de coquilles superbes de formes et de couleurs, sans les voir. Je sortis de ce rendez-vous, promesse de contrat de conseiller scientifique en poche, pour un court métrage sur l'histoire des êtres vivants que finalement réaliserait un des deux producteurs, Philippe Lifchitz, Alain Resnais s'étant engagé depuis dans une autre direction. Je m'offris un « grand crème » de bonheur à la terrasse du café du Rond-Point des Champs-Élysées, celui que remplaça plus tard le drugstore.

Nous nous sommes vus beaucoup, Philippe Lifchitz et moi-même, pendant les mois qui ont suivi cet engagement, pour construire un scénario, choisir les objets à filmer, retenir comment les filmer et envisager d'ores et déjà un découpage. L'été 1957 venu, Anatole Dauman et Philippe Lifchitz me proposèrent d'apprendre un peu, sur le tas, ce qu'était un tournage, avec ses méthodes, ses trucs aussi, ses besoins, ses exigences et m'invitèrent à les rejoindre sur la Côte d'Azur où ils devaient travailler avec Agnès Varda. Je me retrouvai donc à sonner un beau jour de juillet à la porte d'un appartement d'une résidence de Roquebrune-Cap-Martin, lieu du rendez-vous convenu. Ce fut Agnès Varda qui m'ouvrit et je l'entends encore me dire : « Ah ! c'est toi le spécialiste des éléphants, entre, sois le bienvenu ! » Et je passai en sa compagnie et celle de sa jeune sœur, celle d'Anatole Dauman, de Philippe Lifchitz et d'Annick, sa compagne, celle d'Albicoco senior, celle de Michel Mitrani, etc., un mois chaleureux, exaltant, fatigant, insolite, pour un chercheur d'os et de cailloux, mais un mois évidemment très instructif. Ce n'est pas l'endroit où raconter ces premiers tournages, au risque de perdre de vue les éléphants ; il faut tout de même dire qu'au terme de ce séjour, j'étais devenu assistant réalisateur, officiellement inscrit au registre de la profession ; j'avais deux films (courts métrages) à mon actif, *Du côté de la côte* et *La Cocotte d'Azur*, et je devais ce début de deuxième carrière à mon mammouth bien-aimé ! Et l'aventure cinématographique se poursuivit comme prévu, au mois de septembre de la même année, par le tournage d'*Images des mondes perdus*, son montage, l'écriture de son texte, son enregistrement, le mixage texte-image-musique et sa sortie en salle ; il reçut presque immédiatement le prix de la Cinémathèque française, ce qui ravit toute l'équipe. Philippe Lifchitz en avait donc fait la réalisation, Maurice Barry l'image, Michel Bouquet en avait dit le texte, Georges Delerue en avait composé la musique et j'en avais été à la fois le conseiller scientifique et l'assistant à la réalisation.

Très investi dans mon travail de recherche sur les proboscidiens, je passais souvent du laboratoire de paléontologie du Muséum à celui d'anatomie comparée du même établissement, au 55 de la même rue Buffon, où j'apprenais l'anatomie des éléphants d'aujourd'hui, ceux d'Afrique et ceux d'Asie. Devenu familier de cet autre laboratoire, je me risquai à déclarer, comme une boutade à un détour de couloir, à son directeur, Jacques Millot, que « s'il avait un à jour un cadavre d'éléphant à sa disposition, je serais heureux qu'il me le confiât pour le disséquer ». Or en avril 1957, alors que je venais d'arriver à Vannes pour y passer dans ma famille maternelle les fêtes de Pâques, je reçus du professeur Millot ce télégramme, sibyllin pour quiconque, mais tout à fait clair pour moi : « Éléphant mort, venir d'urgence. » Je repris le train pour Paris et me rendis immédiatement au laboratoire d'anatomie comparée où m'attendait – sur les marches de l'entrée (je m'en souviens bien) – le directeur, impatient de partir lui-même pour quelque repos pascal. Il me présenta la bête – éléphant d'Asie, 3 tonnes, une femelle –, me remit les clés du grand bâtiment où elle gisait et disparut[1].

Ce grand bâtiment était une sorte de vaste hangar conçu et équipé pour la dissection : 6 bacs de 2 000 litres chacun, s'alignaient le long des parois, 3 de chaque côté, et un chariot sur rails muni de chaînes démultipliées, terminées par d'énormes crochets, en parcourait le plafond. Micheline, la belle éléphante du zoo de Vincennes, avait été victime d'une septicémie – elle avait un gros abcès au flanc droit. Je me fournis donc en couteaux de bonne taille au laboratoire d'anatomie lui-même, apportai ma blouse du labo de paléontologie, une paire de bottes de chez moi et commençai par la découpe de Micheline en six morceaux, les quatre pattes, la tête et le corps, et par le transfert, grâce aux chaînes et au chariot, de ces parts dans les six bacs, une par bac. J'immergeai les morceaux dans de l'eau à laquelle j'ajoutai du formol – moins

1. Le catalogue du laboratoire, consulté récemment pour « vérification », porte la mention suivante : « Éléphant femelle, morte au parc zoologique, entrée au laboratoire le 22 avril 1957, enregistrée sous le numéro 1957-60, disséquée par M. Coppens. »

de 10 % sans doute pour des raisons d'économie – et commençai la dissection par la tête et puis la poursuivis par le corps, une patte antérieure, une patte postérieure.

J'étais intéressé au premier chef par les rapports des muscles et du squelette. Les ossements de proboscidiens fossiles n'avaient en effet pas tout à fait les mêmes modelés que leurs homologues chez les éléphants actuels ; la musculature étant en partie responsable de ces modelés, je souhaitais aller des muscles à l'os chez *Elephas maximus* pour me permettre le cheminement inverse chez les mammouths, les mastodontes, les stégodontes, les dinothériums, les proboscidiens fossiles en général et en reconstituer ainsi la musculature disparue, mais aussi la silhouette, la locomotion, les comportements, l'environnement, etc.

La dissection fut un grand bonheur ; je la conduisis trois mois durant, jusqu'à l'été, passionné par la beauté de toute cette mécanique qui pondérait les volumes et les formes des masses musculaires et de leurs attaches, leurs relations, les amplitudes de leurs mouvements et les limites de ces amplitudes, etc. Aidé des superbes planches anatomiques du grand Cuvier et d'importants articles de vétérinaires indiens, je décrivis ainsi toute la musculature de l'éléphant d'Asie. Et je fus frappé, entre autres merveilles, par un point très particulier de cette anatomie que le vieux professeur Édouard Bourdelle, en retraite de la fameuse école vétérinaire de Maisons-Alfort, un des fidèles visiteurs de ma dissection, me commenta avec l'érudition, la passion et l'élégance qui le caractérisaient : la position du centre de gravité, certainement partagée par l'autre éléphant vivant, *Loxodonta africana*, et par beaucoup d'autres proboscidiens éteints.

L'éléphant est en effet une drôle de bête, au corps à la fois énorme mais court et bas sur des pattes en colonnes, à la tête lourde d'une trompe et d'une paire de défenses, mais à l'encolure massive et puissante. Tout cela dessine un animal qui s'inscrit dans une sphère, dont le centre n'est ni plus ni moins que le centre de gravité de l'éléphant. Avantage : l'éléphant a une station d'une étonnante stabilité et une locomotion qui consomme peu d'énergie. Inconvénient : dès que ses mouvements l'entraînent un peu trop hors de son polygone de sustentation, son équilibre est rompu et sa récupération difficile. Un éléphant au sol a souvent beaucoup de mal à se remettre debout. C'est ce qui semble être arrivé à bien des mammouths tombés sur les rives glissantes de marigots qui ont fonctionné comme des pièges.

Je m'amusai à reconstituer à partir de ce que je venais d'apprendre la musculature de mon mammouth, silhouette sûrement aussi célèbre auprès des jeunes Cro-Magnon et Neandertal d'il y a quelques dizaines de milliers d'années que Babar, Céleste, Pomme, Flore ou Alexandre auprès de Quentin quand il était petit.

En 1969, c'était le dixième anniversaire de la Fondation de la vocation devenue Fondation Marcel-Bleustein-Blanchet pour la vocation et son président-fondateur, champion des célébrations, voulut évidemment marquer la décennie du bon fonctionnement de cette institution originale et généreuse. Il nous fit savoir, à nous ses lauréats – j'avais reçu le prix en 1963 –, qu'il se proposait de réaliser à la Maison de la Radio une exposition des lauréats « créateurs ». Cette limitation catégorielle m'agaça beaucoup : pourquoi cette ségrégation ou ce que je considérai comme tel ? Je saisis donc le téléphone et me permis d'appeler Marcel Bleustein-Blanchet en personne. Malgré les charges de sa présidence de Publicis, que l'on imagine sans peine, il me répondit, toujours très à l'écoute des lauréats de sa fondation dont il était si fier et à laquelle il était si sentimentalement attaché. Je lui dis donc ma très grande déception et revendiquai, « dans la foulée », le droit de participer à cette manifestation. En excellent publiciste, mais aussi je pense par sympathie, il m'écouta, reçut ma plainte et me demanda ce que je proposais. « Un mammouth », lui dis-je, en lui expliquant quand même un peu ce dont il s'agissait. « Je vous rappelle dans quelques minutes », me dit le président. Quelques minutes après, comme annoncé, il me rappela. « J'accepte votre proposition, me dit-il, avec son inimitable cheveu sur la langue ; j'en informe les organisateurs. »

Il me restait à convaincre le patron de l'Institut de paléontologie ; c'était quand même une opération un peu compliquée nécessitant démontage deux fois, transport, remontage deux fois, et aussi location de véhicules, assurance, etc. Jean-Pierre Lehman me reçut avec son calme et sa gentillesse habituels et perçut sans doute très vite dans cette participation à une exposition hors du Muséum pour un public qui n'est pas volontiers celui du grand établissement scientifique du Jardin des plantes, une occasion de promotion à saisir. Toujours est-il qu'il céda vite, sans beaucoup de discussion, à mon caprice. J'avais gagné mais tout restait à faire.

Pierre Barrat et Yves Gasnier furent encore une fois les principaux artisans de la traversée de Paris du mammouth de Sibérie ; sans leur bonne volonté, leur bonne humeur et leur talent, j'aurais eu beaucoup de peine à réaliser toutes ces manipulations. Le mammouth arriva sans encombre au premier étage de la Maison de la Radio. Dès le déballage, cet amoncellement de gros ossements roux impressionna les colauréats créateurs et les personnes qui les aidaient à exposer leurs œuvres. Je me souviens par exemple que le compositeur René Köring, inspiré, me dit qu'il écrirait une pièce qu'il intitulerait *Le Mammouth en morceaux*. Et puis ma jolie bête fut remontée, face aux immenses vitres de cette grande salle arrondie. Pour peu qu'à l'époque des passants du quai Kennedy aient eu l'idée de lever les yeux, ils auront eu alors la surprise d'apercevoir les arrogantes « moustaches » d'ivoire du petit mammouth de la grande île Liakov regardant couler la Seine, ce qui ne me rendait pas peu fier. L'exposition s'ouvrit ; elle eut un grand succès ; une fois encore le mammouth, si spectaculaire, apparut dans la presse, avec, « posant » entre ses pattes antérieures quelques-uns des plus célèbres parrains de la jeune fondation, Marcel Achard, Armand Salacrou, Carmen Tessier.

Le 1er décembre 1969, *Le Journal de la commère* de *France-Soir* paraissait, signé par Jacqueline Tanugi, sous le titre insolite de « Vedette du dixième anniversaire de la Fondation de la Vocation : un mammouth ». « Jamais encore le grand hall d'exposition de la Maison de l'ORTF, écrivait-elle, n'avait vu pareille curiosité : un mammouth reconstitué par Yves Coppens, [...] énorme bête rafistolée par endroits, mais examinée comme un meuble Louis XV [...], un Américain aurait carrément demandé : "Combien ?" » Le même jour, *Le Figaro* publiait une photo légendée « Un mammouth pour un anniversaire » et le *Journal de Tintin* titrait : « Le mammouth de l'ORTF ».

Il y eut, en fin d'exposition, un concours. Et il se trouva que, moi, le naturaliste, je reçus – ce fut une véritable provocation –, le premier prix des créateurs (je crois, tout de même partagé) pour ma « sculpture » ! Et puis le mammouth fut démonté ; il reprit le chemin inverse et fut remonté dans le péristyle de l'Institut de paléontologie, côté place Valhubert, place qu'il garda jusqu'en 1999, date de son installation plus cohérente aux côtés des autres proboscidiens – et notamment du fameux *Mammuthus meridionalis* de Durfort – dans la grande galerie de paléontologie proprement dite. Comme le public de la Maison de la Radio n'est pas, dans sa majorité, celui des galeries du Muséum, et comme j'avais pris soin, dans une légende détaillée placée au pied du mammouth, d'informer le visiteur intéressé qu'il existait beaucoup d'autres grands squelettes étranges de beaucoup d'autres grands animaux disparus dans les galeries de paléontologie du Jardin des plantes, un important supplément de visiteurs fut enregistré des semaines durant au Muséum, un grand nombre d'entre eux faisant état de la raison pour laquelle ils étaient venus – leur rencontre avec un mammouth à la Maison de la Radio –, encore marqués par cette vision pour le moins inattendue.

Mon récent engagement en Sibérie est encore une retombée heureuse de cette fréquentation, il y a plus de quarante ans, du mammouth de l'Atrikanova. Mais c'est une autre histoire que je raconterai plus loin.

Qu'est donc devenue la Bretagne dans cette aventure ? En fait elle n'a jamais été bien loin.

Dès le « décollage » de mon travail de thèse, Jean Piveteau m'avait en effet remis une superbe collection de planches, représentant des ossements et des dents (dont beaucoup de dents de mammouth) du site du Mont-Dol en Ille-et-Vilaine, planches qui avaient été composées pour être jointes à un texte en vue d'une publication, style monographie, par un certain Simon Sirodot. Et puis la mort de l'auteur en 1903 avait interrompu la préparation de cette étude et les illustrations étaient restées dans les archives du laboratoire de paléontologie des vertébrés et de paléontologie humaine de la Sorbonne. Et ces documents étaient d'autant plus importants pour moi que la plupart des pièces fossiles figurées se trouvaient conservées dans les collections du laboratoire de paléontologie du Muséum national d'histoire naturelle auxquelles j'avais évidemment accès.

Mais quelle est donc cette histoire de Simon Sirodot et du site du Mont-Dol ?

Eh bien Simon Sirodot était un scientifique, normalien, agrégé de physique, docteur ès sciences, professeur de lycée puis titulaire successivement d'une chaire de zoologie et botanique, puis de zoologie (tout court) à la faculté des sciences de Rennes, doyen quelque temps de cette faculté et membre correspondant de l'Académie des sciences de l'Institut de France. Or, informé par un de ses « préparateurs » (fonction qui a disparu depuis) de la découverte d'ossements fossiles par un carrier au Mont-Dol,

Simon Sirodot s'y était immédiatement rendu et y avait conduit des fouilles très fructueuses trois étés durant en 1872, en 1873 et en 1874. Il y avait recueilli, de manière d'ailleurs particulièrement précise pour l'époque des quantités de dents et d'ossements de vertébrés associés et des quantités de pierres (surtout du silex) taillées. Il avait parfaitement identifié, dans la séquence stratigraphique, le niveau archéologique, une couche grise d'argile sablonneuse d'origine littorale. Et non content d'y récolter les fossiles et les pierres taillées du contenu, il avait pris soin de rapporter quelques dizaines de kilos du contenant, qui ont permis aux chercheurs d'aujourd'hui, un siècle après le prélèvement, d'en prolonger l'analyse et d'en enrichir les résultats.

Jean-Laurent Monnier et Nathalie Molines en ont repris en effet l'étude et Jean Chaline leur a apporté son expertise de la microfaune.

Voici l'essentiel des conclusions de Simon Sirodot et celles des scientifiques contemporains ; ont été identifiés, dans ces collections, ces sédiments et sur le terrain :

– le mammouth	*Mammuthus primigenius* (abondant)
– les chevaux	*Equus caballus, Equus hyndruutinus* (abondants)
– les rhinocéros	*Coelodonta antiquitatis* (assez abondant)
– l'aurochs	*Bos primigenius*
– le bison	*Bison priscus*
– le cerf	*Cervus megaceros*
– le renne	*Rangifer tarandus*
– le chevreuil	*Capreolus capreolus*
– le bouquetin	*Capra ibex*
– le daim	*Dama dama*
– le sanglier	*Sus scrofa*

– les ours	*Ursus spelaeus, Ursus arctos*
– la panthère	*Panthera pardus*
– le lion	*Felis leo var. spelaea,*
– le loup	*Canis lupus*
– le renard	*Vulpes vulpes*
– le cuon	*Cuon* sp.
– la marmotte	*Arctomys*
– le blaireau	*Meles taxus*
– le campagnol nordique	*Microtus oeconomus malei*
– le rat taupier	*Arvicola terrestris*
– le lemming gris des steppes	*Lagurus lagurus*
– le campagnol des champs	*Microtus arvalis*
– le campagnol des hauteurs	*Microtus gregalis*

Il est évident, est-il utile de le préciser, qu'il y a là un mélange d'animaux représentés parce qu'ils ont été chassés et rapportés au campement et d'animaux du lieu, sans rapport avec l'homme, morts sur place ou pas loin. Le site archéologique était à l'abri des vents du nord et du nord-est, au sud de la butte et probablement alimenté par un petit ruisseau dégringolant du tertre ; cette proximité d'une alimentation en eau explique, en même temps que son exposition, le choix de cet endroit par les hommes de l'époque et le transport de cadavres de la petite faune aussi bien du caillou d'en haut que du marais d'en bas.

Une partie de la grande faune – mammouths, rhinocéros, chevaux, aurochs, bisons, rennes, cerfs – a été évidemment consommée par l'homme, soit charognée, soit chassée, et c'est la raison de sa concentration sur le site. Un certain nombre de marques de fracturations, de désarticulations, de décarnisation et de traces de feu le prouvent, s'il en était besoin, et un autre indice, qui me tient à cœur, vient d'ailleurs joliment confirmer cette action humaine.

10 cm

Figure 11. *Mammouth du Mont-Dol, série des 6 molaires (ici supérieures) se poussant successivement, dans chaque demi-mâchoire, durant la vie (60 à 70 ans) de chaque animal. Ces dents sont présentées de profil, la surface occlusale à gauche, la cavité pulpaire (où poussent les racines) à droite.*

J'ai eu, en effet, comme je l'ai évoqué, à étudier les molaires de mammouth de ce Mont-Dol 1, conservées dans les collections du laboratoire (devenu plus tard Institut) de paléontologie du Muséum national d'histoire naturelle (plus de 700 dents).

Or l'évolution des proboscidiens s'est faite, comme pour beaucoup d'autres animaux dans beaucoup d'autres ordres, dans le sens de l'augmentation de leur taille et les molaires ont accompagné ce mouvement. Mais comme par ailleurs le crâne s'élevait et se raccourcissait en même temps qu'il grandissait au fil du temps (géologique) – « le museau » se réduisait au profit du crâne proprement dit –, les molaires n'ont plus eu assez de place dans la bouche ! Au lieu d'avoir une denture « normale », avec une dentition de lait et une dentition définitive successives par un remplacement vertical, éléphants et mammouths voient se mettre en place un remplacement horizontal, en tapis roulant, de 6 molaires de taille croissante par demi-mâchoire (3 molaires dites de lait et 3 molaires définitives)[1]. Comme désormais, le remplacement se fait donc successivement, le numéro de la molaire en place (de 1 à 6), facile à reconnaître par ses dimensions et ses proportions, donne l'âge individuel de l'animal. On sait que la première molaire apparaît à 3 mois, la seconde à 3 ans, la troisième à 5 ans, la quatrième à 10 ans, la cinquième à 20 ans et la dernière « de sagesse », à 35 ou 40 ans chez les formes actuelles (figure 11). En appliquant le principe de l'actualisme aux mammouths (on appelle ainsi l'application des observations d'aujourd'hui aux espèces d'autrefois, ne disposant pas, pour elles, d'autres moyens de mesure) et, en l'occurrence, aux mammouths du Mont-Dol, il était facile de voir que bien que tous les stades soient représentés, la majorité des molaires récoltées étaient les 2es, 3es et 4es et il y avait bien peu de chances que les hommes

1. Je ne parle pas ici des incisives qui ont toutes disparu, sauf la seconde supérieure, devenue la défense (à croissance continue).

préhistoriques du Mont-Dol aient recueilli des molaires isolées pour leur seule curiosité. En d'autres termes étaient consommées les bêtes jeunes, entre 3 et 20 ans, plutôt que les âgées, pour des questions de goût ou de facilité de chasse ; en tout cas cette sélection était incontestablement plus humaine que naturelle !

J'ai figuré la séquence des six molaires supérieures du mammouth, *Mammuthus primigenius*, du Mont-Dol dans un article au congrès de 1959 de la Société préhistorique française à Monaco et j'ai offert au laboratoire d'anthropologie préhistorique de Rennes, à Pierre-Roland Giot, son directeur de l'époque, avec l'accord de Jean Piveteau, bien sûr, les planches de la monographie inachevée de Simon Sirodot que ce dernier m'avait données (une de mes lettres à Pierre-Roland Giot du 6 mars 1959 en annonce l'expédition ; une lettre de Pierre-Roland Giot du 16 mars 1959 m'en accuse réception et me remercie).

Cette faune, dans son ensemble, nous apprend que l'époque qu'elle représente était plus froide et plus humide que celle d'aujourd'hui, que le climat était de type arctique et le paysage, la grande steppe herbacée dite steppe à mammouth avec des marécages et de rares espaces forestiers (limite toundra, steppe et taïga boréale).

L'outillage lithique, quant à lui, était surtout représenté par des éclats (trahissant la technique de taille dite Levallois) utilisés tel quels ou sous forme de racloirs variés (c'était un outillage dit moustérien de type Ferrassie) ; leur matière première était surtout le silex dont les gisements crétacés se trouvent aujourd'hui immergés (mais Jean-Laurent Monnier a noté, en outre, la présence, celle-là exceptionnelle, d'autres pièces en dolérite, quartz, grès et phtanite).

Les datations réalisées par Jean-Laurent Monnier, utilisant les méthodes uranium/thorium et résonance de spin électronique (ESR), ont abouti à une estimation de 125 000 à 100 000 ans (110 000 ans), ce qui, ajouté à l'information de la faune et à celle des lignes de rivage, donne une bonne cohérence à la conclusion suivante : on se trouve à un épisode froid, précédant des phases plus froides encore, et suivant immédiatement l'optimum tempéré dit de l'éémien.

Le Mont-Dol est un îlot granitique, aujourd'hui à 65 mètres au-dessus du niveau de la mer, comparable aux îlots dits du Mont-Saint-Michel et de Tombelaine, planté au milieu de ce qu'on appelle le golfe normano-breton et qui était une immense plaine exondée.

Un site très proche et très productif a pu être comparé à celui du Mont-Dol ; il s'agit de La Cotte-de-Saint-Brelade à Jersey, rattaché à cette époque au continent ; le niveau stratigraphique de cette grotte marine, comparable à la couche archéologique de la séquence du Mont-Dol, a livré une faune identique, un outillage très voisin, et, chance que n'a pas eu le Mont-Dol, des restes de l'occupant de cet habitat : une douzaine de dents et un occipital de Neandertal.

J'ai été l'invité d'honneur du maire du Mont-Dol à l'occasion de la dénomination « Simon Sirodot » de l'école communale, c'était le 20 septembre 2003. J'ai visité, à cette occasion, le site au pied du petit massif granitique ; j'ai pu examiner quelques pièces osseuses et lithiques présentées dans une vitrine de la mairie et les jeunes élèves de l'école fraîchement nommée, après mon allocution, m'ont demandé si j'étais là parce que j'avais fouillé avec Simon Sirodot (je rappelle que c'était dans les années 1870 !).

Et j'ai visité La Cotte-de-Saint-Brelade grâce à mon ami jersiais, le docteur Arthur Mourant, hématologue célèbre, un des fondateurs de l'hématologie géographique, *fellow* de la Royal Society, en avril 1990 ; c'était à l'occasion d'un séjour chez lui à Saint-Hélier, où j'étais aussi (décidément) l'invité d'honneur, car chargé de faire l'allocution de l'inauguration de son buste (le 27 avril) et de le dévoiler, dans les jardins du musée de la ville ! J'avais connu Arthur

Mourant au Collège de France où il avait été invité plusieurs fois à donner cours et conférences. Et nous avions même siégé tous les deux, en robe, à un jury de thèse (doctorat d'État en biologie humaine de Jean-Claude Quilici) à l'Université de Toulouse en 1975 ; Arthur Mourant y dormait sur mon épaule ! Ça lie !

*

Y. Coppens, « Le Mammouth de l'Atrikanova (Sibérie) », *Bull. Soc. préhist. fr.*, juin 1958, t. LV, fasc. 3-4, p. 171-172, 1 fig. hors texte entre les p. 134 et 135.

Y. Coppens, « Le Mammouth de l'Atrikanova (Sibérie) », *Bull. Muséum national d'histoire naturelle*, 1958, t. XXX, 2e série, n° 4, p. 402-406, 1 fig.

Y. Coppens, « À propos de cinéma », *Bull. Soc. préhist. fr.*, juin 1959, t. LVI, fasc. 3-4, p. 141-142.

Y. Coppens, « Les éléphants du Quaternaire français, dentition, systématique, signification en Préhistoire », *Congrès préhistorique de Monaco*, Comptes rendus de la XVIe session, 1965, p. 403-431.

Y. Coppens, « Préface », in L. Lopez, M. Colombet, L. Navant, C. Verdier, *Le Mammouth de A à Z*, Le Puy-en-Veley, 2010.

Y. Coppens, « Avant-propos », in D. Mol, F. Lacombat, *Mammouths et mastodondes en Haute-Loire*, Le Puy-en-Velay, Éditions Jeanne d'Arc, 2010, p. 10-15.

S. Louguet, *Les Très Grands Herbivores (éléphantidés et rhinocérotidés) au Paléolithique moyen en Europe du Nord-Ouest. Paléoécologie, taphonomie et aspects palethnographiques*, thèse, université Lille-I, 2004.

J.-L. Monnier, N. Molines, « Simon Sirodot et le site moustérien du Mont-Dol (Ille-et-Vilaine) : d'un grand précurseur aux recherches actuelles. Actes du 130e congrès, Dol, 26-29 juin 2003 », 2004, *Association bretonne,* 112, p. 55-88.

J.-L. Monnier, J.-P. Lefort, D. Cliquet, S. Hinguant, B. Huet, R. Pigeaud, A.-L. Ravon, « Des mammouths et des Hommes en Armorique Occupations humaines et variations de l'environnement au Pléistocène dans l'Ouest de la France », in actes du Colloque international de préhistoire de Monaco, 23-24 octobre 2014, sous la présidence d'Yves Coppens, *Bull. Musée anthropol. préhist. de Monaco*, 2014, 6, p. 91-121

P. Simonet, J.-L. Monnier, « Approche paléo-écologique et taphonomique de la grande faune du gisement moustérien du Mont-Dol (Ille-et-Vilaine, France) », *Quaternaire*, 1991, t. 2, p. 5-15.

S. Sirodot, « Conférence sur les fouilles exécutées au Mont-Dol (Ille-et-Vilaine) en 1872 », *Mém. Société émul. des Côtes-du-Nord*, 1873, t. 11, p. 59-68.

CHAPITRE 6

De petites pierres pour la pêche à pied

il y a 500 000 ans

Parcourant les côtes par les plages et les « rochers », surtout celles du Morbihan, en regardant plus volontiers les falaises que la mer, j'ai toujours cherché dans les coupes que l'érosion m'offrait des indices de peuplement, quel qu'en soit l'âge. Et il m'est ainsi arrivé d'arracher des sédiments « anciens » de la région de Pénestin, à l'embouchure de la Vilaine, ou de Damgan, entre la Vilaine et l'entrée du golfe, de gros objets de quartzite d'allure paléolithique, genre gros grattoirs, racloirs ou même hachereaux, malheureusement toujours isolés ; je les ai offerts chaque fois au Musée archéologique de la Société polymathique du Morbihan.

Jean-Laurent Monnier parle ainsi d'objets de plusieurs centaines de milliers d'années, qu'il a recueillis lui-même, à Saint-Malo-de-Phily, mais cette fois dans des alluvions perchées à 30 mètres au-dessus du lit de la Vilaine ; il s'agit d'une industrie sur galets de grès et de quartzites, qu'il date de 600 000 à 700 000 ans, un record pour la Bretagne.

Mais, un jour de juillet 1957, ce fut un jeune Alréen, passionné de préhistoire, Jean-Claude Sicard, qui retira d'une falaise de la côte morbihannaise, à Saint-Colomban en Carnac, un très beau biface en quartzite à larges éclats alternés, sans retouches, et à réserve corticale, « de 13,25 centimètres de long, 8,35 de large et 4,40 d'épaisseur maximum », écrit-il avec précision, taillé à partir d'un galet marin. Ledit biface provenait d'un placage à galets anciens perché à 1,80 mètre au-dessus des hautes mers, dans une falaise qui en faisait 5. Ce très bel objet était par ailleurs accompagné d'éclats de pierres rougies par le feu et de quelques charbons de bois.

Chargé par la Société polymathique de l'expertise de l'outil, je le soumis à Paris, où j'étais installé depuis l'année précédente, à Marie-Henriette Alimen, directeur du laboratoire CNRS de géologie du quaternaire, et au fameux abbé Henri Breuil, deux grands préhistoriens que je connaissais très bien. Tous deux me confirmèrent évidemment sans hésitation qu'il s'agissait bien d'un biface, que sa facture était ancienne et qu'ils l'attribueraient volontiers à l'acheuléen ancien.

Après plusieurs visites sur les lieux pour lire par moi-même le contexte géologique, Pierre-Roland Giot, directeur de la circonscription des antiquités préhistoriques de Bretagne (encore lui !), me confia prospection, étude et fouilles de ce gisement, dans une petite crique de rêve face à la racine de la presqu'île de Quiberon, au début méridional de l'anse dite du Pô. J'y conduisis ces recherches, deux années durant 1958 et 1959, à raison de plusieurs séjours par an. Il s'agissait d'un couloir d'érosion dominé du côté falaise par de généreux dépôts de pente, avec paléosol en bas et lœss en haut, et laissant apparaître côté mer, une plage fossile sur laquelle et sous laquelle se récoltait un outillage de petites dimensions, sur éclats, abondant, atypique, différents des acheuléens classiques et comportant des pièces que typologiquement on appelle racloirs, denticulés, encoches, couteaux[1].

J'avais alors confié pour étude ma collection, impressionnante, au docteur Michel Gruet d'Angers qui avait conclu à une industrie tout à fait intéressante par son originalité et qui devait représenter, disait-il, un faciès particulier et local du paléolithique inférieur, mais nous ne l'avons alors pas publiée.

1. De bas en haut, se lisaient, sur un socle granitique un niveau de galets, un niveau de sable marin, puis un nouveau sable, différent du premier et contenant le petit outillage évoqué, un paléosol, un sable à gros blocs, un superbe niveau à très gros blocs débités par le gel, un limon et le sol d'aujourd'hui ; le biface de Jean-Claude Sicard qui avait eu le mérite d'attirer l'attention sur cette coupe, venait peut-être d'un niveau plus récent que le petit outillage, peut-être repris de niveaux sous-jacents.

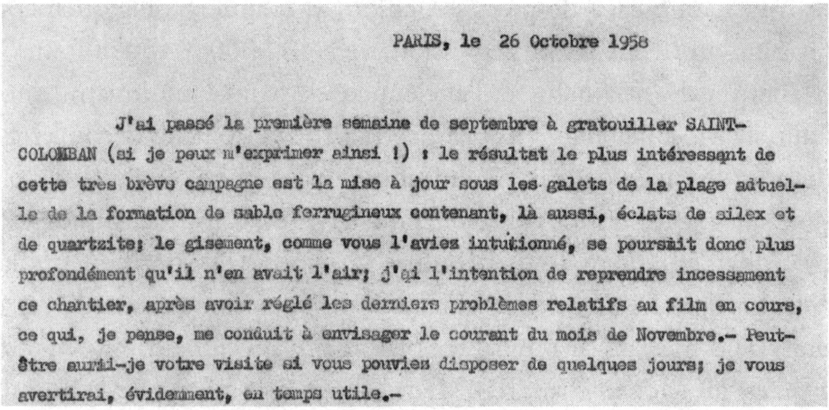

PARIS, le 26 Octobre 1958

J'ai passé la première semaine de septembre à gratouiller SAINT-COLOMBAN (si je peux m'exprimer ainsi !) : le résultat le plus intéressqnt de cette très brève campagne est la mise à jour sous les galets de la plage adtuelle de la formation de sable ferrugineux contenant, là aussi, éclats de silex et de quartzite; le gisement, comme vous l'aviez intuitionné, se poursâit donc plus profondément qu'il n'en avait l'air; j'ai l'intention de reprendre incessament ce chantier, après avoir réglé les derniers problèmes relatifs au film en cours, ce qui, je pense, me conduit à envisager le courant du mois de Novembre.- Peut-être aurâi-je votre visite si vous pouviez disposer de quelques jours; je vous avertirai, évidemment, en temps utile.-

Figure 12. *Extrait d'une lettre, signée de moi-même, de Paris, datée du 26 octobre 1958, adressée à Pierre-Roland Giot, relative à mes fouilles (officielles) à Saint-Colomban.*

J'avais fait procéder à la recherche des pollens, à celle des minéraux lourds, à la granulométrie et à la morphoscopie des sédiments du niveau archéologique. Les pollens (détermination Kerfourn) signaient un climat tempéré en accord avec le tout début d'une période glaciaire (régression marine), les minéraux lourds et la morphoscopie (détermination Choux) indiquaient majoritairement le remaniement d'un sable marin auquel s'ajoutait un peu de matériel non usé, résultant sans doute de l'érosion de la falaise.

Repris par Jean-Laurent Monnier dans les années 1980, l'habitat de Saint-Colomban l'interpella au point qu'il en fit, quelques années plus tard, le « colombanien » (1989), acheuléen caractérisé par des galets à tranchants aménagés, un petit outillage fruste, mais peu ou pas de bifaces. Il y a dégagé un amas de blocs interprété comme un foyer possible (ce qui viendrait confirmer l'observation par Jean-Claude Sicard de pierres rougies), et a situé géologiquement l'habitat au début d'une régression, vers 400 000 à 450 000 ans.

Alerté par l'originalité et l'ancienneté de Saint-Colomban, Jean-Laurent Monnier élargit sa prospection et multiplia les découvertes de sites, localisés dans des conditions comparables, couloirs d'érosion ou grottes effondrées et livrant des outillages identiques. Le colombanien apparaît ainsi comme une industrie spécifique de la côte sud-armoricaine, invention d'une population vivant de produits de la mer, grâce à un rivage proche et à un climat très tempéré.

C'est au Menez Dregan – Menez Dregan 1, au sud de la pointe du Raz et au nord de la baie d'Audierne, au Cap-Sizun –, que Jean-Laurent Monnier a fixé son dévolu. Repéré en 1987, il a lancé sur ce site et conduit pendant des années – avant de passer la main à Claire Gaillard – une opération multidisciplinaire d'envergure. Le site est une grotte effondrée, recouvrant une séquence sédimentaire compliquée, car faite de niveaux de peu de puissance et de multiples « manques » dus à l'érosion souvent importante, cependant très riche d'information. Six de ces niveaux ont en effet montré des traces d'occupation humaine, le plus ancien avoisinant les 500 000 années, le moins ancien les 400 000 ans.

Sur une plage fossile de plus de 1 million d'années, à l'abri d'une anfractuosité dans le granite de la falaise, que l'on peut appeler grotte, il a trouvé successivement, de bas en haut, et de manière très résumée, une couche archéologique, puis des sables et des galets signant un retour de la mer, un retrait de la mer (phase froide) et une nouvelle couche archéologique (en son début, avant qu'il ne fasse trop froid), un nouvel épandage de galets illustrant une remontée des eaux, plusieurs niveaux archéologiques et une solifluxion pour couronner l'ensemble.

Ce sont les niveaux moyens et les derniers qui ont livré le plus de pièces lithiques, très comparables à celles de Saint-Colomban.

Par ordre d'importance, citons, successivement, les nucléus et les éclats, puis les outils sur galets, galets aménagés, galets fracturés, appelons-les plus volontiers des outils à tranchant aménagé sur galets plus que bifaces ou même proto-bifaces, et enfin le petit outillage (encoches, denticulés, racloirs). Le niveau le plus ancien proposait un outillage encore mal connu et peut-être un peu différent des autres.

Des structures de combustion ont été en outre mises en évidence, dès la couche archéologique la plus ancienne (charbons de bois et d'os, pierre et silex rougis). Il s'agit incontestablement de foyers construits, dits en cuvette, zones seulement rubéfiées ou construction de petites dalles en cercle ; certains contenaient des restes (dentaires) de gros gibier, éléphant, périssodactyle (cheval ?), cuits très vraisemblablement pour être consommés.

Chacune de ces occupations s'est faite en période de régression marine (la mer pouvait être à 5 à 10 kilomètres des sites), de climats par conséquent relativement tempérés ; les dépôts littoraux interstratifiés sont en général dépourvus de signes de présence humaine.

Jean-Laurent Monnier a retrouvé des habitats de même âge, dans les mêmes conditions de gisement et détenteurs d'outillage comparable, à Téviec (Saint-Pierre-Quiberon) sous le mésolithique bien sûr et au bois de la Chaize (Noirmoutier), par exemple ; d'autres chercheurs m'ont parlé de sites sur les côtes de l'archipel des Glénans (Finistère) et de l'île de Groix (Morbihan).

*

Y. Coppens, « Le Paléolithique armoricain », *Bull. mens. Soc. polym. Morbihan*, Vannes, séance du 10 octobre 1957, p. 32.

Y. Coppens, « Rapport sur le Morbihan », *Bull. Soc. préhist. fr.*, 1960, t. LVII, n° 3-4, p. 197-203 (figuration du biface découvert par Jean-Claude Sicard le 11 juillet 1957 à Saint-Colomban en Carnac).

Y. Coppens, « Chronique de préhistoire et de protohistoire morbihannaise », *Bull. Soc. préhist. fr.*, 1964, t. LXI, n° 1, p. 197-226 (description et figuration d'un galet aménagé découvert par l'auteur à Bénance en Sarzeau).

Y. Coppens, « Préface », in N. Molines, Moncel, M.-H., Monnier, J. Laurent, « Les premiers peuplements en Europe », Actes du Colloque international *Données récentes sur les modalités de peuplement et sur le cadre chronostratigraphique, géologique et paléogéographique des industries du paléolithique ancien et moyen en Europe*, Rennes, 22-25 septembre 2003, Oxford, British Archaeological Records (BAR), International Series, 2005, 1364.

Y. Coppens, « Le colombanien », *Le Présent du passé au carré. La fabrication de la préhistoire*, Odile Jacob/France Info, 2010, p. 57.

J.-L. Monnier, R. Le Cloirec, « Le gisement paléolithique inférieur de la pointe de Saint-Colomban à Carnac (Morbihan) », *Gallia-Préhistoire*, 1985, 28, p. 7-36.

J.-L. Monnier, N. Molines, « Le "colombanien" : un faciès régional du paléolithique inférieur sur le littoral armoricano-atlantique », *Bull. Soc. préhist. fr.*, 1993, 90, p. 283-294.

J.-C. Sicard, « Le chelléo-acheuléen et Levalloisien de Saint-Colomban-en-Carnac », *Bull. Soc. polym. Morbihan*, P. V., 1957, p. 30-32.

En guise de première conclusion « chauvine »

25 ans de mon histoire,
500 000 ans de préhistoire

Mais 500 000 ans d'une préhistoire originale et très limitée dans la localisation de ses particularités ; ce que l'on a appelé ailleurs, avec arrogance, l'exception culturelle, on pourrait en l'occurrence l'appeler ici l'excellence culturelle armoricaine, voire sud-armoricaine. Jugez plutôt.

Le faciès colombanien (de Saint-Colomban-en-Carnac) est un faciès unique et original spécifique du paléolithique inférieur sud-armoricain, à bifaces rares ou absents, mais dominé par des galets aménagés et surtout un petit outillage léger sur éclats (500 000 ans).

Le téviécien (de Téviec en Saint-Pierre-Quiberon) est un faciès mésolithique également sud-armoricain d'une population de chasseurs et de collecteurs de fruits de mer, peut-être déjà un peu éleveurs, et incontestablement hiérarchisée (8 000 ans).

Le carnacéen (de Carnac) désigne une période ancienne du néolithique caractérisée par une société extrêmement hiérarchisée, dont les tombes, dites princières, étaient d'immenses buttes à coffres de pierre fermés contenant un mobilier fabuleux d'objets d'origine locale ou lointaine (7 000 ans).

Une céramique particulière, pots bruns ou noirs à fond rond, col court et ouverture ourlée du néolithique ancien, est dite « céramique type de l'île Carn » (d'une sépulture mégalithique du nord-ouest du Finistère, 7 000 ans).

Et n'oublions pas avant de quitter le néolithique, cette région privilégiée, bien évidemment sacrée, qui va, en gros, de la rivière d'Étel à la rive orientale du golfe du Morbihan, dite presqu'île de Rhuys (environ 26 communes), et qui a, sans conteste, la plus forte concentration de monuments mégalithiques au monde, datés de 7 000 années à 4 500 ans avant aujourd'hui, civilisation de plus de trois millénaires donc (c'est l'étude de cette région qui a entraîné l'invention des termes menhir et dolmen utilisés dans le monde entier).

Les haches à douille armoricaines sont par ailleurs des haches en bronze, riches en plomb, de plusieurs tailles, à douille très profonde, équipées d'un anneau et ayant servi de monnaie, une des plus anciennes paléomonnaies vieille de 3 000 ans (leur répartition couvre la Bretagne mais déborde un peu sur la Normandie).

Quant aux augets, ce sont de petits vases troncprismatiques en poterie rouge très fine d'une capacité d'un demi-litre, probablement destinés à la fois à recevoir le sel marin et à l'emballer. Leur répartition est essentiellement sud-armoricaine mais déborde un peu sur la Vendée ; le sel se récolte évidemment ailleurs, tout le long de la côte atlantique mais aussi de la Manche ; la forme de ses contenants par contre varie (2 500 ans).

Enfin, les Vénètes, dit Jules César, étaient « le peuple de beaucoup le plus puissant de toute cette côte maritime » (2 000 ans). C'est la première fois que cet auteur, grand chef de guerre, ne ment sans doute pas !

Comment ne pas être quelque peu chauvin ?

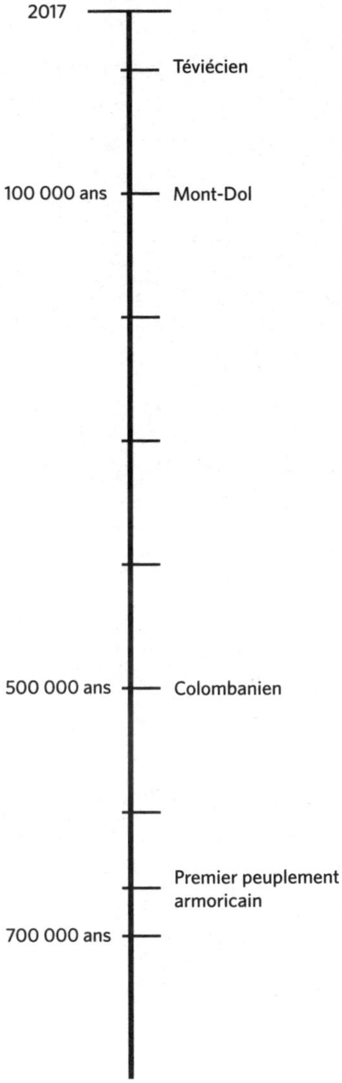

Figure 13. *Échelle chronologique des sites paléolithiques et préhistoriques de Bretagne.*

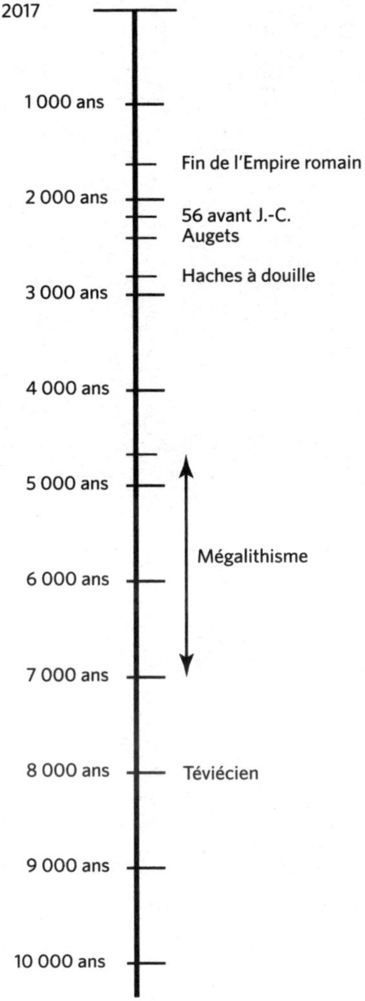

Figure 14. *Échelle chronologique des sites protohistoriques et historiques de Bretagne (mésolithique, néolithique, âges du bronze et du fer, période gallo-romaine).*

PORTRAITS

Les lettres, les sciences et les arts

Quoi que vous fassiez, faites-le bien.

J'ai pensé élégant de clore ces tranches de Mémoires, à chaque livre, par des portraits de personnes que j'ai admirées, à un moment ou à un autre, pour une raison ou pour une autre. J'en ai retenu trois par tiers, deux aînés et un contemporain du moment chaque fois. Choix difficile, d'autant plus qu'il est très réduit et qu'étant de nature très ouverte sur les autres, j'aurais pu élargir considérablement cette liste, mais je ne pouvais faire un autre livre !

Pour le premier tiers, j'ai donc gardé Pierre Cogny, Pierre-Roland Giot et Jean-Michel André, tous les trois décédés.

Pierre Cogny était mon professeur de français et de latin en secondaire à Vannes. J'ai beaucoup aimé ces deux matières, peut-être grâce à l'enseignement brillant de ce monsieur. J'adorais les dissertations françaises au point qu'il avait souhaité me pousser vers une thèse de lettres (il voulait me faire travailler sur Flaubert ; pourquoi ?). Et j'adorais le latin, plus difficile parce que mort, mais je l'aimais sûrement en partie parce qu'il me permettait une passerelle vers l'archéologie. J'avais même demandé à mes parents des leçons particulières complémentaires avec Pierre Cogny. Ils avaient accepté, et nos rencontres consistaient à parcourir le dictionnaire latin-français (surtout), français-latin (un peu), et à commenter chaque fois chaque mot en lui redonnant une vie qui me faisait rêver, d'autant mieux que je rencontrais ses locuteurs sur le terrain alentour.

Mais j'ai aussi un grand souvenir de Pierre Cogny, parce que ce fut le prof qui fit éclater mon horizon ! Qu'est-ce que cela veut dire ? Je ne le sais pas, mais j'ai senti alors, de manière très liée à son enseignement, se déchirer ma conception précédente (enfantine peut-être) du monde au bénéfice d'une nouvelle conscience qui élargissait considérablement ma réflexion, ma vision de la vie, de ses questions, ma place sur cette planète, dans ma société, la merveille qu'était l'existence et je ne sais quoi encore ! Toujours est-il que j'ai ressenti « physiquement » cette sorte de franchissement d'une marche sous une forme nette et brutale. Je pense que cela doit arriver à tout le monde de façon peut-être plus et moins consciente. Chez moi ce fut une bombe ! « Il y a toujours, dans notre enfance, un moment où la porte s'ouvre et laisse entrer l'avenir », écrivait Graham Green dans un texte de 1975. Merci Pierre Cogny !

Mon autre choix est Pierre-Roland Giot, directeur alors de la Circonscription des antiquités préhistoriques de Bretagne. Je lui ai fait part un beau jour de ma passion pour l'archéologie, l'histoire ancienne, la préhistoire, à l'occasion d'une visite dont j'ai oublié les circonstances. Et Pierre-Roland Giot m'a immédiatement invité à rejoindre de manière informelle (il n'y en avait pas d'autre) son labo, à l'Institut de géologie de Rennes (joli bâtiment assez moderne, rue du Thabor, décoré d'immenses peintures de Mathurin Méheut) et à participer à ses recherches dans ce labo et sur le terrain : j'étais le plus heureux des jeunes garçons. J'ai joué le chercheur en fouillant sous son autorité quatre années durant, peut-être cinq, car j'avais commencé avant même d'entrer en faculté, des sites essentiellement néolithiques en Ille-et-Vilaine, dans les Côtes-d'Armor et dans le Finistère ; j'ai joué l'assistant en inventoriant par exemple des haches polies ou en les classant en fonction de leur matière première ; j'ai joué l'étudiant en présentant à un public, qui, en dehors de lui-même, était fait de moins d'une demi-douzaine d'étudiants de mon niveau, des exposés résumant un livre ou une série d'articles sur des sujets déterminés.

Mais j'étais moqueur, railleur, indépendant (je n'ai pas changé), et cela ne lui plaisait guère. Lui célibataire, très peu sociable, totalement tourné vers ses recherches et les questionnements et réflexions qu'elles entraînaient, ne pouvait bien supporter mon excès provocateur de liberté, que je forçais volontairement ! D'où des accrochages parfois, d'autant plus que les autres recrues (deux essentiellement) étaient, en comparaison, plus calmes et plus soumises. Mais, dans le fond, nous nous entendions bien ; les conflits ne dépassaient jamais certaines limites. J'étais trop passionné, trop intéressé par ce que nous faisions et, je dois dire, trop admiratif de l'érudition, la qualité de réflexion, la rigueur des recherches de ce monsieur qui était un grand scientifique. En quelques décennies, on peut dire qu'il a totalement réécrit la préhistoire bretonne, restée avant lui un peu « amateur » et légère. L'ayant quitté pour l'exercice de la paléontologie à Paris et sur les terrains lointains (l'exotite !), j'ai toujours conservé des relations professionnelles et amicales avec Pierre-Roland Giot. Membre du Comité national du CNRS (dans les années 1970), je lui ai fait obtenir la médaille d'argent et chaque fois ou presque qu'il venait à Paris et que je n'étais pas au fond de l'Afrique, nous déjeunions ou dînions ensemble de manière chaleureuse et échangions des nouvelles mais aussi des avis sur les avancées scientifiques et leurs problèmes. Merci Pierre-Roland Giot.

Le contemporain « gagnant » de ce premier tiers est un certain Jean-Michel André. Jean-Michel André devait avoir mon âge ; c'était le fils aîné d'un couple de professeurs du collège et lycée Jules-Simon de Vannes, collègues et amis de mes parents. Je voyais donc d'autant plus souvent Jean-Michel, au lycée bien sûr – on disait « à Jules » –, mais aussi dans les soirées et sorties de nos parents et entre nous évidemment. Jean-Michel n'était pas bon élève – ce n'est pas de ce côté-là qu'on se retrouvait – mais c'était un passionné de musique, piano, orgue, direction d'orchestre (je lui avais offert sa première baguette) et un passionné tout court. Il était dans l'excès en permanence. Ses amours étaient du même ordre (trois jeunes filles au moins me reviennent en mémoire) et j'ai souvent fait honnêtement le facteur pour calmer son volcanisme. Après l'audition d'un concert d'un virtuose de passage ou à l'occasion d'un manque de réponse immédiate d'une de ses conquêtes, réelles ou espérées, je l'ai entendu mille fois menacer d'arrêter la musique ou de se suicider ! Ses dépressions étaient aussi fameuses que ses passions. Mais on s'aimait bien et nous faisions souvent de longues promenades à pied dans la campagne ou le long des côtes pour le plaisir d'être ensemble et de bavarder. Je l'entraînais souvent vers des sites antiques de préférence, ce qu'il ne détestait pas (l'oppidum gallo-romain de Mangolorian, pas très loin de chez lui, a souvent eu par exemple notre visite).

C'était un garçon intelligent, cultivé, mais, comme on le devine, d'une immense sensibilité. J'ai poursuivi mes études à Rennes, lui à Nantes. Il lui arrivait de m'appeler en me disant de venir vite le voir parce que ça n'allait pas ! Je prenais le train pour Nantes, nous passions la soirée (jusqu'à la fermeture du dernier restaurant), puis la nuit ensemble à errer jusqu'à l'ouverture du premier bistrot ; je le laissais au petit matin, lui regonflé, et moi « crevé » et je reprenais un train pour Rennes.

Il s'est marié à une femme médecin qu'il adorait et qui lui a donné plusieurs enfants (je n'ai jamais su combien) et il a mené une vie calme, professeur de musique dans un lycée privé de Nantes. La mort subite de sa femme en a fait une épave. La passion ravage aussi, et il est parti, je pense sans but réel, chercher d'autres lieux, sans savoir lesquels. On l'a retrouvé mort d'une crise cardiaque dans une chambre d'hôtel à Strasbourg.

Nous avons été jusqu'au bout très liés ; en se perdant évidemment beaucoup de vue, au fil des années d'activité. Il m'a appelé, à la mort de sa femme, ne me parlant que des pièces musicales jouées à son enterrement, mais c'était sans doute un appel au secours, conscient ou pas, difficile à satisfaire quand chacun a sa vie et ce qui va avec. Je salue sa mémoire avec émotion.

DEUXIÈME LIVRE

LE SABLE ET LA CENDRE

Le deuxième tiers d'une longue mémoire
(1960-1984)

« L'amour des racines n'est pas séparable de la gourmandise des lointains. »
Erik ORSENNA.

À Quentin et Martine qui ont fait plusieurs fois le tour du monde mais pas encore parcouru à chameau[1] *le grand erg roux ou cahoté en 4 × 4 dans les vieux basaltes gris, avec toute mon affection.*

1. Évidemment dromadaire.

Merci à la même Odile, aussi affectueusement, Odile qui me fait bien des compliments généreux sur ces Mémoires qu'elle semble aimer mais qu'elle aimerait sûrement plus si leur rédaction allait plus vite ; c'est la preuve, s'il en était besoin, que c'est le meilleur des éditeurs !

Merci à la mémoire de Jacques Barbeau, Camille Arambourg, Louis Leakey, Mary Leakey, Hugues Faure, Francis Clark Howell, Jean Chavaillon, Jean de Heinzelin, Admassou Chifferaw, Daniel Touaffe, Alemayehu Bizuneh qui m'ont beaucoup appris, merci aussi à Maurice Taieb, Franck Brown, Hélène Roche, Richard Leakey, Yonas Beyene qui m'ont « donné la route[1] » ou l'ont partagée ; merci particulièrement à Françoise Le Guennec-Coppens qui a vécu, de bout en bout, ces dix-huit années de brousse.

1. Dans les villages de beaucoup d'ethnies d'Afrique, on a ce devoir et cette très élégante coutume de demander au chef « la route » avant de prendre congé, route que d'ailleurs il vous donne (si les routes du territoire qu'il administre sont sûres) ou pas ; c'est à la fois une question de suprême délicatesse mais aussi de sécurité. Quelquefois, le motif du refus est moins noble que la sûreté, mais bien agréable pour les deux parties : encore une petite calebasse de vin de palme, « pour la route » évidemment !

« Mieux vaut poussière aux pieds que poussière au cul ! »

Peul.

Préface

Cette préface sera brève, car l'exotite, espérée au fond de moi-même avec patience depuis bien longtemps, attendait, pour s'exprimer et s'épanouir, que l'occasion se présentât. Comme en outre c'est sous les traits d'une variété d'archéologite, la paléontologite, mais aussi de l'archéologite elle-même, qu'elle a surgi des terres tropicales africaines, comment aurait-elle pu résister à la tentation, devenue invitation : c'était un bouquet de séductions ! J'ai fait, du même coup, l'économie du moindre temps de réflexion.

Ce cadeau arrivait d'ailleurs en parfaite continuité, malgré l'apparence, avec les vingt-cinq premières années de bonheur de terrain breton modeste mais original, couronné de nouveautés, monuments, objets, hypothèses, interprétations.

Les vingt-cinq années suivantes s'organiseront ainsi, en quatre grandes phases, elles aussi, plus ou moins rythmées[1] : sept ans de terrain au Tchad, onze ans de terrain en Éthiopie (dix dans le Sud-Ouest et six dans le Nord-Est, avec un recouvrement des cinq premières années du Nord-Est (sur six) sur les cinq dernières du Sud-Ouest) (sur dix) ; et puis sept années d'études et d'hypothèses

1. Je parle de rythmes en termes de durée pour plus de clarté mais ne crois absolument pas à une sorte de destin ! Ce sont évidemment des hasards. Comme je suis volontiers mobile et que les décisions ne me prennent pas beaucoup de temps, le résultat s'est présenté ainsi souvent en tranches !

que viendront compléter ou amender la tranche des vingt-cinq années suivantes.

J'étais passé, pendant ce temps, de quatorze années au CNRS (commencées en 1956 comme on l'a vu) à quinze années au musée de l'Homme, sorte d'Institut des sciences humaines du Muséum national d'histoire naturelle, puis avais juste amorcé les années, toujours en cours, du Collège de France.

Comme j'ai rencontré Tchadanthropus *avant* Sahelanthropus, *l'ordre que décidément je suivrai ici aussi, contrairement à mon habitude, sera celui du temps de ma vie et non celui du temps des hominidés*[1] *« de ma vie ».*

1. Je devrais parler ici d'hominidés, mais, pour le lecteur non averti, ce mot donne l'impression d'être victime d'une faute de frappe ! C'est pour cela que, de manière informelle (sans signification systématique stricte), j'ai pris l'option de toujours, ou presque, parler d'hominidés.

OUVERTURE

Encore de petits (et de grands) pots pour la transition

« L'homme a suivi l'eau. »

Proverbe kanembou (Tchad).

C'était durant ma période « CNRS/Jardin des plantes », dans ses premières années. Je sortais de ma double épopée, montage de mammouth et dissection d'éléphant d'Asie, qui avait solidement attaché à mon image celle des animaux à trompe. J'avais un joli bureau-labo à l'entresol de l'aile nouvellement construite de l'Institut de paléontologie du Muséum, donnant au sud sur le Jardin et la rue Buffon, cette fois en plongée ; le découpage intérieur des étages ne correspondant pas aux contraintes esthétiques extérieures des façades (partageant donc les fenêtres, les étages regardaient le ciel ou la terre...). Et un de ces bien agréables jours emplis de la sérénité que prône la recherche, passés à patouiller les molaires de mes pachydermes, j'eus la visite (1958) d'un voisin du même labo, d'une vingtaine d'années mon aîné, l'abbé René Lavocat. Il avait reçu du Tchad quelque temps auparavant (1955), m'expliqua-t-il, une cantine de vertébrés fossiles qu'il n'avait pas eu le temps d'étudier. Elle lui avait été adressée par des géologues qui commençaient à s'impatienter et venaient de lui réécrire. Or comme des morceaux de dents d'éléphants faisaient partie du lot, il se demandait si je ne pourrais pas y jeter un coup d'œil et, si cela m'intéressait, me charger moi-même de l'expertise. J'acceptai bien volontiers, d'autant plus, comme on l'imagine, que cette odeur poivrée d'Afrique n'était pas indifférente à mes narines.

Toujours est-il que je me retrouvai devant une de ces cantines métalliques peintes, d'un beau fond un peu bleu, un peu vert et d'un décor géométrique et floral rouge éclatant (fût de 200 litres d'essence découpé et réaménagé), remplie de quelques os et dents aux belles couleurs aussi, celles cette fois bien patinées que donne à l'émail et à la matière osseuse la fossilisation et le long séjour dans certains sédiments.

J'étudiai la collection, en estimai l'âge – plio-pléistocène, on disait villafranchien – en en comparant les éléments à ceux découverts en Afrique du Nord (et qui étaient conservés au labo) et écrivis mon diagnostic et mon enthousiasme aux géologues inventeurs (lettre du 19 juin 1958). Heureux d'avoir trouvé un interlocuteur, Jacques Barbeau et Jean Abadie, de la mission hydrogéologique de Fort-Lamy (pas encore N'Djamena), me répondirent très vite (lettre de Jacques Barbeau du 25 juin 1958) et m'adressèrent un second lot de fossiles, que je déterminai donc et estimai contemporain du premier. Les deux récoltes provenaient de cette immense région basse, à la limite du Sahel et du Sahara, au nord du lac Tchad et au sud du Tibesti, appelée Borkou. Le premier site était nommé Goz Kerki, le second Koula. Une « Note » à l'Académie des sciences signée, à ma demande, dans l'ordre des inventeurs et de l'expert, s'ensuivit et puis une communication plus technique du seul expert fut adressée au Congrès panafricain de préhistoire et des études du quaternaire qui se réunissait justement l'année suivante, en 1959 (le rythme était de quatre ans), à Léopoldville (pas encore Kinshasa).

Heureux de leur découverte et de ma disponibilité, Jacques Barbeau et Jean Abadie m'invitèrent à les rejoindre au Tchad afin de faire avec eux une tournée sur les sites.

Une première demande de ma part au CNRS échoua, mais la seconde réussit ; je bénéficiai d'un billet d'avion aller et retour et de frais de séjour qui m'auraient sans doute permis de passer une ou deux nuits à l'hôtel si je n'avais été généreusement reçu par Jacques Barbeau, chef de la mission hydrogéologique et si je n'avais bénéficié, grâce à lui, d'un « poste », modeste mais rémunéré, de « prospecteur » (en hydrogéologie forcément).

Ce fut donc un soir, le mercredi 20 janvier 1960, que nous (ma jeune femme Françoise Le Guennec-Coppens m'accompagnait) quittâmes Paris (il faisait froid) sur un DC8 à hélices et au petit matin du 21 janvier 1960 que nous mîmes pour la première fois le pied sur la terre d'Afrique (il y faisait lourd et sec et un vent de sable, qui avait d'ailleurs gêné notre atterrissage, filtrait l'éclat pourtant déjà agressif du soleil). Je découvrais ce continent dont j'avais tant rêvé et je le trouvais comme je l'avais espéré ; il ne m'a d'ailleurs jamais déçu depuis : un régal de lumière, de parfums exacerbés, de saluts d'oiseaux et de percussions des hommes. La « case » des Barbeau était dans la concession de la mission, en pleine ville ou du moins dans cette partie de la ville où les avenues sont larges et plantées d'arbres ; la cour de la concession était sans cesse animée de lourds camions rentrant de brousse ou se préparant à y partir – un peu atelier de garage – et d'Africains aux longs boubous pastel et aux chèches blancs enturbannant autant le visage que le crâne, venant chercher l'embauche ou la paye. Le séjour à Fort-Lamy fut un séjour de préparation de l'expédition. Je « touchai » un Dodge Power Wagon (bleu) et tout un matériel de cuisine, de campement, et une demi-douzaine de collaborateurs tchadiens dont – essentiels – un chauffeur et un cuisinier. Deux listes me furent remises, l'une était celle des matériels consommables, ce que je pouvais ne pas rapporter, et l'autre, des matériels à rapporter absolument. Ma mission était paléontologique ; je venais reconnaître les sites découverts par les deux géologues, y observer leurs conditions de gisement et tenter de comprendre la nature et la raison de ces dépôts, y faire éventuellement de nouvelles récoltes et prospecter alentour, à la recherche de sites comparables (ou pas). Mais, quand on est passionné aussi d'archéologie et de préhistoire et qu'on a été formé à la recherche des pots et des pierres taillées, on ne peut décemment en croiser sans s'y arrêter, ne serait-ce que pour voir de quoi était faite ici cette protohistoire sahélienne.

Yves Coppens

à Monsieur Jacques Barbeau ,
Géologue principal DMG ,
section d'Hydrogéologie du Tchad ,
B.P. 449 ; Fort-Lamy , A.E.F.

Paris le 19 / 6 / 58

Monsieur ,

Monsieur l'abbé R. Lavocat , surchargé de travail , vient de me remettre , pour étude , la belle faune de mammifères que vous lui aviez adrèssée du Tchad l'an dernier . Je viens de commencer à examiner ces interessantes pièces et vous tiendrai , évidemment , au courant des résultats qu'elles m'apporteront . J'ai pris connai sance de votre rapport géologique sur le gisement du Mortcha que j combinerai avec mon rapport paléontologique pour une publication éventuelle ; je vous ferai parvenir , à vous et à Monsieur Abadie le manuscrit avant publication pour connaitre votre opinion et avoir votre accord .

Veuillez agréer , Monsieur , l'expression de mes senti· ments les meilleurs ,

Y.Coppens

Figure 15. *Lettre à Jacques Barbeau (19 juin 1958) dans laquelle je lui faisais part de l'offre de René Lavocat d'étudier à sa place les collections de vertébrés découvertes par sa mission au Tchad.*

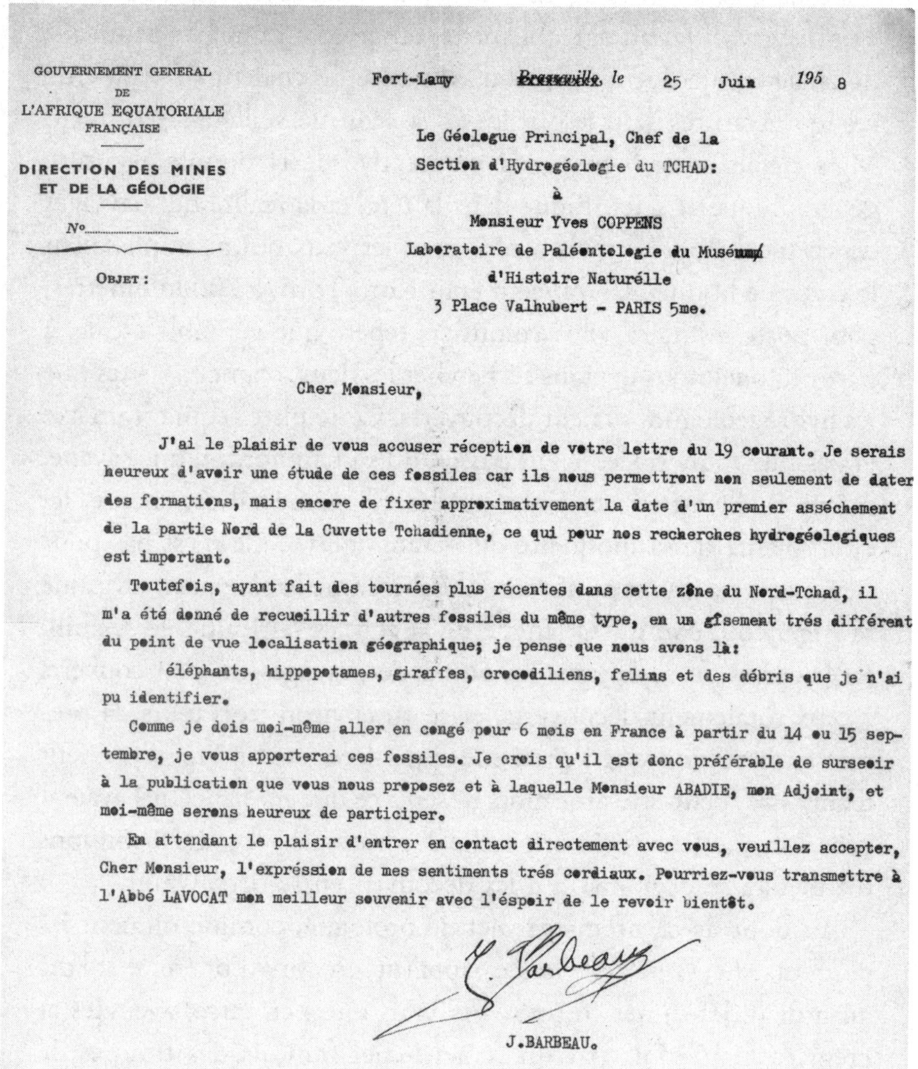

GOUVERNEMENT GENERAL
DE
L'AFRIQUE EQUATORIALE
FRANÇAISE

DIRECTION DES MINES
ET DE LA GÉOLOGIE

Nº..........................

OBJET :

Fort-Lamy ~~Brazzaville~~, le 25 Juin 1958

Le Géologue Principal, Chef de la
Section d'Hydrogéologie du TCHAD:
à
Monsieur Yves COPPENS
Laboratoire de Paléontologie du Muséum
d'Histoire Naturélle
3 Place Valhubert - PARIS 5me.

Cher Monsieur,

J'ai le plaisir de vous accuser réception de votre lettre du 19 courant. Je serais heureux d'avoir une étude de ces fossiles car ils nous permettront non seulement de dater des formations, mais encore de fixer approximativement la date d'un premier assèchement de la partie Nord de la Cuvette Tchadienne, ce qui pour nos recherches hydrogéologiques est important.

Toutefois, ayant fait des tournées plus récentes dans cette zône du Nord-Tchad, il m'a été donné de recueillir d'autres fossiles du même type, en un gîsement trés différent du point de vue localisation géographique; je pense que nous avons là:

éléphants, hippopotames, giraffes, crocodiliens, felins et des débris que je n'ai pu identifier.

Comme je dois moi-même aller en congé pour 6 mois en France à partir du 14 ou 15 septembre, je vous apporterai ces fossiles. Je crois qu'il est donc préférable de surseoir à la publication que vous nous proposez et à laquelle Monsieur ABADIE, mon Adjoint, et moi-même serons heureux de participer.

En attendant le plaisir d'entrer en contact directement avec vous, veuillez accepter, Cher Monsieur, l'expréssion de mes sentiments trés cordiaux. Pourriez-vous transmettre à l'Abbé LAVOCAT mon meilleur souvenir avec l'éspoir de le revoir bientôt.

J. Barbeau

J.BARBEAU.

Figure 16. *Réponse de Jacques Barbeau (25 juin 1958) me remerciant et m'informant d'une nouvelle découverte de vertébrés fossiles dans la même région mais dans un autre site.*

Nous quittâmes donc Fort-Lamy un beau petit matin pour la « brousse » ; il faisait agréablement frais avec un fond de promesse de chaleur – je devrais dire « d'assurance de chaleur » ! –, une de ces températures dans lesquelles on se sent merveilleusement bien. Mais c'était aussi bien sûr la perspective de la double aventure géographique et scientifique dans la tête, et la réalité des paysages de savanes, arborées mais aérées, sous les yeux qui m'emplissaient le cœur de bonheur. L'objectif était Koro Toro, à 700 kilomètres, petit poste militaire, plus volontiers repère que véritable escale, à partir duquel nous devions rechercher les deux « fameux » sites que les hydrogéologues avaient découverts. Cette piste – qui est un axe et pas une route tracée – fait passer, du sud au nord, d'une savane, même si elle est très claire, à un désert, même s'il est encore, ici et là, planté de sa moquette de « cram-cram ». Ce n'est pas pour rien que cette frange se nomme Sahel comme la côte nord-africaine (à Alger) ou, comme la langue de la côte est-africaine, le swahili. La progression se faisant, en outre, de paysages un peu couverts à ceux totalement découverts, et ce en environ trois jours, la première impression que j'en ai eue et gardée a été un vrai sentiment d'angoisse. Peut-être ai-je alors ressenti ce que mes ancêtres avaient vécu lorsque leur forêt originelle a commencé il y a 10 millions d'années à se dégrader et à les découvrir en se découvrant.

Au bout de ce premier trajet, le prologue, comme diraient les coureurs du Tour de France, apparut un fort d'opérette, blanc au milieu des dunes rousses, aux vrais murs en terre, aveugles et crénelés, tenu alors par un sergent-chef français des troupes de marine. À quelques encablures du fort, une case de passage en terre pas peinte allait nous servir de base de rayonnement pour les missions de 1960 et 1961, même si notre nomadisme nous en éloignait souvent durant des jours ou des semaines. Lors des missions de 1963, 1964, 1965 et 1966, ce fut plutôt l'oasis de Faya-Largeau qui joua ce rôle à plus de 300 kilomètres au nord de Koro Toro, de l'autre côté de l'erg du Djourab, à, cette fois, un millier de kilomètres de Fort-Lamy.

Nous étions donc là à pied d'œuvre. Des cartes du commerce au millionième, des minutes photogrammétriques artisanales au deux cent millième, tracées à partir d'images aériennes, évidemment pas dans le commerce, une boussole et des observations de terrain (le vent, l'harmattan, dominant soufflant du nord-est au sud-ouest) constituaient nos équipements de navigation. Et la prospection paléontologique démarra à merveille ! Les amis géologues avaient en effet repéré leurs sites par rapport à des villages nomades qui, bien sûr, étaient partis en ne laissant aucune trace et à des dunes qui, elles aussi, bien sûr, avaient bougé (cinq à six années s'étaient écoulées depuis les premiers ramassages). Tant et si bien qu'on ne les retrouva pas et qu'on ne les retrouva jamais, durant ces sept années de mes fréquentations des lieux ! Mais heureusement le pays était riche d'un immense potentiel paléontologique que nous ne faisions alors qu'entrevoir et qui, après nous avoir offert mille choses dont le tchadanthrope en 1961, donnera trente ans plus tard « Abel » d'abord et puis « Toumaï » à Michel Brunet.

Durant ces missions 1960-1966, en dehors de vrais séjours de plusieurs semaines pour le dégagement de crânes (d'un mastodonte par exemple) et à plus forte raison de squelettes de proboscidiens (de stégotétrabélodontes par exemple), l'essentiel de notre programme était exploratoire et orienté vers la prospection paléontologique. Mais nos rencontres de sites archéologiques s'étant avérées très nombreuses, je m'efforçai de les visiter tous, ce qui rendait plutôt nerveux Jacques Barbeau (sa femme et la mienne) puisqu'il m'accompagnait la première année. Jacques Barbeau, qui n'avait pas la moindre appétence pour les tessons, quels qu'ils fussent, était d'autant plus agacé que ces sites archéologiques étaient souvent, pour le camion, des sites d'ensablement ! De façon curieuse, en effet, nos lourds mais puissants Power Wagon y « tôlaient » volontiers – ce qui signifie s'ensabler : on appelait en effet « tôler », l'obligation dans laquelle on se trouvait, après avoir un peu pelleté le sable pour dégager les roues, de glisser sous ces roues pour qu'elles s'y accrochent, des tôles de récupération de la Seconde Guerre mondiale et que les camions emportaient systématiquement sur leurs flancs ; nos camions s'ensablaient donc pratiquement chaque fois qu'ils traversaient un habitat ancien, son sable rendu de manière évidente plus mou (plus aéré) par l'installation (et la bougeotte) des hommes qui y avaient séjourné. Et évidemment, chaque fois, tandis que Jacques Barbeau, le chauffeur et parfois quelques autres membres de l'équipe se précipitaient, en jurant beaucoup, pour pelleter et manœuvrer, je descendais du camion heureux, carnet et sacs à échantillons en main, pour noter le site, son emplacement géographique approximatif (d'après l'itinéraire et le kilométrage), ses caractéristiques et pour y prélever quelques objets, c'est-à-dire, la plupart du temps, des fragments de poterie.

Cette recherche fut simple, agréable, « entêtée » et systématique, de telle sorte qu'après quatorze mois de terrain et environ 30 000 kilomètres parcourus je me suis trouvé en possession de 3 000 prélèvements provenant de quelque 300 sites (une dizaine de sacs à échantillons remplis à chaque site). Avant même de les avoir examinés, groupés, rangés, comptés, les grandes catégories m'étaient apparues ; je savais qu'une poterie ponctuée était rare et éloignée de ma base de Koro Toro, qu'une poterie cannelée était au contraire fréquente et liée à des sites sans relief de quelques centaines de mètres carrés chaque fois (sites d'ensablement typiques), que d'importants crassiers, également fréquents, buttes noires de scories, offraient des poteries bien différentes, certaines à impressions de vannerie ou d'autres peintes, rouges et noires, superbes. Je savais aussi que vers le fond du sillon du Bahr, des poteries plus rares se distinguaient de toutes les précédentes, certaines simples au profil en S, d'autres extravagantes, épaisses et pleines de trous. Mais ma recherche paléontologique occupait sans peine tout mon temps, prospection, collecte ou dégagement, plâtrage parfois, collages souvent, marquages, emballage, transport et essais sur le terrain de compréhension du mode de gisement, de la géologie, de la stratigraphie, de l'estimation de l'âge grâce aux espèces animales représentées et à leurs associations ; puis premiers déballages, préparation des pièces et examens plus détaillés à Fort-Lamy et nouveaux emballages, transports à Paris et nouvelles préparations, études, descriptions, comparaison, publications... sans parler des rapports de mission, des demandes de missions suivantes et de tous les soucis logistiques que les chercheurs de terrain doivent aussi assumer, gérer, résoudre. Ceux qui bénéficient, au bout de la chaîne, des fossiles tout beaux, tout propres, sur leur bureau ou leur paillasse, ne sont pas toujours conscients de tout le travail qu'il a fallu conduire pour les découvrir, les extraire, les emballer, les transporter et les faire arriver sous leur nez ou leur microscope.

Toujours est-il que mon programme « fossiles » m'a longtemps empêché d'avoir un programme « tessons », jusqu'à ce que les organisateurs d'un colloque international d'archéologie africaine me convient précisément à Fort-Lamy, fin 1966 (ils pensaient sûrement que j'allais une fois de plus, présenter le tchadanthrope, découvert en 1961 et qu'on décrira plus tard).

Je fis alors ce que n'importe quel archéologue aurait fait ; je vidai mes 3 000 sacs, comparai leur contenu et les groupai en fonction de leurs ressemblances. Et j'obtins sept petits tas, représentant donc 7 types d'assemblages de poteries et donc probablement sept époques. Il y en avait en fait une dizaine, mais je n'avais pas accès aux terrasses les plus élevées (néolithique). Comme il m'était arrivé (exceptionnellement) d'en trouver en stratigraphie (à Krimeng par exemple), je savais un peu les ranger dans le temps. De manière logique après ces classements primaires, je m'efforçai

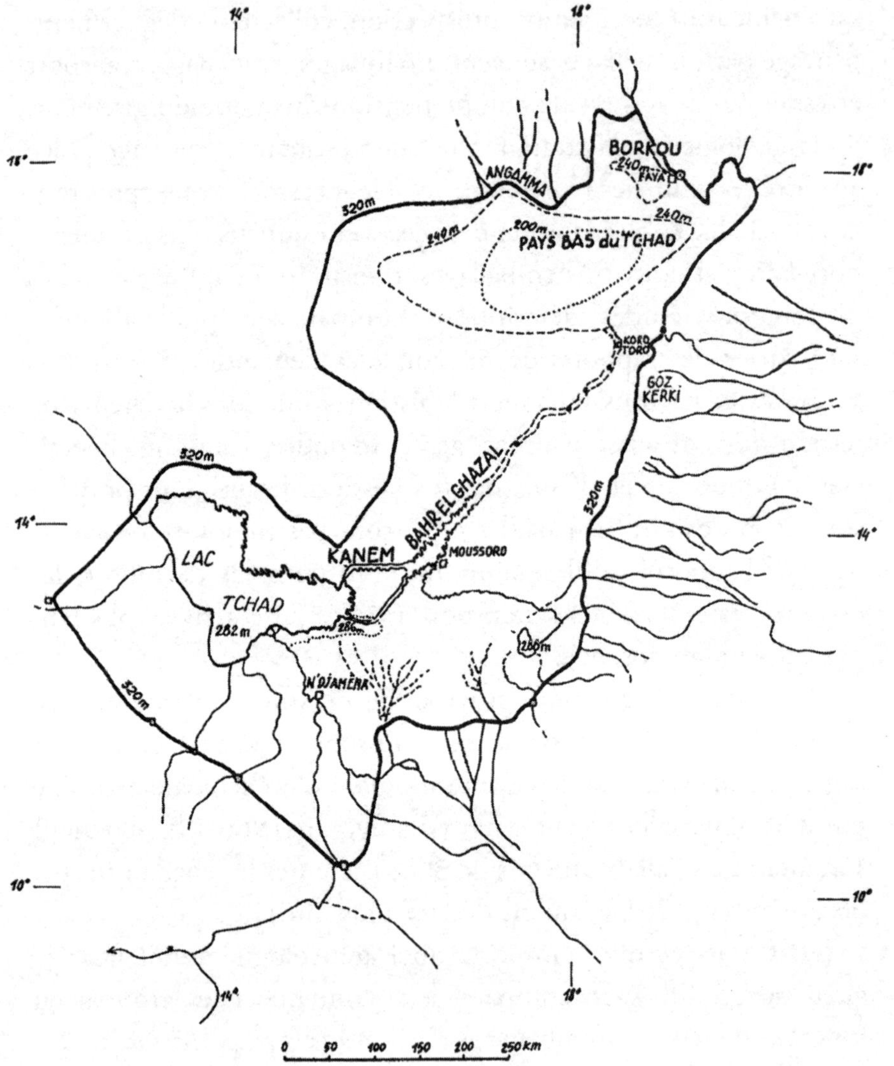

Figure 17. *Contours de deux des lacs Tchad, celui de la cote 320 mètres (rivage des Goz) et l'actuel (d'après mes travaux d'archéologie et une esquisse de Jean-Louis Schneider).*

de les ranger dans l'espace. Et c'est là que je restai longtemps perplexe ! Les cartes de répartition obtenues ne se recouvraient jamais complètement ! Des « cultures », des plus anciennes aux plus récentes, avaient l'air de se propager d'est en ouest, du moins dans le secteur que j'avais surtout sillonné et « écumé ». Une invasion, une propagation « culturelle » de 300 kilomètres en 3 000 ans, ne me paraissait évidemment pas crédible. Et puis j'eus l'idée (mais je dois reconnaître que cela m'a pris du temps !) de superposer les cartes de répartition de mes tessons aux cartes topographiques et tout devint lumineux. Le lac Tchad qui avait fait 300 000 kilomètres carrés n'en faisait plus que 20 000 en 1960 et ses riverains, n'ayant évidemment jamais vécu dans le lac, s'étaient installés sur ses berges et « descendaient » au fur et à mesure que le lac diminuait ! Je suis bien conscient que les mouvements des eaux, régis par la conjugaison de bien des phénomènes climatiques, ne se faisaient pas de manière régulière et pouvaient très bien parfois descendre et remonter avant de descendre à nouveau. Il n'empêche que mes pots cassés, qui n'avaient l'air de rien et qui avaient, pendant sept ans, embêté tout le monde, me dessinaient les rives successives du grand lac Tchad, puis du Bahr el-Ghazal, puis du petit lac Tchad (qui s'est encore rétréci à 2 000 kilomètres carrés depuis 1960) !

Avec la joie qui caractérise le chercheur qui vient de déboucher d'un long tunnel dans la lumière éclatante de la découverte, j'en fis immédiatement part à mon ami et collègue Jean-Louis Schneider, qui s'empressa de cartographier les différents lacs successifs que j'avais repérés par mes tessons, en fonction de leur altitude, et je présentai, au premier Congrès d'archéologie africaine de Fort-Lamy, mes premiers résultats avec l'enthousiasme qu'ils méritaient ! Je les déclinai ensuite dans diverses revues d'obédience africaine. J'étais trop naïf pour alerter les grands journaux scientifiques internationaux – et puis ce n'était pas encore le rituel. Et mon illumination pionnière réapparut beaucoup plus tard, et de manière incontestablement plus savante, sous d'autres signatures, d'excellentes signatures d'ailleurs, de collègues et d'amis, mais qui ont parfois oublié mes récoltes besogneuses des années 1960.

Voyons rapidement mes sept assemblages, des plus anciens (les plus hauts altitudinalement) aux plus récents (les plus bas).

1. La céramique ponctuée, sous forme de tessons isolés, tous au-dessus de 330 mètres.

2 et 3. La céramique cannelée, à « cannelures horizontales faites à la cordelette, limitées par une frise de dents de loup » dont on peut distinguer deux phases, une « ancienne », vers 300 mètres, aux liens décoratifs avec la céramique ponctuée précédente et répartie sur des aires qui ressemblent à des villages, et une « récente », dans la parfaite continuité de la précédente mais topographiquement plus basse et accompagnée d'un mobilier lithique et de harpons et hameçons en os de très belle facture.

4. La céramique, parfois peinte (noir et rouge) et très élégante associée à une exploitation intensive du minerai de fer (je l'ai appelée haddadienne, terme repris et très honnêtement cité dans un dictionnaire de préhistoire) ; cette culture ne semble pas en continuité avec les trois précédentes. De petites statuettes de quadrupèdes enjolivent parfois les récoltes.

5. La céramique dite (par moi) « à jours », en d'autres termes, ajourée, de gros villages sur les bords du Bahr el-Ghazal qui traduit à la fois, par leur situation, une baisse de l'eau et une baisse démographique ; la poterie y est variée mais caractérisée par des sortes de grands braseros à jours triangulaires. Il se pourrait qu'elle ait un lien avec la poterie haddadienne précédente.

6. La céramique à col renforcé ; cette poterie paraît très récente ; ses sites sont installés dans la vallée même du Bahr ; la dispersion des tessons fait penser à un début

Figure 18. *Exemple de vase peint de la période haddadienne (1 500 ans), site de Tei Kébir Beuss, récolte de ma deuxième expédition, 1961.*

de nomadisme. C'est du matériel de mauvaise qualité, vite érodé, à dessins géométriques, comme héritiers d'une tradition haddadienne décadente.

7. La céramique contemporaine. Les grands nomades actuels, les Toubous ou Goranes, ne fabriquent plus la poterie, mais l'achètent ; ils s'en servent donc toujours malgré leurs mouvements. Il y en a de trois catégories : de grands vases pour l'eau, des vases pour la cuisine destinés à aller au feu et des petits vases à pied pour contenir les braises destinées à chauffer la théière.

Des travaux ultérieurs (les miens datent des années 1960-1966), affinant, sans peine, la piste que j'avais « grossièrement » tracée, sont dus, entre autres à Jean Courtin, Jean-Louis Schneider, Françoise Treinen-Claustre, Jean Maley. Ils ont eu le mérite d'allonger « ma sauce » et surtout de la dater. En voici, brièvement, le nouveau cheminement.

1. Très ancien néolithique (auquel je n'ai pas eu accès dans mes tournées), 8 500 ans avant le présent (BP). Le lac Tchad, dit Méga-Tchad, avait été appelé par l'explorateur Tilho l'« ancienne Caspienne africaine ». Ce lac n'aurait commencé à s'abaisser qu'à partir de 7 300 ans BP. Des poteries aussi anciennes que celles du Proche-Orient y auraient été recueillies.
2. Néolithique ancien, 7 000 BP. Il est caractérisé par les poteries à décor dit *wavy line* et *dotted wavy line*, très connues le long de la haute vallée du Nil ; le lac dépasse la cote de 330 mètres ; cette période serait celle des rupestres représentant la grande faune africaine, girafes, rhinocéros, éléphants (au Tibesti dans les erdis et dans l'Ennedi).
3. Néolithique moyen, 5 000 BP. C'est sans doute ce que j'ai illustré avec les tessons éparpillés de ma céramique dite ponctuée ; la poterie est encore d'affinité nubienne (l'influence vient clairement de l'est) ; elle est représentée par des vases à impressions de vannerie les couvrant totalement. Le lac esquissait alors un léger mouvement de baisse ; les rupestres contemporains, bétail, bovins, ovins, sont dits « bovidien ancien et moyen ».
4. Néolithique final, vers 3 000 BP. De nouvelles populations arrivent de l'est ; le lac est encore au-dessus de 320 mètres. La poterie est faite de bols hémisphériques, décorés au peigne dans leur partie supérieure ; des décors zoomorphes (oiseaux, quadrupèdes) viennent parfois égayer le décor géométrique.

Les rupestres sont des bovidés ou des béliers au disque solaire sur les cornes.

5. Transition néolithique-âge du fer ancien. C'est ici que l'on retrouve mon « cannelé ancien » ; il est dit âgé de 2 200 à 2 300 BP. Je ne vais pas le décrire à nouveau, mais il a acquis ici le privilège d'être daté.
6. Âge du fer ancien. C'est encore du « cannelé » ; le littoral lacustre est dit descendre à 300 mètres. Il serait associé aux rupestres à cheval sur le début de notre ère.
7. Âge du fer moyen. Cette fois nous voici dans les scories et les superbes pots peints ; ils auraient 1 500 ans BP et seraient dus à des émigrants ; leur inspiration est en effet égypto-nubienne (Méroé). Dans les bas pays, l'eau descend à 280 mètres, voire à 240 mètres.
8. Âge du fer moyen final. On le trouve illustré le long du Bahr el-Ghazal ; c'est l'âge de ma céramique ajourée de tradition haddadienne. Elle aurait 1 000 ans. Les comparaisons avec la Nubie et l'Égypte demeurent.
9. Âge du fer récent, le long du Bahr el-Ghazal. On constate un retrait des groupes humains vers les points d'eau et les mares résiduels ; une datation donne 630, soit entre le XIIIe et le XIVe siècle.
10. C'est la période contemporaine qui nomadise en fonction des pâturages et des points d'eau pour les dromadaires, et qui grave encore la pierre de dessins maladroits de petites voitures, d'avions ou d'hélicoptères !

*

Y. Coppens, « Prises de date pour les gisements paléontologiques quaternaires et archéologiques découverts au cours d'une mission de deux mois dans le nord du Tchad », *Bull. Soc. préhist. fr.*, 1962, t. LIX, fasc. 3-4, p. 260-267, 2 fig.

Y. Coppens, « L'époque haddadienne, une page de la Protohistoire du Tchad », in « Memoriam do Abade Henri Breuil. I », *Revista da Faculdade de Letras de Universidade de Lisboa*, Lisbonne, 1965, IIIe série, n° 9, p. 297-316, 6 fig.

Y. Coppens, « Les cultures protohistoriques et historiques du Djourab. Actes du 1er Colloque international d'archéologie africaine, Fort-Lamy, 11-18 décembre 1966 », *Études et documents tchadiens*, 1966, mémoires, I, 129-146, fig. 13 à 19, Le Havre (article pionnier ; première séquence archéologique chronologique et ses céramiques les plus caractéristiques et première mise en corrélation entre cette chronologie et la topographie).

Y. Coppens, « De l'archéologie à la paléogéographie », *Bull. Ass. sénég. pour l'étude du quaternaire de l'Ouest africain,* Dakar, n° 14-15, juin 1967, p. 11-17, 6 cartes.

Y. Coppens, « Le Colloque international d'Archéologie africaine de Fort-Lamy », *Nouvelles archéologiques, Archaeologia*, mai-juin 1967, n° 16, p. 10-11, 6 fig.

Y. Coppens, « Gisements paléontologiques et archéologiques découverts en 1961 dans le nord du Tchad au cours d'une seconde mission de trois mois », *Bull. IFAN* Dakar, avril 1968, série A, t. 30 (2), p. 790-801, 5 fig.

Y. Coppens, « De l'archéologie à la paléogéographie », *Bull. IFAN* Dakar, janvier 1969, t. XXI, série A (1), p. 263-269, 1 fig.

Y. Coppens, « Préface », in F. Treinen-Claustre, « Sahara et Sahel à l'âge du fer (Borkou, Tchad) », *Mémoires de la Société des africanistes*, 1982.

Y. Coppens, « Préface », in J.-L. Schneider, *Le Tchad depuis 25 000 ans. Géologie, archéologie, hydrogéologie,* Masson, 1994

Y. Coppens, « Préface », in J. Renault-Miskovsky et A.-M. Semah, *L'Évolution de la végétation depuis 2 millions d'années*, Éditions Errance, 2004.

J. Maley, « Le bassin du Tchad au Quaternaire récent, formations sédimentaires, paléoenvironnements et préhistoire. La question des Paléotchads », in J. Renault-Miskovsky et A.-M. Semah, *L'Évolution de la végétation depuis 2 millions d'années*, Éditions Errance, 2004, p. 179-217.

J. Maley, R. Vernet, « Populations and climatic evolution in North Tropical Africa from the end of the neolithic to the dawn of the modern era », *African Archaeological Review*, 2015, vol. 32, n° 2, p. 179-232.

F. Treinen-Claustre, « Haddadien », in A. Leroi-Gourhan (dir.), *Dictionnaire de la préhistoire*, PUF, 1988, p. 463-464.

CHAPITRE 1

L'homme du Tchad qui ne veut pas dire son âge

« Dieu créa le désert, puis furieux, lui jeta des pierres ! »

Proverbe arabe.

Il y avait eu déjà, bien sûr, quelques grandes époques dans l'histoire de l'histoire de l'homme, avant nos années 1960-1980 et 1990-2010. Je pense à la tranche 1830-1870 durant laquelle se sont succédé les découvertes d'Engis (Belgique), Gibraltar (Royaume-Uni) et Neander (Allemagne), découvertes qui ont conduit pour la première fois à la mise au jour sur le terrain des tout premiers restes d'hommes fossiles du monde dont on parlait beaucoup mais que l'on n'avait jamais rencontrés, tous d'ailleurs attribuables à cet homme particulier qui va prendre le nom de son troisième site (découvert en 1856), l'homme de Neandertal. Comme tous les hommes de la terre, anthropologues compris, s'attendaient à découvrir un jour ou l'autre, leur ancêtre et que, dans leur esprit, il ne faisait pas de doute que cet homme serait beau, ces découvertes les décontenancèrent. Un ancêtre aux énormes arcades sus-orbitaires, au front, aux pommettes et au menton fuyants, au visage aux gros traits et quelque peu projeté… il y avait de quoi !

Mais avec la découverte en France, aux bords de la Vézère, dès 1868, de l'homme dit de Cro-Magnon, un *Homo sapiens*, qui offrait lui, l'« élégance » des caractères anatomiques que tout un chacun espérait d'un ancêtre, tout rentra dans l'ordre trop vite. Cette mise au jour des hommes de l'abri de Cro-Magnon, enfonça en effet un peu plus le malheureux cousin Neandertal dans sa « brutalité » et sa « sauvagerie », au profit, bien évidemment, de Cro-Magnon, chargé à l'excès de toutes les qualités du monde.

Je ferai une deuxième tranche (évidemment artificielle) des années 1870-1940. Les recherches d'Eugène Dubois, médecin hollandais, à Java, et ses découvertes, dès 1890, d'homme fossiles d'un autre type, encore plus horrible, aux yeux des chercheurs et des philosophes du XIXe siècle, que n'était celui de Neandertal – en fonction bien sûr de l'esthétique idéale du moment –, n'arrangèrent pas les choses. Eugène Dubois en fut d'ailleurs si marri qu'il mena, après son épisode indonésien, d'autres types de recherches complètement différentes.

Durant cet épisode, les découvertes de Neandertal se multiplièrent en Europe, donnant finalement peu à peu à cet homme un droit de cité et un statut d'espèce ; mais il traîne encore aujourd'hui, dans tous les esprits, cette mauvaise impression des premiers jours ; « délit de faciès » en quelque sorte. Tandis que le Javanais (dit alors pithécanthrope) allait être remis en selle grâce aux découvertes chinoises.

Dès 1921, en effet, des dents d'abord, puis un crâne, puis une très belle collection de calvaria, de mâchoires et d'os longs furent extraits d'une grotte effondrée des environs de Pékin. Appelé d'abord sinanthrope, l'homme de Pékin apparut vite comparable à son « prédécesseur » javanais, apportant à ce dernier une solidité que son inventeur aurait bien voulu connaître.

Et puis, dès 1924, un hominidé étrange « à la tête à l'envers » surgit de brèches de remplissage des grottes d'Afrique du Sud proches de Johannesburg. Si je m'amuse à parler de tête à l'envers, c'est que, dans la théorie, avant que le terrain ne « crache » son verdict, l'ancêtre idéal avait, pour les Européens, une grosse tête presque moderne et d'éventuelles dents de singe (par complaisance pour Darwin) ; mais voilà que le petit sud-africain, appelé par son descripteur Raymond Dart, « australopithèque », avait une denture presque moderne et une petite tête ! Pas facile de changer d'idée ! Il a fallu les découvertes complémentaires de Robert

Broom, au Transvaal (aujourd'hui Gauteng) cette fois, pour faire prendre un peu en considération ces parents exotiques à tous égards.

Et voilà, enfin où nous voulions en venir. Après ces deux grandes étapes inattendues (« *always expect the unexpected*[1] »), hésitantes, débattantes, conflictuelles, vinrent deux autres étapes éclatantes, 1960-1980 et 1990-2010 – étapes que j'ai eu la chance de vivre, né à la grande paléoanthropologie africaine (le tchadanthrope est de 1961), en même temps qu'elle et ayant participé du même coup (sans efforts) à tous ses travaux, ses découvertes et leur interprétation, ses idées, ses erreurs, et sa vigoureuse mise en place telle que nous la « tenons » aujourd'hui.

1960-1980 : c'est à Louis Leakey, britannique puis kényan (né au Kenya), que l'on doit les découvertes qui ont lancé alors cet immense engouement pour la recherche sur les origines de l'homme, en Afrique orientale d'abord, avec des répercussions sur l'Afrique tout entière et puis sur le monde.

La première bombe est venue de sa découverte à Olduvai en Tanzanie d'un crâne superbe d'un adolescent d'environ 16 ans, planté de toute sa denture et appartenant à ces préhumains que l'on appelait australopithèques robustes depuis les descriptions sud-africaines de *Paranthropus robustus* par Robert Broom et John Robinson. Louis Leakey appela le sien, hyperrobuste, *Zinjanthropus boisei*, de « Zinj », ancien nom de l'Afrique de l'Est, et de *boisei*, nom « latinisé » du mécène de cette recherche. Louis Leakey prit son crâne sous le bras et fit le tour du monde (dont Paris où je les rencontrai, Louis et Zinj) et il n'eut pas peur de vendre son histoire au *National Geographic*, ouverture au public que la vieille Europe exécrait encore. La datation au potassium-argon

1. C'est sur la porte du bureau d'un collègue et ami, David Pilbeam, à Yale, que j'ai lu et retenu ce superbe avertissement à tous ceux de ses étudiants qui voulaient devenir scientifiques.

effectuée à Berkeley en 1961 (toute première application de la désintégration du potassium radioactif en argon et en calcium dans une lave surplombant le crâne) donna le chiffre magique pour l'époque de 1,75 million d'années ! Et puis les découvertes s'enchaînèrent, dont celle d'une première espèce du genre *Homo*, *Homo habilis*, à Olduvai encore, publiée en 1964.

Sans le vouloir, je tombais bien ; trois bombes d'un coup dans un domaine tout de même assez discret malgré quelques coups de feu de grande intensité mais de diffusion professionnelle.

Je suis donc arrivé au Tchad, en janvier 1960, Tchad qui, pour l'anecdote, n'avait pas encore tout à fait terminé son virage à l'indépendance et était donc un territoire de l'Afrique équatoriale française (AEF). J'avais 25 ans et un violent appétit pour réaliser en Afrique centrale ce que mes grands collègues d'Afrique orientale avaient déjà obtenu et que je venais d'admirer à Paris. Et cela transpirait (c'est le mot !) tellement de ma petite personne que, pour se moquer de moi, bien des membres de la communauté française de Fort-Lamy disaient : « Il vient chercher le tchadanthrope ! » Et comme, dès ma deuxième expédition, cette fois vers le nord-ouest, vers les falaises dites de l'Angamma, je trouvai un fragment de crâne d'un homme fossile, je l'appelai naturellement tchadanthrope, et les sarcasmes (gentils) se sont tus… Les médias, qui m'appellent désormais, de manière souvent quelque peu lancinante le « papa de Lucy », ont oublié que pendant une demi-douzaine d'années, j'ai été, pour eux, l'« homme du Tchad » !

Je prospectais donc alors le Mortcha, le Borkou, le Bodélé, toutes ces régions comprises entre le débouché nord du Bahr el-Ghazal dans ce que l'on appelle les pays bas du Tchad (le Bahr el-Ghazal a coulé, en fonction des conditions climatiques et hydriques, dans les deux sens, du lac vers les pays bas et des pays bas vers le lac) et les contreforts du massif du Tibesti.

J'étais, depuis longtemps, en dehors de mon intérêt pour les Goz (rivages), très attiré par ce long accident est-ouest, là-bas, vers les frontières du Niger, accident dit « falaises de l'Angamma », un peu plus éloignées et isolées que les autres régions que je fréquentais, cercles de plus en plus « osés » autour du fameux poste de Koro Toro. Je m'y rendis donc, en passant des zones de « buttes » pas des plus simples pour mon camion (toujours le Dodge), et m'installai à quelques kilomètres de la falaise dans une oasis de palmiers doum, un îlot de rêve, avec de l'eau à quelques mètres de profondeur seulement (d'où les palmiers), loin de tout, sans le moindre nomade mais très fréquenté par les hyènes (l'humidité). Ce paradis s'appelait le Yayo.

Dès le lendemain de l'installation du camp sous les palmes que j'adore, cachant de grosses noix comestibles mais qui ne sont pas des merveilles de gourmandise (le palmier doum est un vieux palmier aux dichotomies successives), nous nous sommes évidemment rendus à la fameuse falaise, en l'atteignant au lieu-dit Kichi Kichi. Il s'agit en fait d'un immense delta ayant accumulé, dans son cône d'éboulis, toutes les alluvions des enneris (oueds) dégringolant de la région voisine du Tibesti, cône d'une certaine fraîcheur géologique et géomorphologique, ne trahissant pas en tout cas, au premier abord, une très grande antiquité. Tout de suite au travail habituel de prospection d'abord, de sondages ensuite et d'éventuelles fouilles enfin, ce grand tas de sédiments, fluviatiles mais aussi éoliens, nous livra bien des fossiles : éléphants, hippopotames, antilopes, plus ou moins emballés dans un sable gris devenu grès. L'hippopotame était apparemment l'espèce actuelle, *Hippopotamus amphibius*, l'éléphant, l'espèce actuelle d'Afrique mais encore chargée de quelques traits archaïques ; je le baptisai *Loxodonta africana angammensis.* Et puis, parmi divers fossiles indéterminés, un joli « caillou », un peu arrondi, marqué, comme beaucoup, de roulages dans les enneris et de séjours aux vents de sable, présentant un joli assemblage

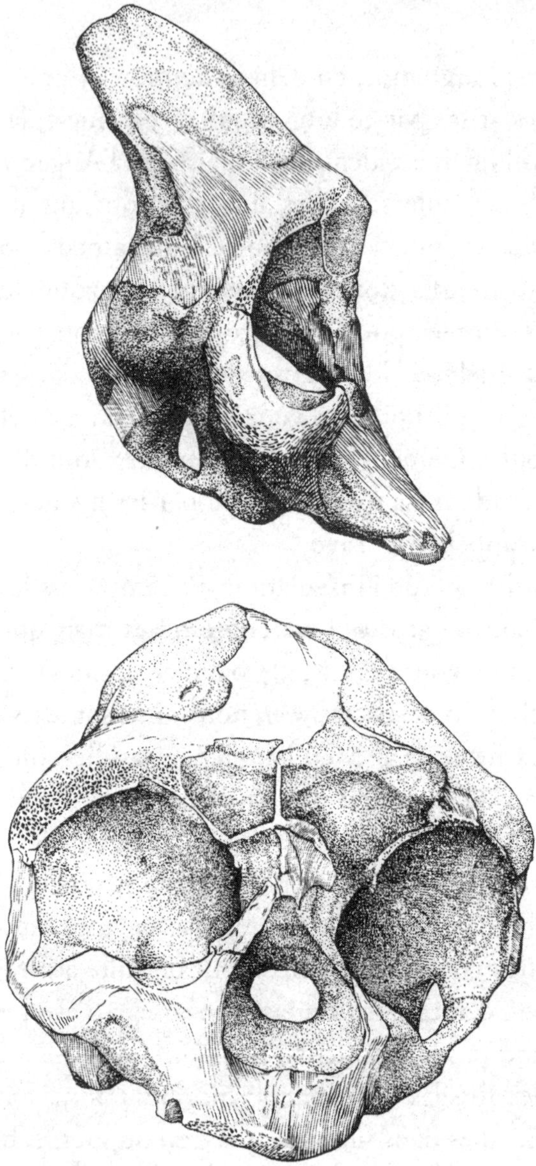

Figure 19. *Tchadanthropus uxoris*, face et profil (Coppens, 1965).

de bosses et de trous, de tissus marron (os) et de remplissages ou de placages gris (sable grésifié), se présenta à nous. Ce fut Françoise Le Guennec-Coppens qui s'en saisit, l'examina d'un côté, puis le retourna et hurla : « Mais c'est une face ! » Deux orbites en effet, la regardaient au sein d'une jolie sculpture de matière organique, bien fossilisée, et de matière minérale bien consolidée.

Je pris la pièce à mon tour et reconnus, bien sûr, un joli fragment crânio-facial (du frontal au maxillaire supérieur édenté mais encore percé de quelques alvéoles) d'un hominidé. « C'est le boubou », s'écrièrent les collaborateurs africains, en d'autres termes : « C'est le singe ! » Son nom avait été trouvé par la communauté française de la capitale, *Tchadanthropus* (je me disais, je suis venu le chercher, et je l'ai déjà trouvé !) ; quant au nom d'espèce, par élégance, il s'imposait : « *uxoris* ». L'homme du Tchad de l'épouse ! Il s'agissait plus en fait d'un surnom pour parler du premier hominidé d'un certain âge découvert entre ceux d'Algérie et du Maroc et ceux du Kenya et de Tanzanie. Car ni *Tchadanthropus* ni *uxoris* ne se justifiaient scientifiquement, mais c'était de « bonne guerre » !

Comme je l'ai dit, c'était un fragment crânio-facial généreux, au frontal avec du grès dessus et du grès dessous, au point que la courbe du grès du dessous, là où l'os a disparu par érosion, avait gardé, comme un moulage interne, l'arrondi de la courbure transversale du frontal. Il s'est en outre avéré à la radiographie que ce frontal était métopique, c'est-à-dire fait de deux os séparés par une suture médiane (sagittale) mais soudés. Deux sinus frontaux, de tailles inégales, apparaissaient de façon inattendue, en relief, car le remplissage de ces sinus par du sable et sa grésification s'étaient réalisés avant que l'érosion n'enlève auxdits sinus leur couverture osseuse antérieure ! Les orbites étaient grandes, un joli petit os lacrymal apparaissait, entier, au creux interne de l'une d'elles ; l'articulation entre frontal et malaire gauche était superbe ;

Figure 20. *Timbre de 30 francs CFA émis par la République du Tchad pour « saluer » le tchadanthrope, 21 juillet 1966.*

la constriction postorbitaire, très lisible, assez peu importante. Un net prognathisme alvéolaire (la *dish face*, la « face en assiette », décrite par les Anglo-Saxons, très présente chez les australopithèques) était très accusé, mais, à l'examen rapproché, cette projection paraissait en partie due à un *twist* artificiel, dû probablement à la pression du terrain. Mais ce n'est pas ici l'endroit de décrire plus avant ce « trophée ». Dans mon enthousiasme (souvent mauvais conseilleur) et sous l'influence du prognathisme, j'avais qualifié ce crâne d'australopithèque. Michel Brunet, trente ans plus tard, me donnera raison (l'australopithèque était bien au Tchad) ; l'idée était bonne mais les données étaient fausses (le tchadanthrope n'en était pas un !). La très grande fossilisation, le prognathisme indiscutable de la face, la dimension des sinus, celle des orbites, la fuite du frontal, la présence d'une suture métopique, sans être des preuves définitives, n'en constituent pas moins des éléments qui me font penser aujourd'hui à un *Homo erectus* (Philip Tobias le définissait comme un « *odd looking chap* » !). L'association de la partie antérieure du crâne du Tchad avec la partie postérieure du crâne du pithécanthrope de Java a l'air par ailleurs de bien « coller » ! Quant au calcul approximatif de sa capacité endocrânienne, elle approcherait le millier de centimètres cubes.

Ce fossile, quel que soit son statut, découvert au bon moment, au bon endroit, a suscité beaucoup d'intérêt dans le monde entier ; au Tchad, en pleine mutation politique, il est devenu l'emblème de l'unité de la nation au point de figurer dans la première Constitution (dans un pays multiethnique aux frontières tracées par le colon, il n'était pas simple de parler d'unité et d'origine commune) ; un timbre-poste du Tchad (figure 20) a été émis à son effigie, avec la mention « fouille Yves Coppens » ! Mes aînés et mes collègues du Kenya (Louis Leakey), d'Afrique du Sud (Raymond Dart, Philip Tobias, Bob Brain), d'Afrique du Nord, mais aussi des États-Unis et d'un certain nombre de pays d'Europe et d'Asie, m'ont immédiatement invité à venir présenter le fossile, bien sûr, mais aussi à venir le comparer à ce qu'ils possédaient eux-mêmes. Et Camille Arambourg, professeur de paléontologie au Muséum national d'histoire naturelle, chercheur solitaire sans véritables élèves, me convia dans son bureau de l'Institut de paléontologie du Jardin des plantes l'année de ses 80 ans (1965) pour m'offrir son héritage scientifique, à la fois les fossiles qui lui avaient été confiés, ses notes et ses archives, mais aussi ses projets de terrain qu'il pouvait encore mais ne pourrait bientôt plus honorer. La déclaration fut rapide parce que remplie d'émotion, pour moi à la fois merveilleuse et totalement inattendue… et puis on parla vite d'autres choses. Il m'avoua quand même qu'il avait été séduit par mon intérêt, voire par mon enthousiasme pour l'Afrique profonde, brûlante et rude qu'il adorait, mais qu'il avait attendu que j'y retourne pour être convaincu de la sincérité de la fascination que je manifestais à l'égard d'une brousse manquant un peu de tendresse et de confort ! Ma séduction était en fait réelle et demeurait au point que je me demandais parfois pourquoi je rentrais en France ! Mon angoisse du premier jour se commua en passion, au fil de la fréquentation de ce pays, de sa diversité de paysages insoupçonnée à la première rencontre : sable, ergs, dunes, regs, goz, enneris secs, remplis de poussière noire (fech-fech), châteaux de diatomites, semis de buttes, palmeraies, « prairies » d'herbes rares et piquantes (le cram-cram), aux longues racines peu profondes pour absorber la moindre parcelle d'humidité. Et je ne parle pas de l'extrême hospitalité, gentillesse, générosité, noblesse des populations nomades très attachantes qui le parcourent.

Un service militaire de dix-huit mois (septembre 1961-mars 1963 ; j'étais sursitaire, on pourrait presque dire sursursitaire) interrompit le charme de mes amours du désert ; j'étais volontaire pour l'infanterie de marine (la « Coloniale ») et l'Afrique ; l'armée m'affecta dans le génie et m'« abandonna » à Angers.

Ayant fait suffisamment ma mauvaise tête pour ne pas être, en plus, « séquestré » dans un bureau, j'eus la sanction que je méritais et que j'espérais : je serais dehors tout le temps ! J'allai ainsi sans cesse sur le terrain, au bord de la Maine ou de la Loire encadrer les jeunes de ma compagnie, voire de mon régiment, pour leur apprendre l'« armée » (parcours du combattant, tirs, explosifs, poses de mines et déminages), mais aussi les spécificités du génie (faire des routes, des terrains d'atterrissage, des ponts, des baraquements, conduire des grues, des bulldozers, des scrapers, des pelleteuses, aux multiples vitesses avant et arrière… j'avais pour cela passé et obtenu moi-même tous mes permis, y compris ceux de poids lourds, de semi-remorques, de transports en commun…). Bien que cela ne se dise pas dans mon milieu « socio-professionnel », j'ai beaucoup aimé ces dix-huit mois, ses activités, son ambiance, ses ruses mais aussi ses contraintes. J'ai été un sapeur-mineur heureux !

À peine titulaire de la fameuse et quelque peu désuète « quille » (c'était donc en mars 1963)[1], je m'en allai pour un vaste périple à travers l'Afrique qui me manquait beaucoup pour à la fois poursuivre mes travaux au Tchad et répondre aux invitations des collègues anglophones. Cela me conduisit jusqu'au cœur de 1964 ; à tout seigneur, tout honneur, ce fut d'abord une « escale » au Tchad, pour tout relancer et préparer l'expédition 1963-1964, puis l'Oubangui-Chari (République centrafricaine), les deux Congos en « délicatesse », avec une traversée du fleuve porteur de faux papiers de l'ONU, le Rwanda-Urundi (devenu Burundi et Rwanda), avec un séjour à Usumbura, au bord somptueux du lac Tanganyika – les whiskies du Grand Hôtel « grec » Paguidas étaient vraiment les meilleurs du monde –, le Kenya

1. Assortie d'une affectation à la caserne des Minimes dans le IVe arrondissement de Paris en cas de mobilisation et de rappel des « appelés ». Je pense que mon nom a été, depuis, rayé des listes !

et la Tanzanie, où Louis Leakey me réserva un accueil extrêmement chaleureux, m'emmena avec lui en Land Rover à Olduvai (deux jours de route) et m'y consacra trois jours de présentation des sites (des « beds » 1, 2, 3, 4 et 5) avant de me mettre au travail sous son autorité – ce qui me fit découvrir, et apprendre, la façon britannique de travailler –, l'Afrique du Sud où je reçus un accueil comparable de Philip Tobias à la Medical School, de Raymond Dart à l'Université du Witwatersrand et au Bernard Price Institute (ces trois institutions à Johannesburg) et de Bob Brain au Transvaal Museum à Pretoria ; puis je quittai la grande Afrique du Sud pour la Rhodésie du Sud (devenue Zimbabwe), le Gabon, le Congo Brazzaville où je passai Noël (à Kinkala), le Cameroun où je fêtai le Nouvel An (à N'Kongsamba dans le pays Bamiléké en révolte), et enfin au Tchad à nouveau, où de nouvelles expéditions commencèrent.

J'étais, cette fois, riche de deux véhicules (dont un Toyota) et accompagné d'une quinzaine de collaborateurs tchadiens, tous musulmans sauf le cuisinier qui était chrétien – ce n'était pas exprès ! Je m'étais programmé un large secteur de reconnaissance et de prospection, jusqu'à l'oasis d'Ounianga Kébir, au creux du massif primaire, entre le Tibesti à l'ouest, les erdis à l'est, les pays bas du Tchad au sud (Borkou) et la Libye au nord. Ce fut extrêmement intéressant et fructueux sur les plans géologique, géomorphologique, paléontologique et archéologique ; la grande oasis de Faya-Largeau et le petit bijou d'Ounianga – avec son poste (comparable à celui de Koro Toro), son lac, sa palmeraie et même son cresson (!) au débouché des ruisseaux d'eau douce dans le lac salé – ont été des points d'une grande force et d'une grande poésie au cœur des déserts un peu rudes parfois sans jamais avoir été – en tout cas pour moi – des épreuves ou même des appréhensions. Une autre expédition 1965-1966, suivit celle-ci, me permettant de retourner à Kichi Kichi (l'Angamma), de découvrir de nouveaux et très anciens sites (géologiquement parlant) dont Ménalla (où Michel Brunet découvrit Toumaï en 2001). J'avais encore deux véhicules et cette fois un Mercedes, cabine avancée, qui n'a pas donné, je dois dire, les services espérés à cause précisément de ses deux « éléments » plus difficiles à gérer dans les terrains cahoteux.

Cette fois, c'est dans le désert, que j'ai passé Noël, utilisant un callotropis (arbuste du fond des ouadis aux souvenirs d'humidité), quelques oranges et quelques morceaux de coton hydrophile (flocons de neige !) pour simuler, sans aucune nostalgie, ce qu'est Noël dans les pays d'autres latitudes ! Il faut dire que j'avais avec moi Françoise Le Guennec-Coppens, Roger Sonilhac (« mouleur » du Muséum national d'histoire naturelle) et le sergent-chef Louis Auclair, ancien para, ancien chef de poste de Koto Toro, que j'avais recueilli juste à sa retraite et à son remplacement au poste par un sous-officier tchadien, le Tchad étant devenu indépendant. Les membres de mon équipe africaine, impressionnés par ma mise en scène, me déclarèrent le lendemain que, comme ils m'aimaient bien et que c'était « la fête pour moi », ils me faisaient un cadeau : ils m'offraient une vache du troupeau que certains possédaient à plus de 1 000 kilomètres de là, au Niger, dans la région de Zinder ! Après les avoir remerciés, je leur demandai comment je reconnaîtrais « ma » vache ; et ils me répondirent, avec ce bon sens de l'Afrique : « Les vaches, c'est comme toi et moi, elles ont une tête et une allure qui leur sont propres. Quand tu l'auras vue une fois, tu la reconnaîtras toujours. »

Mais tout de même, un peu de science et de résultats biostratigraphiques de ces sept années de terrain. J'avais fait une échelle locale avec des gisements types, faute de pouvoir à coup sûr les corréler aux sites nord-, est- ou sud-africains.

J'ai appelé le plus ancien, niveau type Bochianga, niveau à mastodontes, l'*Anancus osiris*, connu en Afrique du Nord ; Bochianga

Figure 21. *Prospection au Tchad, site de Kolinga ; au premier plan, ossements de proboscidiens fossiles (photo Y. Coppens).*

est exceptionnellement un site en stratigraphie, niché dans une coupe (ce qui est très rare) d'une vingtaine de mètres, taillée par le Bahr el-Ghazal. Aux mastodontes se sont ajoutés un petit précheval *Stylohipparion*, un stégodonte (*Stegodon kaisensis* d'affinités est-africaines), un vieil hippopotame hexaprotodonte et un crocodile du genre *Tomistoma*, ressemblant à un gavial à longue mâchoire, mangeur de poissons ; cette faune fait penser à un âge de 5 à 6 millions d'années, l'*Anancus* et le stégodonte disparaissant en Afrique orientale vers 4 millions d'années.

J'ai appelé un second niveau, moins ancien – type Ouadi Derdemy : Derdemy Aramemi était mon guide, fier d'avoir fait traverser le Tibesti aux troupes du général (pas encore maréchal) Leclerc lorsqu'il s'élança du Congo vers l'Europe (l'Italie), par le Tchad et la Libye, et fier aussi des multiples cicatrices de coups de couteau que son corps portait, souvenir du temps où il était voleur de chameaux (raison pour laquelle, disait-il, c'était le meilleur guide du désert qui soit !). Ce niveau livrait encore quelques restes de mastodontes et de stégodontes (toujours antérieurs à 4 millions d'années) mais surtout une abondance d'*Elephas recki* (*Palaeoloxodon recki*) et de *Loxodonta africanava* (*Mammuthus africanavus*), signant la proximité des 4 millions d'années et l'ouverture correspondante du paysage (le mammouth d'alors et le *Palaeoloxodon* broutent et il leur faut de l'« herbe », des plantes en C4, à brouter). J'avais associé à l'Ouadi Derdemy les sites du Goz Kerki et de Koula (raisons de mon investissement au Tchad). Aux proboscidiens énumérés, on peut ajouter le giraffidé *Libytherium maurusium*, le petit hippopotame hexaprotodonte, le stylohipparion du niveau d'en dessous et un suidé du genre *Notochoerus*.

Le troisième niveau, que j'ai alors pensé déterminer, était celui dit du Yayo, le fameux berceau du tchadanthrope. Sa situation au-dessus des deux niveaux précédents était incontestable mais il y avait eu certainement bien des étapes entre eux. Le seul fossile aux allures quelque peu antiques – en dehors du tchadanthrope – était un éléphant dont on a déjà parlé, éléphant que je disais entre le *Loxodonta atlantica* et le *Loxodonta africana*, révélateur d'un paysage arboré. Étant donné le peu d'ancienneté relative de ce niveau, il y avait sûrement une grande lacune biostratigraphique entre le niveau type Ouadi Derdemy et le niveau type Yayo.

Un quatrième niveau, dit d'Ounianga Kébir (III) à *Palaeoloxodon iolensis* (s'il existe) ou *recki* évolué, hypsodonte, se détachait des autres. Les quatre niveaux suivants, Ounianga Kébir I à *Loxodonta africana* (l'actuel éléphant d'Afrique), Tei Kébir Beussa de la dernière période humide, Eressi à la grande faune de savane contemporaine, puis les niveaux à faunes sahéliennes ou sahariennes telles qu'elles sont présentes aujourd'hui, séparées en gros par le 16e parallèle, signent les quelques dernières dizaines de milliers d'années.

Un de mes articles de 1965 conclut : « Le propos de cette note était de montrer l'extraordinaire potentiel paléontologique de ces régions du nord du Tchad. » Ces premières recherches « avaient en effet pu élever le Tchad au rang des grandes régions paléontologiques d'Afrique, aux côtés du Maghreb, de l'Afrique orientale et de l'Afrique du Sud ! ».

1990-2010 ensuite. Michel Brunet, avec mes encouragements et mon appui moral et ceux de David Pilbeam, professeur à Harvard, avec nos parrainages en quelque sorte (dont il n'avait évidemment pas besoin), se lança à la conquête de cette Afrique de l'Ouest, prometteuse, en commençant dès 1984 par le Cameroun et en continuant, bien sûr, par le Tchad, dès que les conditions politiques le permirent. Il illustra alors brillamment cette « prévision » facile à émettre, trente années après mes parcours émerveillés de ce grand pays.

C'est en 1994, en effet (dix années après avoir lancé cette opération), qu'il découvrait dans la région de Koro Toro, le premier préhumain du Tchad, *Australopithecus bahrelghazali*, dit Abel, d'environ 3,5 millions d'années dont il m'offrit élégamment la cosignature.

Et c'est en 2001 qu'il découvrit le fameux *Sahelanthropus tchadensis*, dit Toumaï, daté lui de 7 millions d'années – ce qui en fait, depuis, le plus vieil hominidé connu – et dont, tout aussi élégamment, il m'offrit également la cosignature ; c'était à Ménalla, site que j'avais visité en 1965 et où j'avais recueilli et défini le vieux proboscidien *Stegodibelodon schneideri*. C'est ce proboscidien, rattaché aux stégotétrabélodontes de Libye (Sahabi), qui m'avait d'ailleurs permis de proposer un lien entre les bassins du Tchad et de Libye, confirmé désormais par les anthracothères. Ménalla était en outre le nom que j'avais donné à une de mes deux jeunes gazelles (la femelle ; l'autre, le mâle, s'appelait Yayo).

Australopithecus bahrelghazali, dont le type est une mandibule fragmentaire, montre par l'anatomie de sa canine et les dimensions de ses molaires une incontestable antiquité, mais par la verticalité de sa symphyse et la morphologie de ses prémolaires, une incontestable « modernité ». Cette espèce ressemble à la fois à *Kenyanthropus* si moderne qu'on en fait souvent l'ancêtre de l'homme, à *Paranthropus*, dont elle propose la « même » séquence de fortes molaires, et à *Australopithecus afarensis* à l'exception de la minceur de sa symphyse mandibulaire.

Quant à *Sahelanthropus tchadensis*, c'est un crâne qui en est le type. Ce crâne est long ; il a un long plan nuchal, une crête nuchale, une crête sagittale, un torus sus-orbitaire continu, une face légèrement prognathe, de petites canines, de grandes prémolaires et molaires, une position nettement antérieure du foramen magnum. On le prédirait debout. Il est si ancien et si particulier qu'on ne peut risquer, pour le moment, de le comparer à quelque autre préhumain.

Michel Brunet et son équipe recueillirent des tonnes de vertébrés fossiles qui les autorisèrent à réaliser une échelle biostratigraphique mille fois meilleure que le modeste « escabeau » que j'avais mis sur pied, échelle aux échelons situés géographiquement grâce au GPS, qui bien sûr n'était pas né dans les années 1960, et datée géologiquement grâce à une méthode nouvelle et habile d'usage du béryllium, dans un pays où le volcanisme tellement précieux pour les datations est-africaines faisait défaut. La grande prêtresse de cette néoradiochronologie fut Anne-Élisabeth Lebatard dont j'avais eu l'honneur de présider la thèse, en 2007, au campus d'Aix-en-Provence, thèse dirigée par Michel Brunet. Le béryllium 10 est, comme le carbone 14, un produit du « cosmos », et l'étude de sa désintégration paraît fiable, entre 200 000 et 14 millions d'années, au sein de bassins sédimentaires fermés. Anne-Élisabeth Lebatard a réalisé des mesures sur une douzaine de profils mais les a focalisées évidemment sur les sites KT12 où a été découvert *Australopithecus bahrelghazali* et Ménalla où a été découvert *Sahelanthropus tchadensis.* Elle a obtenu une datation de 3,58 millions d'années ± 0,27 pour le premier, une datation comprise entre 7,2 et 6,8 millions d'années pour le second, ce qui est tout à fait cohérent avec les estimations biostratigraphiques. La tentative de mise en corrélation entre les sites de mon échelle des années 1960 et celles des années 1990 et 2000 serait tout à fait illusoire ; les récoltes, même si elles ont été faites sur les mêmes sites (Koro Toro, Bochianga, Ménalla, etc.), ne les ont peut-être pas été dans les mêmes niveaux. Nous avons certes navigué dans le même pays, dans des affleurements voisins et dans la même tranche d'âge, mais il faudrait de véritables repères sur le terrain pour oser parler de contemporanéité.

Quelques mots, maintenant, sur ce qui n'est pas le moins important : la logistique et l'intendance de mes sept années d'expédition au Tchad.

Transport. 1 camion, puis 2, puis 3, ce qui conduisit mon guide à me voler des fossiles. Découvert, il avoua sans peine : « Tu viens, tu as une voiture ; tu reviens tu as deux voitures… ce sont donc bien les os qui t'enrichissent. Alors pourquoi pas moi… ? » Comment expliquer qu'en effet de nouvelles récoltes entraînent le CNRS à me donner plus de crédits !… Mais, gentil compagnon, il m'a rendu les fossiles « volés ».

Couchage. Des lits métalliques placés sur le « retour » d'une bâche couvrant le flanc d'un des camions, lequel camion était placé perpendiculairement au vent de sable souvent nord-est/sud-ouest ; on a quand même du sable, dans tous les orifices le lendemain matin, mais la bâche amortit le phénomène ! Quand le vent s'arrêtait, ce qui était quelquefois le cas la nuit (vents solaires), le ciel « de lit » était évidemment somptueux, aussi clair à l'horizon qu'au zénith, avec sa Croix du Sud (emblématique) qu'ont tous les chameliers sur leur selle.

Alimentation. À base de conserves, de riz, de pâtes, de semoule, de quelques dattes bien déshydratées de temps en temps et du gibier (je chassais). Les légumes seulement dans les palmeraies (Faya).

Cuisine Au feu de bois (bois soigneusement récolté le long des parcours) ; les gamelles du dîner étaient à quelques mètres des pieds des lits, d'où le ballet des hyènes aux yeux « phosphorescents ». Elles venaient lécher les reliefs chaque nuit, ce qui n'était pas gênant (il s'agissait de hyènes rayées, moins agressives que les tachetées), mais « riaient » parfois de façon sarcastique difficile à définir, ce qui par contre vous donnait froid dans le dos !

Communication. Un gros appareil de transmission pour appeler en cas de besoin au secours la base Fort-Lamy (à toujours plusieurs centaines de kilomètres), appareil ressemblant à une de ces vieilles radios d'antan ; il s'appelait ANGRC9 et était à quartz non réglé. Cela voulait dire que si je voulais communiquer, il me fallait me lever avant que ne se lève l'éventuel vent de sable (tôt !) pour tirer une ligne perpendiculairement au sens estimé de mon émission, y placer, en les fermant ou pas, cinq ou six pinces à linge (jacks) et, bien sûr, régler mon quartz. J'ai rarement réussi ! Je me contentais de passer un « RAS », « rien à signaler » ! Le Yayo étant plus isolé, le colonel, chef de région, avait exigé que j'emmène un militaire « radio » pour passer à coup plus sûr, sur une même grosse bête, mais avec gégène (génératrice) à pédales cette fois, mes RAS en morse.

Enfin, je dois avouer que j'ai monté une tente une fois car ce n'était plus les hyènes qui fréquentaient mes quartiers mais les sinhyènes ou lycaons, vivant en bandes comme les loups, et d'autant plus hardis à l'attaque.

Incidents. Sept ans, pas un pépin. Le feu dans une des voitures, la mienne, une fois ; des crevaisons et des demi-arbres à changer, souvent. La malaria dès la première année (moi), malgré la nivaquine quotidienne et une gingivite scorbutique (encore moi) la première année (trop de conserves, pas assez de légumes et de fruits ; j'y ai un peu paré les autres années).

Nous clorons cette aventure tchadienne et ses prolongements glorieux par une belle histoire poétique comme l'est le pays.

Les Africains, pleins d'humour, ont souvent l'habitude de saisir chez une personne, un trait, un tic, une manie qui la caractérise. C'est ainsi que le géologue Jacques Barbeau était appelé « Abbou Nahama », le « père de l'autruche », parce qu'il faisait de grandes enjambées ! De la même façon, j'apprends un jour par hasard que j'étais surnommé Ariel. Or Ariel, dans cet arabe véhiculaire, est le nom que l'on donne à une gazelle de bonne taille, la *Gazella dama*, en français la biche Robert ; j'ai vite compris une première chose évidente, c'est que cette appellation ne pouvait se rapporter à une comparaison au premier degré. N'osant pas questionner de front mes amis, ce ne fut que par recoupements multiples que je compris que, comme je fouillais souvent torse nu, j'étais bronzé dans le dos mais très blanc sur la poitrine. La jolie *Gazella dama* est en effet toute brune sur le dos et toute blanche sur le ventre ! J'ai été soulagé !

*

Y. Coppens, « Découverte d'un australopithéciné dans le Villafranchien du Tchad », *C. R. Acad. sci. Paris*, 1961, t. 252, p. 3851-3852.

Y. Coppens, « Un australopithèque au Sahara (Nord-Tchad) », *Bull. Soc. préhist. fr.*, avril 1962, t. LVIII, 1961, fasc. 11-12, p. 756-757.

Y. Coppens, « Deux gisements de vertébrés villafranchiens au Tchad. Note paléontologique préliminaire », Actes du IVe Colloque panafricain de préhistoire et de l'étude du quaternaire, Musée royal de l'Afrique centrale, Tervuren, *Annales*, 1962, série in-8°, Sc. humaines, n° 4, p. 299-315, 1 fig., 2 pl.

Y. Coppens, « Découverte d'un australopithéciné dans le Villafranchien du Tchad. Note préliminaire », *Colloque international CNRS*, « Problèmes actuels de paléontologie (évolution des vertébrés) », 1962, n° 104, p. 455-459 (article pionnier sur le premier hominidé du Tchad).

Y. Coppens, « L'hominien du Tchad », *Actas del V Congreso panafricano de Prehistoria y de Estudio del Quaternario*, Santa Cruz de Tenerife, septembre 1963, Publicaciones del Museo Arqueologico, 1965, t. 1, 5, p. 329-330.

Y. Coppens, « Les proboscidiens du Tchad, leur contribution à la chronologie du Quaternaire africain », *Actas del V Congreso panafricano de Prehistoria y de Estudio del Quaternario. Santa-Cruz-de-Tenerife, septembre 1963*, Publicaciones del Museo Arqueologico, 1965, 1, p. 331-387, 18 pl., 1 carte, 1 dépliant.

Y. Coppens, « L'hominien du Tchad », *C. R. Acad. sci. Paris*, 1965, t. 260, p. 2869-2871 (dénomination du tchadanthrope, *Tchadanthropus uxoris*).

Y. Coppens, « Le *Tchadanthropus* », *L'Anthropologie*, 1966, t. 70, n° 1-2, p. 5-16.

Y. Coppens, « An early hominid from Tchad », *Current Anthropology*, décembre 1966, vol. 7, n° 5, p. 584-585.

Y. Coppens, « Les faunes de vertébrés quaternaires du Tchad », in W. W. Bishop, J. D. Clarck (dir.), *Background Evolution in Africa,* The University of Chicago Press, 1967, p. 89-97, 2 fig., 3 pl.

Y. Coppens, « Essai de biostratigraphie du Quaternaire de la région de Koro-Toro (Nord-Tchad) », *Colloque international CNRS. Problèmes actuels de Paléontologie (évolution des vertébrés*), CNRS, 1967, 163, p. 589-595, 2 fig.

Y. Coppens, « Un nouveau proboscidien du Pliocène du Tchad, *Stegodibelodon schneideri* nov. gen. nov. sp et le phylum des *Stegotetrabelodontinae* », *C. R. Acad. sci. Paris,* 1972, 274, p. 2962-2965, 2 pl. (première mention du site de Ménalla, site de Toumaï et première évocation des rapports entre les bassins du Tchad et ceux de la Libye).

J. Abadie, J. Barbeau, Y. Coppens, « Une faune de vertébrés villafranchiens au Tchad », *C. R. Acad. sci. Paris,* 1959, 248, p. 3328-3330, 1 fig. (première annonce de récolte de vertébrés fossiles au Tchad qui a entraîné cinquante années de recherche).

M. Brunet, A. Beauvilain, Y. Coppens, E. Heintz, A. Moutaye, D. Pilbeam, « The first australopithecine 2 500 kilometres west of the Rift Valley (Chad) », *Nature,* 1995, 378, p. 272-275 (première annonce de la découverte d'un australopithèque au Tchad).

M. Brunet, A. Beauvilain, Y. Coppens, E. Heintz, A. Moutaye, D. Pilbeam, « *Australopithecus bahrelghazali,* a new species of early hominid from Koro Toro region (Chad) », *C. R. Acad. sci.*, 1996, 322, p. 907-913 (première annonce de la dénomination nouvelle du premier australopithèque du Tchad).

M. Brunet, F. Guy, D. Pilbeam, H. T. Mackaye, A. Likius, Djimdoumalbaye Ahounta, A. Beauvilain, C. Blondel, H. Bocherens, J.-R. Boisserie, L. de Bonis, Y. Coppens, J. Dejax, C. Denys, P. Duringer, V. Eisenmann, G. Fanone, P. Fronty, D. Geraads, T. Lehmann, F. Lihoreau, A. Louchart„ A. Mahama, G. Merceron, G. Mouchelin, O. Otero, P. Pelaez Campomanes, M. Ponce de Leon, J.-C. Rage, M. Sapanet, M. Schuster, J. Sudre, P. Tassy, X. Valentin, P. Vignaud, L. Viriot, A. Zazzo, C. Zollkofer, « A new hominid from the Upper Miocene of Chad, Central Africa », *Nature,* 2002, 418, 145-151 (première annonce de la découverte et de la dénomination du plus ancien préhumain connu au Tchad).

A. E. Lebatard, L. Didier, L. Bourlès, P. Duringer, M. Jolivet, R. Braucher, J. Carcaillet, M. Schuster, N. Arnaud, P. Monié, F. Lihoreau, A. Likius, H. T. Mackaye, P. Vignaud, M. Brunet « Cosmogenic nuclide dating of *Sahelanthropus tchadensis* and *Australopithecus bahrelghazali* : Mio-Pliocene hominids from Chad », *Proc. Natl. Acad. sci. USA,* 2008, 105 (9), p. 3226-3231.

F. Lihoreau, J.-R. Boisserie, L. Viriot, Y. Coppens, A. Likius, H. T. Mackaye, P. Tafforeau, P. Vignaud, M. Brunet, « Anthracothere dental anatomy reveals a late Miocene Chado-Libyan bioprovince », *Proc. Natl. Acad. sci. USA*, juin 2006, 103, 23, p. 8763-8767.

H. T. Mackaye, Y. Coppens, P. Vignaud, F. Lihoreau, M. Brunet, « De nouveaux restes de *Primelephas* dans le Mio-Pliocène du nord du Tchad et révision du genre *Primelephas* », *C. R. Palevol,* 2008, 7, p. 227-236.

M. Servant, P. Ergenzinger, Y. Coppens, « Datations absolues sur un delta lacustre quaternaire au sud du Tibesti (Angamma) », *C. R. S. Soc. géol. fr.*, 1969, 8, p. 313-314, 2 fig.

« Yayo », in I. Tattersall, E. Delson, J. van Couvering (dir.), *Encyclopedia of Human Evolution and Prehistory,* Éditions Garland, 1988, p. 601.

« Yayo », in I. Tattersall, E. Delson, J. van Couvering, A. Brooks (dir.), *Encyclopedia of Human Evolution and Prehistory,* seconde édition, Éditions Garland, 2000, p. 733.

CHAPITRE 2

La Voie lactée[1]

« Very few people – even those who know a good deal about geography – have ever heard of this river (the Omo river), one of the three great rivers of Abyssinia, cutting a southward course of many hundreds of miles through the Ethiopian highlands before it plunges into Kenya's Northern Frontier District and loses itself in the desolate waters of Lake Rudolf. »

Abyssinian Campaign,
His Majesty's Stationery Office, 1942.

1. C'est le bien joli nom que les riverains de la basse vallée de l'Omo (Nyangatom ou Boumi) donnent à leur fleuve, reflet du ciel.

C'est en 1967 que Camille Arambourg et moi-même (pour la France), Louis Leakey et son fils Richard (pour le Royaume-Uni et le Kenya) et Francis Clark Howell (pour les États-Unis) fondâmes l'Expédition internationale de l'Omo.

L'Omo est un long fleuve éthiopien d'un bon millier de kilomètres qui prend sa source sur les hauts plateaux de ce pays et descend nord-sud pour se jeter dans le lac Turkana (ancien lac Rodolphe) au Kenya, par un superbe delta.

Si nous nous sommes intéressés à ce fleuve, c'est parce que les dépôts sédimentaires des rivages de sa basse vallée avaient livré à un explorateur français, du Bourg de Bozas, au début du XXe siècle, et puis à Camille Arambourg, au début des années 1930, une belle moisson de vertébrés fossiles, estimés appartenir à la fin du tertiaire (pliocène) et au début du quaternaire (pléistocène) et c'est aussi parce que l'empereur d'Éthiopie, après une visite au musée de Nairobi, si riche en restes d'hominidés anciens d'origine kényane et tanzanienne, avait souhaité qu'une mission scientifique internationale reprenne des recherches dans son pays.

Camille Arambourg avait interprété lors de sa première visite l'ensemble sédimentaire dit de l'Omo comme une accumulation de peu de puissance, découpée par des failles qui en multipliaient l'affleurement ; c'est la raison pour laquelle il avait considéré que la faune qui en provenait était homogène et l'avait publiée ainsi (1947).

Quand nous sommes arrivés (l'expédition internationale) sur le terrain en juin 1967, nous nous sommes vite rendu compte qu'en fait le millier de mètres d'épaisseur des sédiments exposés (sable, argiles et niveaux volcaniques)[1] représentait bel et bien un empilement et par suite une succession chronologique de dépôts et des faunes et des flores que contenaient ces dépôts.

Nous nous sommes donc efforcés, dix campagnes durant (1967-1976), de recueillir ossements, dents, coquilles, bois, pollens, avec la plus grande précision qui puisse être en même temps que nous faisions de notre mieux pour dater la tranche de sédiments et ses épisodes. 50 tonnes de fossiles ont représenté, en gros, le bilan de la collecte et un superbe étalonnage chronologique, parvenu à croiser datations absolues (K/Ar surtout), paléomagnétisme et biostratigraphie, a construit une échelle de plus de 3 millions d'années, qui sert depuis de référence à toutes les recherches africaines des mêmes périodes géologiques (on l'appelait le kilomètre étalon).

Ce que l'on nomme la formation de Shungura (du nom du village nyangatom établi là au bord du fleuve Omo) est un long ensemble sédimentaire nord-sud ressemblant à un immense escalier est-ouest, dont les contremarches sont en argiles, sables, graviers, limons variés, et les marches en cendres blanches indurées (cinérites) ; c'est donc un paysage de cuestas, grimpant du fleuve vers les monts (basaltiques) Nakua, de près de 4 millions d'années à moins de 1 million d'années, soit une tranche d'une durée de 3 millions d'années. Historiquement, les dépôts se sont établis de manière tabulaire et se sont enfoncés au fur et à mesure de leur accumulation (subsidence), d'où ces 700 mètres d'épaisseur. Et puis l'ensemble du volume sédimentaire a basculé, amenant

1. Jean-Renaud Boisserie et son équipe (MPO), Mission paléontologique de l'Omo (désormais « Expédition »), brillant successeur depuis 2006 de notre expédition, écrivait encore récemment : « C'est la référence mondiale pour l'étude du plio-pléistocène. » Sa nouvelle estimation de la puissance du log de Shungura, sûrement plus fiable que la nôtre, est de 766 mètres (et non de 1 000), datée de 3,6 à 3,8 millions d'années en bas à 1,05 à 0,8 million d'années en haut.

à l'affleurement la totalité du dépôt désormais visible sur tranche ! L'érosion différentielle, creusant les couches détritiques et se heurtant aux téphras plus durs, a ainsi merveilleusement exposé la totalité de la séquence ; en parcourant le dépôt d'est en ouest, on parcourt effectivement les 3 millions d'années et ce n'est pas une image. Il faut bien sûr tenir compte du réseau de failles, de longues nord-sud et un court cisaillement est-ouest, mais ce quadrillage ne perturbe guère la compréhension globale de cet escalier impérial (Négus oblige).

Il a été également vite évident que le long de ces 3 millions d'années, les faunes avaient changé et qu'elles s'étaient transformées pour s'adapter à des climats de plus en plus secs (sauf peut-être les cinquante derniers milliers d'années), ce que les flores ont confirmé plus tard. Et comme ces écosystèmes successifs comptaient, parmi leurs éléments, des restes d'hominidés, nous assistions, ni plus ni moins, à toute l'histoire de ces derniers, c'est-à-dire à toute notre histoire, dans cette région, durant cette tranche de temps.

Comme c'est précisément à ce « moment »-là en effet qu'un préhumain (pas encore identifié à coup sûr) s'était fait humain, nous avions le privilège de nous trouver devant un des endroits du « berceau » où la transformation (l'adaptation) s'était produite. L'émergence du genre *Homo*, l'apparition de l'homme dans l'évolution des êtres vivants, était scellée dans ces couches de sédiments ; il suffisait de les fouiller pour tenter de la comprendre, et c'est ce qu'évidemment nous avons fait.

Je donnerai quelques exemples d'évolution de la faune d'abord[1] – puisque c'est elle qui nous a mis « la puce à l'oreille » –, quelques exemples d'anatomie, puis des exemples d'écologie,

1. Tous les exemples donnés ici sont ceux obtenus durant les dix campagnes des années 1960 et 1970 (1967-1976) ; la nouvelle Mission paléontologique dans la basse vallée de l'Omo (MPO) de Jean-Renaud Boisserie en a ajouté beaucoup d'autres et affiné les anciens.

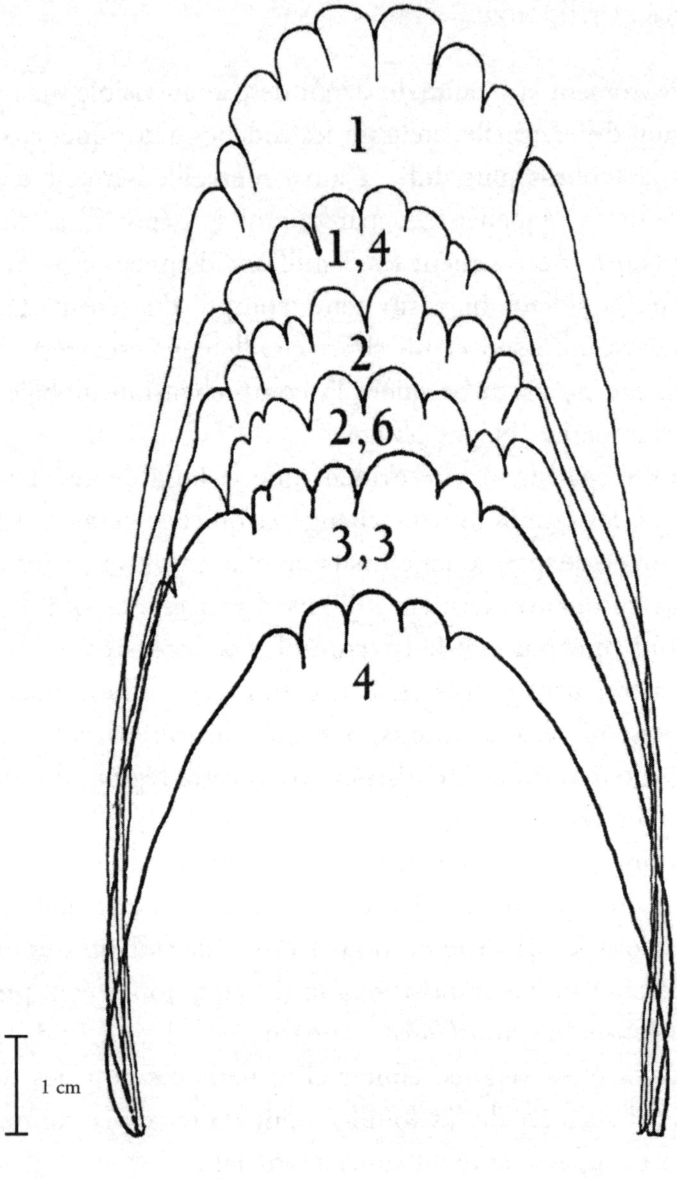

Figure 22. *Coupes de molaires d'éléphant (*Palaeoloxodon recki*) destinées à montrer l'accroissement de leur hauteur (hypsodontie), extraordinaire marqueur de l'augmentation de l'herbe dans leur régime alimentaire, marqueur de l'accroissement de la sécheresse (d'après Michel Beden, 1987, in Y. Coppens, CNRS Éditions) ; les chiffres figurant dans les coupes sont des millions d'années.*

en en quantifiant certains. Je prendrai ensuite quelques exemples de changements de flores.

Les proboscidiens (éléphants), les équidés (chevaux) et les suidés (cochons) illustrent très bien les changements morphologiques nécessités par les changements d'environnement. Les molaires du genre *Elephas* (*Palaeoloxodon*) augmentent leur hauteur relativement à leur largeur, augmentent le nombre de leurs lames dentaires et la quantité de cément qui les lie tandis qu'elles diminuent l'épaisseur de leur ruban d'émail ; les incisives et les molaires des hipparions (préchevaux) accroissent de la même manière la hauteur de leur couronne tandis qu'elles développent des tubercules supplémentaires (ectostylides) aux molaires inférieures ; les pattes de ces préchevaux réduisent en même temps le nombre de leurs doigts et l'hipparion se fait cheval (*Equus*). Quant aux suidés, ce sont les molaires de quatre genres (*Kolpochoerus*, *Nyanzachoerus, Notochoerus, Metridiochoerus*), et notamment la troisième molaire, la dent de sagesse, qui, de manière indépendante, s'allongent et se chargent en nouveaux tubercules. Ces changements de pattes pour courir plus vite et ces changements de dents pour manger plus coriace ont évidemment la même signification : le paysage s'est découvert, exposant beaucoup plus les animaux aux prédateurs ; l'herbe y ayant par ailleurs remplacé l'arbre, ce changement alimentaire nécessitait une mastication plus importante qui entraînait une usure beaucoup plus grande des dents.

Quelques exemples éthoécologiques peuvent être aussi retenus pour consolider cette démonstration, s'il en était besoin.

Prenons-les chez les rhinocérotidés, les bovidés et les primates (à l'exclusion des hominidés).

On trouve deux rhinocéros dans les sédiments de l'Omo, le rhinocéros noir (*Diceros*) et le rhinocéros blanc (*Ceratotherium*) ; le premier fréquente plus volontiers la savane boisée, le second la prairie. Comme on peut désormais s'y attendre, le premier est largement majoritaire dans les niveaux inférieurs des environs de 3 millions d'années et le second dans ceux des environs de 2 millions. Parmi les 22 genres et 37 espèces d'antilopes reconnus par ailleurs dans nos sédiments, retenons deux tribus qui suffiront pour assurer notre démonstration : la tribu des *Tragelaphini* de brousses plus ou moins épaisses et de forêts ouvertes, et celle des *Alcelaphini*, de terrains découverts sans beaucoup d'eau. Les restes de *Tragelaphini* représentent 33 % des antilopes vers 3 millions d'années, les *Alcelaphini* 9 %, les *Tragelaphini* 3 % vers 2 millions d'années, les *Alcelaphini*, 29 %. Quant aux petits singes, on s'est contenté d'en compter les ossements au kilomètre carré d'affleurement prospecté, ce qui est évidemment une quantification extrêmement approximative et qui ne fonctionne que parce que ces sédiments sont d'une très grande richesse en fossiles. Nous avons obtenu les chiffres suivants : 367 spécimens au kilomètre carré vers 3 millions d'années ; 39, vers 2 millions d'années, soit dix fois moins.

J'arrête là l'exercice mais j'aurais pu y ajouter les exemples fournis par les rongeurs, les insectivores, les chiroptères, les carnivores, etc.

Passons à la flore. Si l'on compte en effet les pourcentages de pollens de plantes aimant l'humidité aux environs de 3 millions d'années d'abord (le temps des préhumains), et puis les pourcentages des pollens des mêmes plantes aux alentours de 2 millions d'années ensuite (le temps des humains), on obtient pour le genre *Celtis,* 45 % puis 0 % ; pour le genre *Olea,* 16 % puis 6 % ; pour le genre *Typha* 23,1 % puis 1,4 %.

La contre-épreuve appliquée aux pollens de plantes préférant la sécheresse, donne, par exemple, pour le genre *Myrica*, 0 % puis 20 %.

Si on s'amuse maintenant à faire le rapport du nombre de pollens d'arbres sur le nombre de pollens d'herbes pour les deux mêmes périodes, on obtient 0,4 pour la première et 0,01 pour la seconde !

Mais, ici aussi, on aurait pu ajouter les listes d'espèces végétales obtenues grâce aux bois fossiles récoltés ou grâce aux empreintes de feuilles collectées[1].

Quant aux hominidés, ils n'ont évidemment pas fait exception puisqu'ils étaient alors partie intégrante des écosystèmes et se sont trouvés confrontés, comme leurs voisins éléphants, cochons ou rhinocéros, à cette crise climatique qui découvrait le paysage et réduisait l'alimentation végétale.

Aux alentours de 3 à 4 millions d'années vivaient dans cette région d'Afrique au moins trois préhumains, *Kenyanthropus platyops* à la face moins projetée et aux petites dents, *Australopithecus anamensis*, aux fortes dents mais à la bipédie apparemment exclusive et *Australopithecus afarensis* (Lucy) aux grosses molaires et à la double locomotion (bipède et arboricole).

Aux alentours de 2 millions d'années (en fait, au moins 2,7), ce sont deux réponses à la crise que l'on constate dans la descendance (et l'adaptation) des préhumains précédents ; l'une, encore préhumaine, s'appelle *Zinjanthropus* ou *Paranthropus* ; et l'autre, la première humaine, s'appelle *Homo*, l'homme !

On peut dire, de manière un peu simple, que la première réponse a été une dissuasion physique. Le cerveau des zinjanthropes ou des paranthropes ne se développe que très peu alors que ces préhumains, encore appelés australopithèques robustes, acquièrent une taille massive et une denture à prémolaires et

1. Inutile de dire que les études des faunes et des flores ont été réalisées par une large équipe de spécialistes internationaux, beaucoup d'entre eux ayant appartenu aux missions française ou américaine sur le terrain, d'autres pas : Michel Beden et Yves Coppens ont étudié les proboscidiens ; Basil Cooke et Yves Coppens, les suidés ; Shirley Coryndon Savage et Yves Coppens, les hippopotamidés ; Claude Guérin, Vera Eisenmann et Dick Hooijer, les rhinocérotidés et les équidés ; Alan Gentry, les bovidés ; Francis Clark Howell, les Giraffidae ; Germaine Petter et Francis Clark Howell, les carnivores ; Gerald Eck, Nina G. Jablonski et Meave Leakey, les primates ; Jean-Jacques Jaeger et Hank Wesselmann, les microvertébrés ; Raymonde Bonnefille, les pollens ; Roger Dechamps, les ligneux ; et bien sûr Camille Arambourg, Francis Clark Howell, Noël Boaz, Alsemseghed Zeresenay, Gen Suwa et Yves Coppens, les hominidés.

molaires énormes (et les superstructures du crâne qui vont avec) pour écraser et moudre graines, fruits à coques dures et végétaux fibreux qui restent de l'environnement précédent et qu'ils ne consommaient pas jusqu'ici. Camille Arambourg et moi avons décrit le plus ancien de ces australopithèques robustes, *Paranthropus aethiopicus,* dès 1967.

Et on peut dire que la deuxième réponse (ce n'est ni un ordre hiérarchique ni un ordre chronologique !) a été une réponse « intellectuelle ». Cette fois, la taille ne change guère, tandis que le cerveau se développe en volume et en complexité (plissement des lobes, irrigation), que la mâchoire s'équipe d'une denture d'omnivore qui ajoutera la viande à son menu végétarien résiduel et que les voies respiratoires supérieures se transforment pour mieux respirer en atmosphère sèche.

Ces deux réponses sont évidemment d'intéressantes sélections naturelles et elles valent le changement de la patte de l'équidé ou le développement de la molaire de l'éléphant. Mais il se trouve que le « choix » de l'homme va entraîner des conséquences inattendues, voire extravagantes ! La poussée cérébrale va générer un nouveau niveau de conscience et cette conscience-là, pour la première fois, va créer la culture, la culture technique (les outils ou les armes), mais aussi les facettes intellectuelle, spirituelle, symbolique, esthétique, éthique de cette culture, qui, dans leur généreux développement, constitueront, au moins à terme, le propre de l'homme. Le changement des voies respiratoires va faire descendre le larynx, s'installer la caisse de résonance entre les cordes vocales et la bouche, tandis que le palais s'approfondit et que la symphyse (la partie antérieure de la mâchoire inférieure) s'amincit, libérant la langue et créant le langage articulé, la nouvelle respiration, facilitant la marche sur de longues distance et la course. En d'autres termes, c'est l'usage pirate d'une simple sélection naturelle destinée à inventer de nouvelles stratégies pour échapper aux prédateurs dans un paysage découvert, c'est l'usage tout aussi pirate du larynx, du pharynx, des régions gnathiques et de celles du cerveau qui les gère, et c'est l'apport en protéines animales à cet encéphale qui devient exigeant, qui vont démarquer l'homme, par hasard, de ses compagnons vertébrés. Et, chez lui, le dialogue entre la main, la parole et la réflexion ne cessera désormais plus, entraînant cette émergence bizarre d'une matière pensante, libre et responsable : « *Sometimes, more is different !* »

À l'époque où les récoltes paléontologiques de la basse vallée de l'Omo et leur analyse m'ont mis devant cette évidence, d'autres gros chantiers de recherches paléontologiques étaient en cours et notamment ceux d'Olduvai en Tanzanie, ceux de l'est du lac Turkana au Kenya et ceux de l'Afar (Hadar) en Éthiopie. Mais les sédiments d'Olduvai étaient trop « jeunes » pour montrer l'émergence des premiers hommes (puisqu'ils ne commençaient qu'aux environs de 2 millions d'années), ceux de l'Afar étaient trop vieux et ceux de l'Est-Turkana avaient une lacune stratigraphique précisément à cet « instant » géologique crucial de 2 à 3 millions d'années. Quant aux dépôts contemporains d'Afrique du Nord et d'Afrique du Sud, ils ne présentaient ni bonnes séquences ni bonnes datations.

Pour que l'on se souvienne, par suite, du rôle pionnier des dépôts de la basse vallée du fleuve Omo dans la prise de conscience de la manière dont le genre *Homo* est apparu, j'ai appelé cet événement d'un mauvais jeu de mots, l'(H)Omo Event, l'événement de l'(H)Omo[1].

L'homme est donc bel et bien un produit de l'environnement, né il y a un peu plus de 2 millions d'années, un peu moins de 3,

1. La recherche actuelle se penche sur ce qu'ont pu être les conditions locales de l'adaptation, différentes dans chaque région ; mais celles-ci ne changent évidemment pas le cours « global » de l'évolution en général, ni celui des hominidés en particulier, soumis à la nécessité de « faire avec » le nouvel environnement pour survivre.

Figure 23. *Quelques Éthiopiens nyangatom (qui me rendaient visite) et moi, dans la basse vallée de l'Omo (1968).*

de la nécessité pour son ancêtre préhumain de s'adapter aux conditions créées par une crise climatique (un assèchement).

Avant de nous installer sur le terrain, les trois missions de l'expédition internationale s'étaient entendues pour se partager les recherches et par suite les affleurements repérés sur des minutes photogrammétriques que nous avions établies nous-mêmes en photographiant d'avion l'ensemble du secteur et en en assemblant les clichés. La mission française bénéficiait de l'ensemble que l'on appellera plus tard de Shungura, autrement dit les affleurements du sud, par déférence pour Camille Arambourg qui y avait travaillé en 1933-1934. Les équipes américaines et kényanes se partageaient le nord, les Américains la rive droite, les Kényans la rive gauche du fleuve Omo, sur des affleurements que l'on appellera de Kibish. Comme il s'est avéré que les sites du nord étaient beaucoup plus récents et que c'était la formation de Shungura incontestablement la plus ancienne et la plus intéressante, au nom de l'équipe française, j'invitai les Américains à partager « nos affleurements », eux au nord du sud, nous au sud du sud, dès la deuxième campagne (1968). Quant à l'équipe kényane, elle quitta l'Éthiopie pour le nord du Kenya où elle avait repéré, d'avion, pléthore d'affleurements prometteurs (ce qui s'avéra tout à fait juste !).

Quelques mots maintenant, comme pour les expéditions au Tchad, sur ce qui n'est pas le moins important : la logistique et l'intendance de mes dix années d'expédition dans le sud de l'Éthiopie.

Transport. J'ai abord eu, durant trois ans, un camion Bedford (5 tonnes) et deux Land Rover, l'une dite à châssis long type 109 – c'était devenu la mienne –, l'autre dite à châssis court, type 88. Tout a été très bien jusqu'au jour où un bureau parisien s'est aperçu que mon expédition et l'expédition de Haroun Tazieff travaillaient toutes les deux en Éthiopie ! J'ai donc reçu l'ordre de partager mon « parc » avec Haroun. Mais comme je travaillais au sud de l'Éthiopie à la frontière du Kenya et que Haroun Tazieff travaillait au nord de l'Éthiopie, à la frontière de l'Érythrée (plus de 1 000 kilomètres) et que, par ailleurs, j'étais basé à Nairobi et Tazieff à Addis-Abeba (2 000 kilomètres), j'ai dû envoyer mes trois véhicules au port de Mombasa (1 500 kilomètres), les charger sur un bateau pour Assab, où Marinelli et Cheminée, collaborateurs de Tazieff, les ont en effet bien réceptionnés. Puis l'équipe des vulcanologues s'en est servie et m'a renvoyé mes voitures par la voie maritime, mais cette fois de Djibouti à Mombasa ; ces malheureux camions sont arrivés inutilisables. J'ai alors reçu l'ordre de les vendre ! Cette épopée purement administrative se passait en 1969-1970. J'ai donc adopté, de 1970 à 1976, une solution beaucoup plus simple : louer des voitures à Nairobi ! J'ai eu alors affaire à un Indien (sickh), charmant, un peu soupçonneux au départ ; puis, voyant que je lui rapportais bien ses véhicules, souvent dans un état qui lui faisait me demander en riant beaucoup si je revenais de Sibérie, mais que surtout je le payais (toujours avec une année de retard pour une question d'ouverture et de clôture de budget à Paris), il en prit vite son parti et bien sûr y trouva son intérêt ; il disait partout : « *Dr Coppens ! It's gold, it's gold !* »

Comme le territoire de prospections et de fouilles avait été divisé en « concessions », comme le font les exploitants de mines ou de pétrole, le camp français était, dès la deuxième année (1968), suffisamment proche du camp américain, pour que l'on se voie souvent et que l'on partage certains frais. D'où des extravagances : un petit avion mono- ou bimoteur toutes les trois semaines environ pour les pièces de rechange des véhicules, pour l'alimentation (fruits, légumes, viande), pour le courrier et pour les transferts de personnes, chercheurs ou visiteurs arrivant ou partant (j'avais à Nairobi une « correspondante » avec laquelle je communiquais par radio). L'avion et le pilote étaient loués pour la durée de la mission. Quant au terrain d'atterrissage, c'est nous qui l'avions aménagé en le choisissant le plus « plat » possible et en en retirant les quelques arbustes, broussailles et évidemment « bosses » qui pouvaient s'y trouver (d'où l'utilité de mes dix-huit mois dans le génie !). Un hélicoptère, loué trois ans, quelques mois par saison et qui a fini par tomber, de peu de hauteur heureusement (6 à 7 mètres), ne brisant, en dehors de lui-même, que quelques dents du pilote[1]. Le spectacle de ce grand insecte à terre était superbe et me rappelait ces images insolites du film de Buñuel, *La Mort en ce jardin.* Nous eûmes aussi une sorte de bulldozer ou de sa famille, venu par la piste, amarré sur une remorque-plateforme et tracté par un puissant camion (1 000 kilomètres, dix jours) et ce pour dégager plus vite une couche de sédiments stériles coiffant une couche de sédiments fossilifères. Pour parvenir au même exercice, ailleurs (Omo dit 33), j'avais, utilisé des explosifs (d'où à nouveau l'utilité de mes dix-huit mois dans le génie !). Je faisais sauter de petites quantités de sédiments (c'était une cinérite de 5 à 6 mètres d'épaisseur), juste ce qu'il fallait pour fissurer la couche sans fossiles, la débiter et l'abattre plus facilement, ce qui fonctionna à merveille !

Nous avions un gros équipement dit de safari : tentes, matériel de couchage, grande tente-mess, grande tente-labo, multiples lampes-pression à pétrole, réfrigérateur à pétrole, matériel de cuisine, équipement de mécaniciens (il y avait toujours un camion à réparer) ; quatre piquets et un emballage pudique de jute pour aménager une douche, planté sur une perche et puisant son eau (du fleuve)

1. C'était à 50 kilomètres du camp, sur l'autre rive du fleuve Omo (bourré de crocodiles), et il a donc fallu trouver une barque pour rejoindre à pied le camp, appeler du camp un avion de Nairobi, pendant qu'à deux, au coupe-coupe, nous aménagions un terrain d'atterrissage et de décollage. L'avion est venu le lendemain, une première fois et après plusieurs passages de plus en plus bas, nous a droppé le terrible message suivant : « *Too short* », sur un bout de papier que j'ai conservé. Nous avons donc repris nos coupe-coupe et, finalement, le surlendemain, le même avion est revenu, s'est posé et a décollé sans encombre…

Figure 24. *Richard Leakey (à gauche) et moi, gisements de l'Omo, Sud-Ouest éthiopien.*

dans un fût à essence de 200 litres désaffecté, avec même un petit plancher quadrillé de bois de caisses (un luxe !) ; quatre piquets et un emballage de jute (un peu plus à l'écart du camp) pour un W.-C., lui, par contre, un peu rudimentaire (« un trou et l'Afrique autour », nous avait dit une amie pilote, le docteur Anne Spoerry !) ; avec les années, un vrai siège est venu s'installer et nous avec… au-dessus du trou (presque le Club Méditerranée !).

Il faut dire que le seul camp que je dirigeais, dit « camp français », a compté jusqu'à une cinquantaine de personnes, réparties en chercheurs majoritairement français, en équipe kényane de chauffeurs, cuisinier, « safari assistants », en équipe éthiopienne réduite, de militaires armés, exigée par le gouvernement impérial pour notre sécurité, et un ou deux représentant officiels pour notre surveillance, et une équipe éthiopienne recrutée sur place pour la main-d'œuvre des chantiers. Dans mon camp, on parlait français, anglais, amharique, swahili, « gestuel ».

Notre « cantine » était bien équipée et bien fournie, avec une montagne de conserves, une tente entière, des produits de base, pocho pour les Kényans, teff pour les Éthiopiens, farine, riz, semoule, pâtes, gibier (je chassais), fruits et légumes, viandes de boucherie toutes les trois semaines ou à peu près par notre petit avion ravitailleur, exceptionnellement poissons et même crocodiles du fleuve Omo pour l'équipe de chercheurs et assistants.

Santé. Des sérums anti-bitis-echis-naja, des antibiotiques, des kilos de pastilles de sel et un peu de tout pour des traitements d'attente.

L'eau provenait du fleuve, eau de couleur jus d'orange, lourde de sédiments ; on la chargeait, chaque soir (le fleuve était à 4 kilomètres du camp, à 50 mètres de dénivelé) dans les fameux fûts à essence de 200 litres nettoyés (on buvait 7 litres d'eau environ par personne, par jour), puis elle était décantée (à l'alun quand on en avait ou grâce à la racine d'un épineux que les indigènes m'avaient appris à recueillir), puis filtrée à travers une batterie de filtres en porcelaine. Je n'ai pas eu en dix ans une seule amibiase dans mes équipes.

Incidents. Quelques insolations, heureusement vite résolues (la déshydratation est très dangereuse, un certain seuil passé).

Deux piqûres de scorpions ; un médecin de brousse m'avait expliqué que comme il n'existait pas de sérum, il fallait des chocs électriques pour « coaguler » le venin (?). On dévissait donc un des pôles d'une batterie de voiture, et le malheureux piqué s'envoyait une série de « châtaignes » plutôt désagréables mais peut-être efficaces (?) en tenant la place du pôle disparu ; j'y ajoutai quand même chaque fois l'absorption d'un tonicardiaque ; ils ne sont morts ni l'un ni l'autre.

Une méchante aventure avec un cobra cracheur, pris pour une couleuvre par un des visiteurs du camp[1] ; sorti du dessous du tapis de sol de ma tente, ce serpent s'est laissé facilement coincer la tête par un bâton fourchu, moyen bien connu pour arrêter la course de ces reptiles. Et puis, apparemment calme, il a seulement renversé la tête et a envoyé un somptueux jet de venin de 1 mètre à 1,50 mètre dans les yeux du « chasseur » ! Le premier agresseur l'ayant évidemment lâché en hurlant : « Mes yeux, mes yeux ! », un second a pris immédiatement le relais[2], et, malgré l'expérience du premier et la précaution consécutive, s'est pris un second jet, sans doute moins puissant, dans un œil seulement. Alerté par radio, je suis rentré du terrain au camp et j'ai réussi à joindre, toujours par radio, le directeur du Snake Park de Nairobi, qui m'a conseillé de laver abondamment les yeux atteints d'abord à l'eau claire, puis au sérum dilué, de bander ces yeux et de les mettre dans le noir, en faisant boire beaucoup

1. Le photographe Christian Zuber, en visite trois campagnes durant et presque devenu membre de l'expédition.

2. Claude Guillemot, artiste-peintre, premier Grand Prix de Rome, ami personnel et embauché par mes soins pour m'assister ! Et il a fait merveille en bricolant, en prospectant comme un professionnel et en peignant quand même un peu de temps en temps.

les malheureuses victimes. Quelques jours après, on n'en parlait plus, ou du moins, on en parlait beaucoup, mais les deux paires d'yeux étaient sauvées. Rentrant à Paris, je fis part de l'aventure à Camille Arambourg qui n'en parut pas spécialement ému ; il me raconta en effet que mobilisé dans les zouaves en 1914 en Algérie, les officiers expliquaient aux jeunes recrues de bien astiquer leurs boutons (dorés) de veste, car le cobra vise instinctivement ce qui brille pour atteindre les yeux et que c'était un moyen connu de les tromper à bon compte.

Une des Land Rover dans un ravin ; le chauffeur avait sauté à temps, on a remonté la voiture grâce au treuil d'une autre.

Et plusieurs attaques, je pense pour voler, au moment des pleines lunes, des indigènes, voisins sans doute, mais qui n'avaient à ce moment-là que des armes blanches. Je passais ma nuit – les buissons qui bruissent, c'est très angoissant – à tirer en l'air pour tenir les voleurs à distance ; il n'y a jamais eu de malheur. Par une de ces nuits bien claires, un de ces « agresseurs » a même joué le gentleman cambrioleur. Il a emporté un de ces vieux sacs en cuir à ouverture un peu compliquée et une caméra dans sa sacoche. Comme il n'avait rien à faire de la caméra et n'était intéressé que par les « contenants », il n'a finalement emporté que le sac de la caméra : il a en effet donné un coup de son propre couteau-bracelet (que chacun porte au poignet) dans le sac en cuir qu'il n'arrivait pas à ouvrir et qui du coup est devenu inutilisable, et il y a délicatement déposé la caméra, puisqu'il en avait pris la sacoche. Belle élégance, non ? J'ai quand même pendant des années après cette longue expédition, ressenti quelque angoisse involontaire à chaque nuit de pleine lune.

Ah ! j'allais oublier, je suis allé deux fois en prison ! Une première fois à Nairobi, à la suite d'un malentendu, non pas avec mon personnel mais avec les syndicats qui prétendaient que je ne payais pas les « *night allowances* » aux Kényans que j'avais employés. Cela n'a pas duré longtemps, mais j'ai quand même été en cellule ! La seconde fois, c'était sur la piste du retour du terrain, à Lodwar, au Turkana. Comme je voulais faire un *stop-over* en Égypte, en rentrant en France, j'avais confié mon passeport au pilote de notre petit avion relais, pour qu'il le remette à l'ambassade d'Égypte à Nairobi et que je gagne du temps pour l'obtention du visa ; c'était donc un beau dimanche, les policiers s'ennuyaient et ils ont arrêté mon impressionnant convoi pour vérifier toutes les identités. Toutes étaient en règle, sauf la mienne ! J'ai donc été mis en prison. J'avais beau me dire que c'était un honneur car c'est là que Kenyatta (premier président du Kenya indépendant) avait séjourné avant de s'enfuir et de proclamer le Kenya libre (c'était le fameux Uhuru, en décembre 1963, j'y étais !), cela ne suffisait pas à me consoler ! Il y faisait très chaud et beaucoup de petites bêtes peu appétissantes partageaient mon refuge ; mais ce ne fut pas long non plus, et réglé à coups de bières.

Je dois pour terminer cette grande histoire de l'expédition internationale de l'Omo (dix ans de ma vie et sans doute la plus importante découverte de ma carrière : où, quand, comment et pourquoi est né l'homme) dire quelques mots de la manière dont j'ai conduit cette opération, trois ans durant avec Camille Arambourg qui me laissait toute liberté et sept ans seul. Disposant de crédits importants pour une expédition de paléontologie, même si j'en avais cinq fois moins que l'équipe américaine, me rendant dans des régions difficiles à atteindre et devant y séjourner de quatre à six mois chaque année, j'avais réfléchi à la fois à en faire profiter généreusement d'autres scientifiques mais j'avais pensé aussi à l'ambiance qui résulterait de pareil isolement, si longtemps, d'un petit groupe d'humains faisant à peu près les mêmes choses. Alors j'ai eu l'initiative d'inviter des scientifiques d'autres spécialités, leur donnant les moyens de travailler dans une région isolée mais apportant en même temps à l'équipe des sciences de la Terre un peu de distraction dans leur « idée fixe » quotidienne. Et c'est ainsi que, pendant dix ans, des biologistes et des ethnologues partagèrent notre campement et notre vie : les biologistes, surtout des médecins, piégeaient les petits mammifères et chassaient les oiseaux pour rechercher leurs ecto- et endoparasites tandis qu'ils faisaient des prélèvements de sang aux populations pour étudier leurs appartenances et leurs alliances ; les ethnologues étudiaient bien sûr les populations, leur langue, leur genre de vie, leur économie. Ils ont, les uns et les autres, fait un très beau travail : les biologistes en découvrant des espèces nouvelles, des virus nouveaux, des réservoirs à virus inconnus, etc. ; les ethnologues, en rédigeant un dictionnaire de la langue de ceux chez qui nous étions (Nyangatom) et en racontant leurs coutumes et leurs comportements. Et, de manière inattendue – ce sont les miracles de la science –, les observations géographiques d'affinités et d'alliances des populations de l'ethnologue (Serge Tornay) recouvrirent celles obtenues par les analyses de sang des biologistes (François Rodhain).

En dehors de ces importants résultats, mon objectif fut parfaitement rempli car les médecins fatigués prospectaient de temps en temps avec les paléontologues, et les géologues et les paléontologues se détendaient en allant regarder sous le microscope des biologistes, tandis que médecins et paléontologues se rendaient de temps à autre chez l'ethnologue, dans le village nyangatom qu'il habitait, parfaitement immergé dans son « sujet d'étude ». Ces diversions enrichissantes détendaient sûrement une équipe qui n'aurait cessé de parler sédiments, ossements, datations, etc., atmosphère qui, sous ces températures, n'aurait pas manqué d'être « fatigante », voire tendue. Solution élégante à terme, bien qu'à l'origine également intéressée !

*

Y. Coppens, « Localisation dans le temps et dans l'espace des restes d'hominidés des formations plio-pléistocènes de l'Omo (Éthiopie) », *C. R. Acad. sci. Paris,* 1970, t. 271, p. 1968-1971.

Y. Coppens, « Les restes d'hominidés des séries inférieures et moyennes des formations plio-villafranchiennes de l'Omo en Éthiopie », *C. R. Acad. sci. Paris,* 1970, t. 271, p. 2286-2289.

Y. Coppens, « Les restes d'hominidés des séries supérieures des formations plio-villafranchiennes de l'Omo en Éthiopie », *C. R. Acad. sci. Paris,* 1971, t. 272, p. 36-39.

Y. Coppens, « Les restes d'hominidés des séries inférieures et moyennes des formations plio-villafranchiennes de l'Omo en Éthiopie (récoltes 1970, 1971 et 1972) », *C. R. Acad. sci. Paris,* 1973, t. 276, p. 1823-1826.

Y. Coppens, « Les restes d'hominidés des séries supérieures des formations plio-villafranchiennes de l'Omo en Éthiopie (récoltes 1970, 1971 et 1972) », *C. R. Acad. sci. Paris,* 1973, série D, t. 276, p. 1981-1984.

Y. Coppens, J. Chavaillon, M. Beden, « Résultats de la nouvelle mission de l'Omo (campagne 1972). Découverte de restes d'hominidés et d'une industrie sur éclats », *C. R. Acad. sci. Paris,* 1973, t. 276, p. 161-164.

Y. Coppens, « Évolution des hominidés et de leur environnement au cours du plio-pléistocène dans la basse vallée de l'Omo en Éthiopie », *C. R. Acad. sci. Paris,* 1975, t. 281, p. 1693-1696 (découverte de la corrélation entre l'évolution des hominidés et l'évolution de leur environnement).

Y. Coppens, « Hominid remains from the Plio-Pleistocene Formations of the Omo Basin, Ethiopia », *J. Hum. Evol.,* 1977, 6, p. 169-173.

Y. Coppens, « Evolution of the Hominids and of their environment during the Plio-Pleistocene in the lower Omo Valley, Ethiopia », in W. W. Bishop (dir.), *Geological Background to Fossil Man,* Scottish Academic Press, 1978, p. 499-506.

Y. Coppens, « The differences between *Australopithecus* and *Homo* : Preliminary conclusions from the Omo research expedition's studies », in L.-K. Königsson (dir.), *Current Argument on Early Man. Report from a Nobel Symposium,* Pergamon Press, 1980, p. 207-225.

Y. Coppens, F. C. Howell, « Les faunes de mammifères fossiles des formations plio-pléistocènes de l'Omo en Éthiopie (*Proboscidea, Perrissodactyla, Artiodactyla*) », *C. R. Acad. sci. Paris,* 1974, t. 278, p. 2275-2278, 1 pl.

Y. Coppens, F. C. Howell, G. L. Isaac, R. E. F. Leakey, *Earliest Man and Environments in the Lake Rudolf Basin,* The University of Chicago Press, 1976.

Z. Alemseghed, D. Geraads, Y. Coppens, C. Guillemot, « Taphonomical and paleoenvironmental study of Omo-33, a late pliocene Hominid locality of the lower Omo basin, Ethiopia », *Revue paléobiol.,* 1997, 15, 2, p. 347-359.

C. Arambourg, Y. Coppens, « Sur la découverte dans le pléistocène inférieur de la vallée de l'Omo (Éthiopie) d'une mandibule d'australopithécien », *C. R. Acad. sci. Paris,* 1967, t. 265, p. 589-590.

C. Arambourg, J. Chavaillon, Y. Coppens, « Premiers résultats de la nouvelle mission de l'Omo (1967) », *C. R. Acad. sci. Paris,* 1967, t. 265, p. 1891-1896.

C. Arambourg, Y. Coppens, « Découverte d'un australopithécien nouveau dans les gisements de l'Omo (Éthiopie) », *South African Journal of Science,* 1968, vol. 64, n° 2, p. 58-59.

C. Arambourg, J. Chavaillon, Y. Coppens, « Résultats de la nouvelle mission de l'Omo (2e campagne 1968) », *C. R. Acad. sci. Paris*, 1969, t. 268, p. 759-762.

F. Bibi, A. Souron, H. Bocherens, K. Uno, J.-R. Boisserie, « Ecological change in the lower Omo Valley around 2.8 Ma », *Biology Letters*, 2013, 9.

J. R. Boisserie, F. Guy, A. Delagnes, L.-J. Hlukso, F. Bibi, Y. Beyene, C. Guillemot, « New palaeoanthropological research in the Plio-Pleistocene Omo Group, Lower Omo Valley, SNNPR (Southern Nations, Nationalities and People Regions), Ethiopia », *C. R. Palevol*, vol. 7, n° 7, octobre 2008, p. 429-439.

R. Bonnefille, J. Chavaillon, Y. Coppens, « Résultats de la nouvelle mission de l'Omo (3e campagne 1969) », *C. R. Acad. sci. Paris*, 1970, t. 270, p. 924-927.

R. Bonnefille, F. H. Brown, J. Chavaillon, Y. Coppens, P. Haesaerts, J. De Heinzelin, F. C. Howell, « Situation stratigraphique des localités à Hominidés des gisements plio-pléistocènes de l'Omo en Éthiopie (membre de base A, B, C, D et J) », *C. R. Acad. sci. Paris*, t. 276, 1973, p. 2781-2784.

R. Bonnefille, F. H. Brown, J. Chavaillon, Y. Coppens, P. Haesaerts, J. De Heinzelin, F. C. Howell « Situation stratigraphique des localités à hominidés des gisements plio-pléistocènes de l'Omo en Éthiopie (membre E, F, G et H) », *C. R. Acad. sci. Paris*, 1973, t. 276, p. 2781-2784.

F. C. Howell, Y. Coppens, J. De Heinzelin, « Inventory of remains of Hominidae from Plio-Pleistocene formations of the lower Omo basin, Ethiopia (1967-1972) », *Am. J. Phys. Anthrop.*, 1974, 40 (1), p. 1-16.

F. C. Howell, Y. Coppens, « Les faunes de mammifères fossiles des formations plio-pléistocènes de l'Omo en Éthiopie (*Tubulidentata, Hyracoidea, Lagomorpha, Rodentia, Chiroptera, Insectivora, Carnivora, Primates*) », *C. R. Acad. sci. Paris*, 1974, t. 278, p. 2421-2424, 1 pl.

S. Tornay, *Les Fusils jaunes. Générations et politique en pays nyangatom (Éthiopie)*, Société d'ethnologie, 2001.

CHAPITRE 3

Lucy ou la hanche de l'Afrique[1]

« Même le chacal fait son testament avant d'entrer en Afar. »

Proverbe adal (Afar).

1. Cette appellation me semble plus élégante et plus justifiée par ses contours géographiques et par la participation de cette région au berceau de l'homme que le nom de « Corne de l'Afrique » sous lequel elle est habituellement désignée.

Un jour de l'automne 1969, un ami géologue Maurice Taieb vint me rendre visite dans mon laboratoire du musée de l'Homme. Il préparait alors sa thèse sur la géologie du bassin hydrographique du fleuve Awash, dans l'est de l'Éthiopie, et il venait de découvrir sur le terrain une très belle dent fossile qui l'intriguait. Comme j'avais déjà à mon actif dix années de recherches et de collectes paléontologiques sur les terres africaines, je n'eus pas de peine à reconnaître une dernière molaire d'une espèce éteinte d'éléphant que j'avais souvent rencontrée, *Elephas (Palaeoloxodon) recki*. Je précisai même à cet ami très impressionné (il l'a écrit dans un livre) : « entre 2 et 3 millions d'années » ! Cette datation relative n'était pas elle non plus difficile à estimer ; les molaires d'éléphants ressemblent à des radiateurs ; elles sont faites d'une succession de lames d'ivoire enveloppées d'émail que lie du cément. Or ces molaires, pour des raisons de changement progressif d'alimentation de leurs propriétaires – des feuilles à l'herbe – augmentent avec le temps le nombre et la hauteur de leurs lames tandis qu'elles réduisent la largeur de ces mêmes lames ainsi que l'épaisseur du ruban d'émail qui les circonscrit. La fourchette chronologique – d'ailleurs très large – que je proposai avait donc été simple à calculer. Le site que Maurice Taieb venait de découvrir et qui se nommait Leidy[1] était un dépôt sédimentaire plio-pléistocène fossilifère, le tout premier

1. Plus de quarante ans plus tard une mandibule d'hominidé a été découverte à Leidy et datée de 2,8 millions d'années ! Datation absolue « en plein » dans la fourchette relative que j'avais proposée ! Merci les éléphants !

de cet immense triangle de l'Afar ; il convenait d'y retourner et d'y avoir désormais l'œil vigilant du paléontologue.

L'automne suivant, Taieb revint me voir avec cette fois non plus une pièce mais un petit lot de vertébrés fossiles d'une autre localité de l'Afar, Gawani ; je me souviens de fragments de dents du même *Elephas* (*Palaeoloxodon*) *recki*, de molaires de suidés, de dents d'antilopes, d'âge tout à fait comparable à celui suggéré pour Leidy.

J'encourageai bien sûr vivement Maurice Taieb à monter, en dehors de sa recherche de thèse, une opération spécifiquement paléontologique dans cette nouvelle région d'Éthiopie, région pleine de promesses paléoanthropologiques étant donné l'âge des sédiments et la qualité de conservation des vertébrés recueillis.

En 1971 se réunit à Addis-Abeba le Congrès panafricain de préhistoire et d'études du quaternaire. Maurice Taieb y présenta ses découvertes et reçut de tous les collègues paléontologues présents des encouragements unanimes. Et c'est ainsi que naquit, au début de l'année 1972, l'International Afar Research Expedition, l'IARE, qui allait mener cinq importantes campagnes – 1972, 1973, 1974, 1975, 1976-1977 – avant d'être contrainte, pour des raisons d'insécurité locale grandissante, de cesser son activité sur le terrain.

Nous n'étions que quatre en Afar en 1972, Maurice Taieb et moi, français, Donald Johanson et Jon Kalb, américains (fondateurs de l'IARE). En 1973, chacun de nous quatre avait constitué une petite équipe ; il fut donc décidé que l'IARE serait placée sous l'autorité conjointe des quatre fondateurs[1]. À partir de 1974, cette autorité se réduisit à trois et le resta jusqu'à la fin, Jon Kalb ayant décidé de nous quitter et de monter sa propre mission.

Le reste de la petite histoire est sans doute plus connu. Après avoir prospecté, en avril 1972, toute une série de localités,

1. Ce fut une proposition de Maurice Taieb qui ne souhaitait pas reproduire la division en « concessions » que nous avions adoptée lors de l'expédition de l'Omo et qu'il trouvait quelque peu « coloniale » !

dont bien sûr Leidy et Gawani, nous décidâmes de nous occuper (pour commencer) de l'une d'entre elles, Hadar (280 mètres de puissance de sédiments)[1], plus fossilifère que les autres. À un congrès de paléontologie réuni au Muséum national d'histoire naturelle de Paris cette année-là, je m'offris même le luxe d'annoncer la découverte prochaine d'hominidés à Hadar. Ce n'était pas non plus une grande prédiction puisque nous étions en présence de sédiments du bon âge et de vertébrés en abondance. Ce fut en effet chose faite dès la campagne 1973 (quelques mois après le colloque) et puis chacune des campagnes suivantes livra sa moisson d'hominidés, dont la fameuse Lucy en 1974.

Lucy n'a donc pas été la première découverte paléoanthropologique de l'Afar. Si bien que lorsque Tom Gray, jeune thésard de Donald Johanson, Donald Johanson lui-même et un collaborateur éthiopien rapportèrent au camp, d'une prospection menée sur le terrain ce dernier dimanche de novembre 1974 (le 24), quelques ossements brisés susceptibles d'avoir appartenu à un hominidé, ils enregistrèrent simplement leur récolte sous un numéro nouveau de localité fossilifère, le numéro 288, avec tout de même la mention spéciale « localité à hominidés ». Toute l'équipe était heureuse, mais pas plus que pour la découverte des localités 128 et 129 l'année d'avant ou d'autres encore cette année-ci. Ce furent la prospection plus attentive de ce site les jours suivants (une quinzaine de jours) et le tamisage des sédiments d'une rigole de quelques

1. Deux géologues, en 2008, ont réduit à 200 mètres la puissance de la tranche de sédiments de Hadar, d'un tuf appelé Sidi Hakoma et daté de 3,42 millions d'années à un tuf dit Dahuli, daté de 780 000 ans, mais avec une importante discordance entre les deux survenue au niveau du complexe, dit BKT, daté de 2,94 à 2,96 millions d'années (coupure d'environ 600 000 ans), juste au « moment » de l'émergence du genre *Homo*, genre présent avec des outils dans cette partie supérieure (2,4 millions d'années) de la séquence.

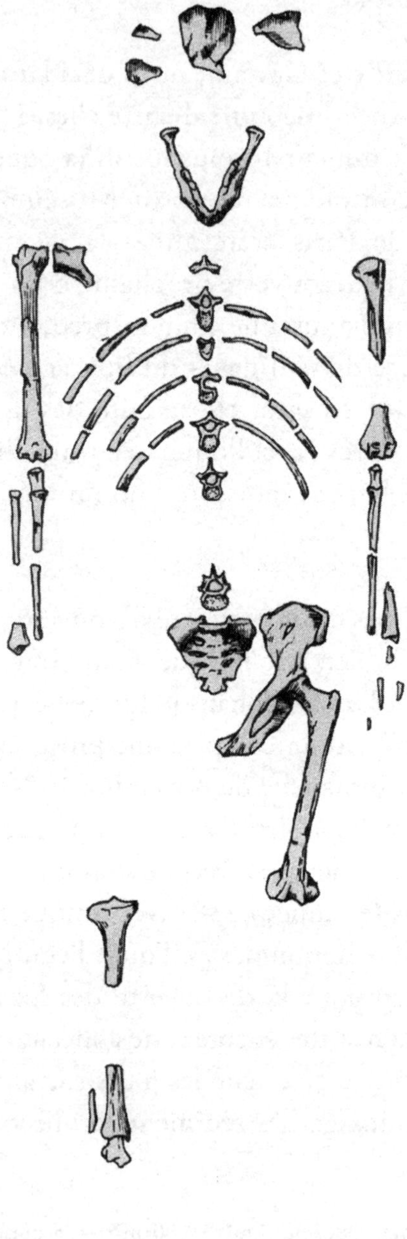

Figure 25. *Lucy dans sa toute première mise en os (M. Taieb, D. C. Johanson et Y. Coppens,* Comptes rendus des séances de l'Académie des sciences, *Paris, 1975).*

dizaines de centimètres de large et une dizaine de mètres de long, qui, ayant livré de nouveaux restes d'hominidés de même « pointure », de même couleur, de même degré de fossilisation et ne représentant jamais deux fois le même os du même côté, firent naître l'idée qu'il pouvait s'agir des éléments du squelette d'un seul et même individu. Et ce fut, enfin, la découverte dans le même ravineau d'un demi-bassin en état suffisamment lisible qui révéla que ce squelette avait été celui d'un sujet féminin. Il a ainsi fallu mériter Lucy pour la comprendre !

La localité 288 n'est donc passée que progressivement du statut de localité à hominidés, à celui de localité à « un hominidé », puis de localité à « une hominidé », et notre enthousiasme ne s'est développé que progressivement lui aussi et au même rythme. Quant au choix du prénom de Lucy, c'est apparemment la suggestion d'une jeune Américaine alors en visite au camp qui nous en a fourni l'inspiration, celle des Beatles dans « Lucy in the sky with diamonds » ; les ossements préhumains de la localité 288 ayant appartenu à un individu féminin, il est apparu alors plus familier et plus élégant aux membres de l'équipe d'appeler ce personnage d'un nom plutôt que d'un numéro !

C'est ainsi qu'est revenue à la lumière au fond du désert éthiopien, un beau jour de 1974, cette préhumaine de 3 millions d'années qui allait devenir le symbole de la paléoanthropologie, le témoin et le messager de l'histoire de l'homme et de son passé lointain et tropical, le sujet emblématique par excellence de tous les préhumains connus à l'époque et même, curieusement, de ceux découverts depuis.

L'exceptionnalité de la découverte de Lucy avait été de recueillir 52 ossements déterminables du squelette d'un préhumain, ce qui était à l'époque sans précédent. Il ne s'agissait pas de squelette complet puisqu'il aurait fallu 206 ossements pour y parvenir, mais comme bien des os vont par paires, il était facile de fabriquer le gauche quand on en avait le droit ou inversement et, par suite, pour la première fois possible de reconstituer l'essentiel d'un squelette (40 %) de ce que l'on nomme de manière un peu (trop) générale australopithèque. Disposer ainsi d'un seul et même individu apportait beaucoup dans la connaissance de la taille, du poids (Lucy mesurait sans doute un peu plus de 1 mètre et pesait aux alentours de 25 kilos), des proportions, des articulations et de leur fonctionnement et du même coup des comportements et des environnements de ces préhumains.

Dans les niveaux de même âge géologique ou d'âges très voisins de cette localité 288 de Hadar, nous avons évidemment découvert plusieurs centaines d'autres restes – ceux-là plus épars – d'hominidés rapportables à la même espèce – *Australopithecus afarensis*, ainsi nommée en 1978 par Donald Johanson, Tim White et moi-même – que celle à laquelle appartenait Lucy. C'est donc à partir de Lucy mais aussi des autres éléments recueillis dans les localités alentour que nous allons passer rapidement en revue la description du squelette de cet hominidé nouveau.

Le crâne petit, projeté, à fortes superstructures, à puissante denture de végétarien, recouvrant un encéphale lui-même évidemment petit (400 centimètres cubes), était posé sur la colonne vertébrale comme le serait celui d'un être debout. La colonne vertébrale, par ses quatre courbures successives reproduisant à peu près celles de notre propre colonne, confirmait la station érigée du personnage. Le bassin, avec sa très grande largeur et son peu de hauteur, se présentait bien comme un bassin dit « en pression », autrement dit contraint, dans une posture bipède, de porter une partie du corps. Les fémurs, obliques par rapport à l'axe vertical du corps, rapprochaient, comme chez tous les êtres redressés, l'axe de gravité des genoux. Lucy était debout.

Mais avec le genou tout se « gâtait ». Contrairement à la manière dont se présente cette articulation chez un bipède, le genou de Lucy offrait une très grande amplitude de rotation. La cheville révélait la même instabilité, et le pied, plat, montrait un gros orteil divergeant et des orteils aux phalanges courbes. À l'opposé de la laxité des articulations du membre inférieur, les articulations du membre supérieur apparaissaient particulièrement solides. Quant aux mains, elles se terminaient comme se terminaient les pieds par des phalanges étonnamment incurvées. Toutes ces dernières données révélaient une pratique probablement encore très active de la locomotion arboricole de son porteur.

Drôle de Lucy, dotée d'un port de tête, des courbures du rachis, de la brièveté du pelvis et de l'obliquité du fémur d'un être debout en permanence à la locomotion incontestablement bipède, mais aussi d'un genou et d'une cheville instables, d'une épaule, d'un coude et d'un poignet très stables et d'extrémités préhensiles des quatre membres d'un être toujours grimpeur et à la locomotion tout aussi incontestablement arboricole. Rendons d'ailleurs grâce ici au fémur, bipède à un bout (proximal) et grimpeur à l'autre (distal), qui fit ainsi le lien entre ces deux mécanismes que l'on aurait pu croire contradictoires.

Ce n'est évidemment qu'en laboratoire, après bien des mois d'observations, de comparaisons, de mesures, que sont apparus les uns après les autres tous ces caractères. Superbe démonstration de l'origine et du sens de l'évolution des hominidés, avec ce maintien plein de nostalgie de l'aptitude à grimper d'avant et ce désir rempli d'espoir d'aptitude à marcher d'après. Cette double locomotion est une découverte de mon laboratoire

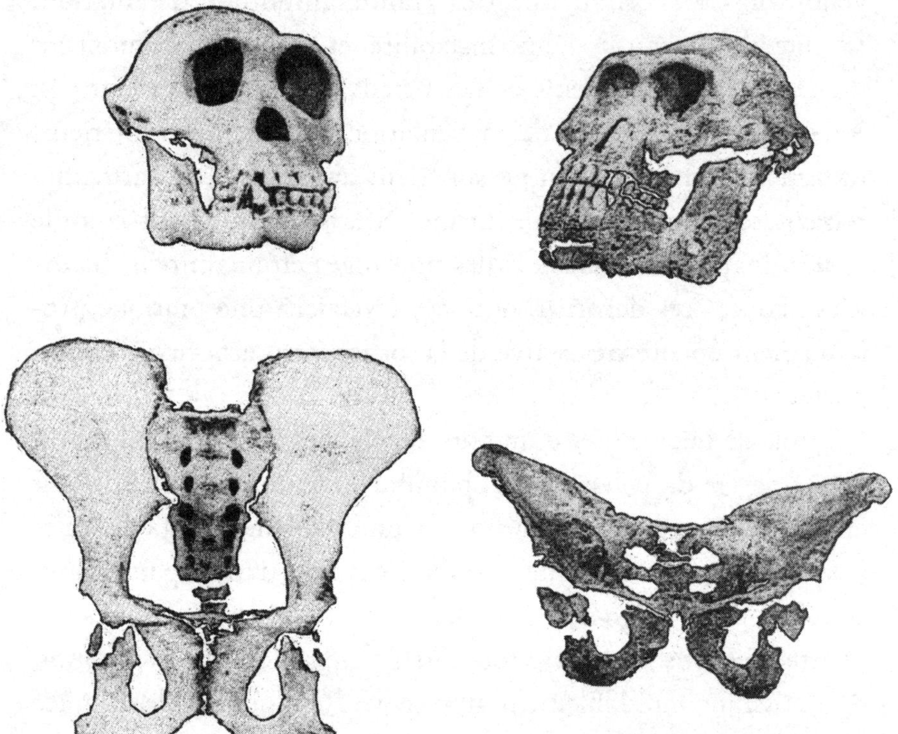

Figure 26. *Crâne et bassin en tension de chimpanzé grimpeur, à gauche ; crâne et bassin en pression de préhumain marcheur (Lucy) à droite (Institute of Human Origins). La bipédie de l'hominidé y est évidente ; elle caractérise notre sous-famille debout en permanence depuis 10 millions d'années.*

(B. Senut, C. Tardieu)[1] et a été longtemps contestée avant d'être acceptée. Retrouvée chez *Orrorin*, chez *Ardipithecus*, chez un jeune sujet d'*Australopithecus afarensis*, Selam, elle est aujourd'hui non seulement admise mais revendiquée (par les descripteurs d'*Ardipithecus ramidus*, par exemple).

Beaucoup d'auteurs (dont Donald Johanson) ont vu en Lucy, ou, du moins, en l'espèce à laquelle elle appartenait, un ancêtre direct du genre *Homo*. Je ne le pense pas. Cette espèce est, à mon sens, beaucoup trop spécialisée à son âge (géologique) pour avoir été notre grand-mère ; le genre *Homo* a dû apparaître vers 3 millions d'années, ou un peu après, comme on l'a vu, et il ne grimpait apparemment plus tandis qu'il offrait un encéphale à la fois plus volumineux et plus compliqué.

Beaucoup de médias ont aussi considéré Lucy comme le plus ancien ancêtre ; ce n'est pas le cas et ne l'a jamais été. Lorsque nous l'avons découverte, nous connaissions des restes d'hominidés deux fois plus âgés (une dent de 6 millions d'années de Lukeino au Kenya, fossile avant-coureur d'*Orrorin tugenensis,* découvert

1. La dédicace de mon livre *Le Genou de Lucy* (Odile Jacob, 1999) est suffisamment révélatrice du nombre et de la diversité de ces chercheurs de mon laboratoire ou de collaborateurs d'autres laboratoires, associés le temps d'une recherche, pour la citer : « Ce livre est dédié, pour tout ce qu'ils m'ont appris, au genou de Christine, au coude de Brigitte, aux mains d'Isabelle, aux vertèbres de Serge et de Dominique, au bassin de Christine (une autre), aux trabécules de Valérie, aux jambes d'Anne-Marie, aux pieds d'Yvette, au crâne de Renée, aux cerveaux d'Emmanuel et de Dominique (une autre), aux dents de Catherine et de Fernando, à la mandibule de Pascal, au collagène de Marc, aux molécules de Véronique… et même aux caractères discrets de José. » Il s'agit de Christine Tardieu, Brigitte Senut, Isabelle Villemeur, Serge Nazarian, Dominique Gommery, Christine Berge, Valérie Galichon, Anne-Marie Bacon, Yvette Deloison, Renée Garcia, Emmanuel Gilissen, Dominique Grimaud-Hervé, Catherine Ussunet-Zarrouk, Fernando Ramirez Rozzi, Pascal Picq, Marc Fizet, Véronique Barriel et José Braga, qui ont presque tous eu affaire à Lucy. Cette dédicace pourrait depuis être étendue aux dents de Bruno, au langage d'Alexandre, à l'omoplate de Jean-Luc, aux bassins de July, de Philippe et de Gautier, à la préhension d'Emmanuelle et d'Élodie, à la locomotion de Guillaume et d'Amélie et aux clefs de l'évolution psychomotrice d'Anne, os, dents et fonctions derrière lesquels se cachent Bruno Girardet, Alexandre Maitrerobert, Jean-Luc Voisin, July Bouhallier, Philippe Chartier, Gautier Chène, Emmanuelle Pouydebat, Élodie Reghem, Guillaume Nicolas, Amélie Dang et Anne Dambricourt-Malassé.

en 2000 par Brigitte Senut et ses collaborateurs). À l'époque de Lucy (3,2 millions d'années), les préhumains étaient d'ailleurs déjà largement déployés, du Transvaal (Little Foot) au Tchad (Toumaï, Abel), mais par contre on ne le savait pas en 1974.

Lucy n'est donc pas une femme, mais une préhumaine (son sexe est incontestablement féminin malgré quelques débats) ; elle n'est pas la préhumaine la plus ancienne ; elle n'est très probablement pas notre ancêtre. Mais elle demeure le squelette le moins incomplet de son temps, qui a permis de décrire sa silhouette et de décrire cet état qui n'est plus celui d'un primate et qui n'est pas encore celui d'un humain. Et puis Lucy, c'est ce personnage désormais universel que le mythe a ravi à la science.

Parce que Lucy était reconstituable et qu'elle a d'ailleurs été mille fois reconstituée, parce qu'elle était petite, jeune (sûrement pas pour l'époque) et féminine, parce qu'elle portait un prénom agréable et connu (de beaucoup), parce qu'elle était proche de nous par tout cela, parce que sa renommée en a fait la grand-mère de l'humanité, elle a vite dépassé ses inventeurs pour envahir toutes les imaginations de tous les hommes de toute la Terre ou presque. Dans une lettre reçue en 1989, un correspondant, Marcel Pfister, m'écrit joliment : « J'ajouterai que vous avez trouvé l'âme qui survole ces milliers de générations et que vous appelez Lucy, cette petite flamme naissante et mutante au sein des australopithèques, ce symbole de tous les âges préhistoriques, que vous nous avez rendu si sympathique. » Elle est devenue héroïne de romans, d'essais, de films[1], de bandes dessinées, de poèmes, de chansons ; elle a donné son nom à un syndrome en médecine du sport, à un complexe en psychiatrie, à un effet en sociologie, à une coupe de football et à un restaurant en Éthiopie ; elle a aussi donné son nom à plein de petits enfants d'au moins

1. *Lucy* de Luc Besson par exemple…

deux générations, sinon trois maintenant, dont les parents ont été marqués, d'une manière ou d'une autre, par la puissance de son symbole. Que la science poursuive donc bien évidemment avec toute la rigueur qui la caractérise la recherche de la vérité mais que n'en vive pas moins ce très élégant mythe d'origine que nous, ses papas et parrains, ne sommes pas peu fiers d'avoir si inconsciemment engendré.

Mais il n'y a pas que Lucy à Hadar, il y a aussi beaucoup de fossiles de vertébrés et assez de pollens pour en tirer des informations paléo-environnementales. La séquence sédimentaire montre, en fait, trois types successifs de paysages : le premier, le plus ancien, est humide, planté de fourrés et de forêts, avec des saisons peu marquées ; le deuxième propose une tendance à un assèchement, une savane à graminées, des prairies et des saisons plus nettes ; le dernier, celui qui a livré Lucy, trahit un paysage encore plus sec, voire aride, avec cependant des zones boisées à proximité (quand on grimpe, il faut bien quelque chose à quoi grimper !).

Donald Johanson a repris, avec son équipe (William Kimbel et l'Institute of Human Origins), les recherches à Hadar à partir de 1990 (Hadar Research Project, HRP). Et il m'a dit, il y a quelques mois, alors que je l'avais invité à Paris pour participer à un colloque de l'Académie des sciences, que sa nouvelle expédition avait ajouté 187 restes attribuables à *Australopithecus afarensis* aux 240 que nous avions recueillis ensemble durant le campagnes 1972-1977 de l'International Afar Research Expedition, ce qui fait un total de 427 fossiles.

Un élève éthiopien, Alemseghed Zeresenay (qui a soutenu sa thèse avec moi à Paris en 1998), a découvert dans un site voisin de Hadar, Dikika, un petit squelette merveilleusement conservé d'un jeune enfant, sans doute de sexe féminin, d'environ 6 ou 7 ans, de l'espèce de Lucy, *Australopithecus afarensis* et qu'il a appelé Selam. Entre autres informations, ce petit squelette a montré que l'espèce préhumaine en question, avait, en effet, comme nous l'avions démontré grâce à Lucy, des membres inférieurs essentiellement adaptés à la marche bipède alors que les membres supérieurs étaient toujours équipés de la mécanique du grimper. Selam aurait 3,4 millions d'années. Non content de cette belle découverte, dont la préparation et la publication ont été en outre très joliment menées, Alemseghed Zeresenay a recueilli, dans le même site, des os de plusieurs mammifères porteurs de traces de décarnisation ! De quoi, bien sûr, déclencher la féroce opposition de la communauté scientifique, ou en tout cas d'une grande partie de cette communauté, car il y a une science officielle, très difficile à faire évoluer.

Comme une élève d'Hélène Roche, Sonia Harmand, vient de découvrir (2015) d'incontestables pierres taillées de 3,3 millions d'années à Lomekwi dans l'Ouest-Turkana au Kenya (outillage qu'elle a appelé « lomekwien »), tout est devenu vite cohérent, ce qui n'est pas toujours le cas. Mais on n'a quand même pas une conclusion claire sur qui a fait ça et qui a mangé ça.

*

Y. Coppens, « L'Éthiopie à l'aube du quaternaire. Les grands gisements de vertébrés de l'Omo et de l'Aouache », *Problèmes actuels de Paléontologie (évolution des vertébrés)*, Colloque international CNRS, 1975, n° 218, p. 887-895 (colloque tenu en juin 1973, où j'avais « prédit » la découverte d'hominidés en Afar).

Y. Coppens, « Les hominidés du pliocène et du pléistocène d'Éthiopie, chronologie, systématique, environnement », in J. Piveteau, *Les Origines humaines et les Époques de l'intelligence*, Masson/Fondation Singer-Polignac, 1978, p. 79-106.

Y. Coppens, « L'originalité anatomique et fonctionnelle de la première bipédie », *Bull. Acad. nat. méd.*, 1991, 175 (7), p. 977-993.

Y. Coppens, *Le Genou de Lucy*, Odile Jacob, 1999.

Y. Coppens, « Postface », in P. Norbert, T. Liberatore, *Lucy. L'espoir*, Capitol Éditions, 2007, p. 72-73.

Y. Coppens, Donald C. Johanson, « Les hominidés du Pliocène et du Pléistocène d'Éthiopie », in R. Leakey, B. Ogot (dir.), *Actes du VIIIe Congrès panafricain de préhistoire et d'études du quaternaire, Nairobi, septembre 1977*, Louis Leakey Memorial Institute for African Prehistory, 1980, p. 166-168.

Y. Coppens, B. T. Gray, D. C. Johanson, « Biostratigraphie d'Hadar comparée à celle des autres gisements plio-pléistocènes est-africains », in R. Leakey, B. Ogo (dir.) *Actes du VIIIᵉ Congrès panafricain de préhistoire et d'études du quaternaire, Nairobi, septembre 1977*, Louis Leakey Memorial Institute for African Prehistory, 1980, p. 56-57.

Y. Coppens, B. Senut, *Origine(s) de la bipédie chez les hominidés. Cahiers de paléoanthropologie,* CNRS Éditions, 1991.

Z. Alemseged, F. Spoor, F., W. H. Kimbel, R. Bobe, D. Geraads, D. Reed, J. G. Wynn, « A juvenile early hominin skeleton from Dikika, Ethiopia », *Nature*, 2006, 443 (7109), p. 296-301.

G. Chene, A. S. Tardieu, B. Trombert, A. Amouzougan, G. Lamblin, G. Mellier, Y. Coppens, « A species' Odyssey : Evolution of obstetrical mechanics from Australopithecus Lucy to nowadays », *Eur. J. Obstet. Gynecol. Reprod. Biol.*, 2014, 181, p. 316-320

G. Chene, G. Lamblin, K. Lebail-Carval, P. Chabert, P. Marès, Y. Coppens, G. Mellier, « The genital prolapse of Australopithecus Lucy ? », *Int. Urogynecol. J.*, 2015 vol. 26, n° 7, p. 975-980.

S. Harmand *et al.*, « 3.3-million-year-old stone tools from Lomekwi 3, West Turkana, Kenya », *Nature,* 2015, 521, p. 310-315.

D. C. Johanson, « The paleoanthropology of Hadar, Ethiopia », *C. R. Palevol*, 2017, 16, p. 140-154.

D. C. Johanson, Y. Coppens, « A preliminary anatomical diagnosis of the first Plio/Pleistocene Hominid discoveries in the Central Afar, Ethiopia », *Am. J. Phys. Anthrop.*, 1976, 45 (2), p. 217-234 (découverte des premiers hominidés d'Hadar, 1973).

D. C. Johanson, T. D. White, Y. Coppens, « A new species of the genus *Australopithecus* (Primates : Hominidae) from the Pliocene of eastern Africa », *Kirtlandia*, 1978, 28, p. 1-14 (création de l'espèce *Australopithecus afarensis*).

D. C. Johanson, C. O. Lovejoy, W. H. Kimbel, T. D. White, S. W. Ward, M. E. Bush, B. M. Latimer, Y. Coppens, « Morphology of the Pliocene partial hominid skeleton (A.L. 288-1) from the Hadar formation (Ethiopia) », *Am. J. Phys. Anthrop.*, 1982, 57 (4), p. 403-452.

D. C. Johanson, T. D. White, Y. Coppens, « Dental remains from the Hadar formation, Ethiopia : 1974-1977 collections », *Am. J. Phys. Anthrop.,* 1982, 57 (4), p. 545-604.

W. H. Kimbel, D. C. Johanson, Y. Coppens, « Pliocene Hominid cranial remains from the Hadar formation (Ethiopia) », *Am. J. Phys. Anthrop.*, 1982, 57 (4), p. 453-500.

C. O. Lovejoy, D. C. Johanson, Y. Coppens, « Hominid upper limb bones recovered from the Hadar formation : 1974-1977 collections », *Am. J. Phys. Anthrop.*, 1982, 57 (4), p. 637-650.

C. O. Lovejoy, D. C. Johanson, Y. Coppens, « Hominid lower limb bones recovered from the Hadar formation : 1974-1977 collections », *Am. J. Phys. Anthrop.*, 1982, 57 (4), p. 679-700.

S. McPherron, Z. Alemseged, C. W. Marean, J. G. Wynn, D. Reed, D. Geraads, R. Bobe, H. A. Béarat, « Evidence for stone-tool-assisted consumption of animal tissues before 3.39 million years ago at Dikika, Ethiopia », *Nature*, 2010, 466, p. 857-860.

P. Pelot, T. Liberatore, Y. Coppens, *Le Rêve de Lucy*, Seuil, « La Dérivée », 1990.

M. Taieb, Y. Coppens, Donald C. Johanson, Jon Kalb, « Dépôts sédimentaires et faunes du plio-pléistocène de la basse vallée de l'Awash (Afar central, Éthiopie) », *C. R Acad. sci. Paris,* 1972, t. 275, p. 819-822 (première publication des quatre fondateurs de l'International Afar Research Expedition).

M. Taieb, D. C. Johanson, Y. Coppens, R. Bonnefille, J. Kalb, « Découverte d'hominidés dans les séries plio-pléistocènes d'Hadar (bassin de l'Awash : Afar, Éthiopie) », *C. R. Acad. sci. Paris,* 1974, t. 279, p. 735-738.

M. Taieb, D. C. Johanson, Y. Coppens, « Expédition internationale de l'Afar, Éthiopie (3e campagne 1974) ; découvertes d'hominidés plio-pléistocènes à Hadar », *C. R. Acad. sci. Paris,* 1975, t. 281, p. 1297-1300 (annonce de la découverte de Lucy et première figuration sous le nom d'« Afar Localité 288 »).

M. Taieb, D. C. Johanson, Y. Coppens, J. L. Aronson, « Geological and paleontological background of Hadar Hominid site, Afar, Ethiopia », *Nature,* 25 mars 1976, vol. 260, n° 5549, p. 289-293, 4 fig., 2 tabl.

M. Taieb, D. C. Johanson, Y. Coppens, H. Roche, « Expédition internationale de l'Afar, Éthiopie (4e et 5e campagnes 1975-1977). Nouvelles découvertes d'hominidés et découvertes d'industries lithiques plio-pléistocènes à Hadar », *C. R. Acad. sci. Paris,* 1978, série D, t. 287, p. 237-240.

M. Taieb, D. C. Johanson, Y. Coppens, J. J. Tiercelin, « Expédition internationale de l'Afar, Éthiopie (4e et 5e campagnes 1975-1977). Chronostratigraphie des gisements à hominidés pliocènes de l'Hadar et corrélations avec les sites préhistoriques de Kada Gona », *C. R. Acad. sci. Paris,* 1978, série D, t. 287, p. 459-461.

CHAPITRE 4

D'autres terres africaines

« Car comme ont dit les vieux proverbiaux, toujours Aphrique apporte cas nouveaux. »

Quand, en 1966, Camille Arambourg décida de m'offrir son héritage scientifique, il ne tarda pas à mettre en pratique ce qu'il m'avait déclaré. Et nous partîmes très vite pour l'Algérie (c'était mon premier voyage en Afrique du Nord-Ouest), dans le Constantinois, où il affectionnait près de Sétif (aujourd'hui El-Eulma) deux sites fossilifères voisins mais d'âge différent, l'Aïn Boucherit le plus ancien, et l'Aïn Hanech, juste au-dessus. Ce dernier lui avait offert des galets aménagés et des bolas (galets taillés en « boules », interprétés comme des pierres de jet). Il lui semblait toucher là les toutes premières cultures du Maghreb, l'arrivée de l'homme préhistorique de ses tropiques aux rives de la Méditerranée. Nous avons alors mené une fouille de confirmation à l'Aïn Hanech, sous l'œil vigilant et charmant du vieux monsieur Tabet, propriétaire des lieux et gardien du cimetière musulman contigu ; mais nous n'avons alors pas pris le temps de reprendre les recherches à l'Aïn Boucherit, de l'autre côté d'un oued assez encaissé. C'est un de mes anciens étudiants, Mohamed Sahnouni (aujourd'hui professeur aux États-Unis), qui en a repris l'étude avec succès puisqu'il a découvert des pierres taillées à l'Aïn Boucherit également, faisant remonter au-delà des 2 millions d'années, ce fameux déploiement de l'homme jusqu'aux limites septentrionales de son continent d'origine, ce qui m'a ravi mais ne m'a pas étonné.

Cette année 1966 s'acheva, comme je l'ai raconté précédemment, par le premier Congrès d'archéologie de Fort-Lamy et, sans avoir eu le temps de « souffler », Camille Arambourg m'annonça la suite de son – de « notre » – programme : la mise en route d'une grande expédition internationale, cette fois dans le sud de l'Éthiopie, qu'il me demandait de mettre sur pied en ce qui concernait la partie française. Je m'envolai donc sans attendre pour l'Afrique orientale, que j'avais déjà « visitée » et où j'avais déjà travaillé sous l'autorité de Louis Leakey dès 1963, et me retrouvai à Nairobi dans les premières semaines du printemps (européen) 1967, heureux comme un paléontologue qui change d'herbage. Grâce à l'amabilité et la générosité de Richard Leakey (un des fils de Louis et de Mary), assisté alors par Martin Pickford (depuis dans mon équipe au Collège de France), je réunissai donc, du camion (un Bedford cette fois) aux Land Rover et à la collection de tentes, en passant par les petites cuillères, tout ce dont une expédition de cinquante personnes partant plusieurs mois à un millier de kilomètres de sa base pouvait avoir besoin ! Pas simple ! Je m'étais d'ailleurs dit, quelques années plus tard, que j'écrirais une sorte de petit manuel du « parfait » explorateur, alignant les objets nécessaires à un long séjour loin de tout. Chaque fois qu'au camp quelque membre de l'équipe s'exclamait : « Oh ! c'est dommage, on a oublié d'emporter tel ou tel objet… » ou : « Ah ! si on avait tel ou tel objet, ce serait quand même plus facile », je faisais l'acquisition pour l'année suivante dudit objet que j'ajoutais à ma liste « idéale ». Mais tout cela est une histoire que l'on a déjà racontée, l'histoire de l'Omo, de la Voie lactée, qui précède ce chapitre.

Outre l'Algérie, visitée donc pour la première fois en 1966 et où je retournai souvent, j'ai par la suite beaucoup travaillé au Maghreb. En Tunisie d'abord, sur les sites plio-pléistocène, dits villafranchiens, dans l'espoir d'y trouver le premier maghrébin ou son outillage. Ma recherche est allée du nord (la Garaet Ichkeul, près de Carthage) au sud (à l'Aïn Brimba, au bord du Chott el-Jerid), à la suite des explorations de Camille Arambourg et avec l'appui sur place du service géologique tunisien et la collaboration précieuse des paléopédologues de l'Orstom. J'y ai même décrit un suidé (cochon) nouveau, *Nyanzachoeurs jaegeri*, trouvé celui-là par un ami et collègue, Jean-Jacques Jaeger – d'où l'hommage rendu par l'auteur à la manière naturaliste, en nommant en « latin de cuisine » l'espèce nouvelle en question du nom du découvreur ; cette espèce retrouvée depuis dans bien d'autres sites, notamment en Afrique orientale ; elle est parfaitement validée et est devenue même un bon marqueur d'un pliocène ancien.

Quant au Maroc, si riche en fossiles humains et en outillage, j'eus des occasions nombreuses de m'y rendre et d'y restituer d'ailleurs de précieux restes d'hominidés (Djebel Irhoud et Sidi Abderhamane) reçus en héritage de Camille Arambourg. Je suis devenu, en outre, depuis quelques années, membre de l'Académie Hassan II des sciences et techniques, à Rabat.

J'ai visité, l'est, la Libye et toute sa côte qui voit le désert tomber dans la mer et l'Égypte qu'aucun mot ne saurait décrire. Je n'ai offert à la Grande Égypte que mes « compétences » en anthropologie physique..., j'ai en effet organisé, à Grenoble, dans le cadre d'un très important congrès d'égyptologie, un colloque (dit table ronde) sur l'anatomie de ces gens de génie, les mettant tristement à nu pour ne parler que de leurs dépouilles, ce qui est, je dois dire, bien réducteur, au cœur d'un pareil festival d'art, de sciences, de lettres et de culture. J'ai publié, en collaboration avec un collègue tchèque, Eugen Strouhal, les travaux de ce colloque.

Un peu plus au sud-ouest cette fois, c'est en Mauritanie que j'ai eu le plaisir de conduire, vers la fin des années 1970 (1979), une opération paléontologique et préhistorique un peu risquée, car au cœur du conflit Mauritanie-Maroc-Polisario-Sahraoui (Rio de Oro). Des géologues m'avaient apporté des os et des pierres taillées de la région désertique de la Hammami, et nous les avions publiés ensemble dès 1972. J'ai donc pris un beau jour un avion pour Nouakchott, puis un autre de Nouakchott à Nouadhibou (avion à deux hélices dont une hélice s'est d'ailleurs arrêtée en l'air), puis un troisième, tout petit celui-là, qui a suivi les rails du train minéralier de Nouadhibou à Zouérate, la monstrueuse blessure de la Terre ; on extrait en effet à Zouérate, dans un mouvement perpétuel de camions dont les roues sont plus hautes que les conducteurs, le minerai de fer, le même que celui que l'on retire des entrailles du Venezuela, trahissant l'époque où l'Atlantique n'était pas déchiré. À Zouérate j'ai reçu un joli petit 4 × 4 (et quatre automitrailleuses pour m'accompagner en « carré », afin de me défendre d'éventuelles fantaisies du Polisario et de m'éviter aussi de m'orienter vers des terrains connus pour être minés !). J'ai trouvé beaucoup de fossiles (des éléphants aux dents hautes et à nombreuses lames d'émail) et beaucoup de superbes pierres taillées, bifaces et hachereaux, la plupart de très grande taille. J'ai trouvé aussi de multiples empreintes de pas de gros animaux (éléphants sans doute) ayant patouillé à loisir dans la vase des marigots de leur époque et que la sécheresse suivante a fixées pour quelque temps. L'âge ? Acheuléen supérieur, quelques centaines de milliers d'années sans doute.

Le retour de ce superbe désert a d'ailleurs été un peu compliqué mais, en Afrique, les solutions viennent toujours, si on leur laisse le temps de se construire. Le jour de mon départ, en effet, un vent de sable, à couper au coupe-coupe, empêcha mon petit avion de décoller sans risque. Nous avons donc patienté. Assez tard, dans la journée, une éclaircie a finalement permis cet envol et nous sommes donc partis pour Nouadhibou ; à Nouadhibou, j'ai eu la chance d'attraper le vol Paris-Nouakchott, presque en avion stop. Et je suis arrivé sans encombre à Nouakchott. Mais… je devais donner une conférence à Dakar le soir même… Coup de fil au ministère des Armées : le général de service (peut-être bien le ministre, d'ailleurs, je ne me souviens plus) mit à ma disposition un de ces gros boudins transporteurs de troupes et de matériel que l'on nomme Transall ; six ou sept soldats de l'infanterie de marine, ravis de faire un tour inattendu au Sénégal, sont arrivés presque immédiatement avec leur monstre au ventre vide. Et j'ai embarqué. Inutile de dire qu'ils se sont amusés, tout le long du parcours Nouakchott-Dakar, à faire peur aux dromadaires et à leurs chameliers, aux campements paisibles et, en gros, à tout ce qui bougeait. Et nous sommes arrivés à Dakar sur un petit aéroport militaire, juste à temps pour qu'une voiture appelée depuis l'avion soit présente pour me conduire à mon public qui avait attendu un peu mais pas trop ! Tout avait l'air de se finir bien. Je suis resté quelques jours à Dakar où j'ai beaucoup d'amis, mais un nouveau souci, assez vite réglé, m'attendait au retour Dakar-Paris. J'étais en effet entré par un terrain militaire, sans contrôle, sans visa, sans tampon, ce qui revenait à dire que je n'étais pas entré au Sénégal. Et il n'est pas simple pour une administration de faire sortir quelqu'un qui n'est pas entré. Je passe sur les palabres, mais, comme je le disais pour le vent de sable, les choses s'arrangent toujours et je suis rentré à Paris par l'avion dans lequel j'avais un siège « régulier ».

Mais repartons vers l'est, la hanche de l'Afrique, le fameux triangle de l'Afar, l'Afar éthiopien, au centre et à l'ouest, la République de Djibouti à l'est, la Somalie au sud et l'Érythrée au nord. Djibouti, ancien territoire des Afars et des Issas, ayant des liens privilégiés avec la France, je me suis vite intéressé à son potentiel préhistorique et paléontologique, potentiel d'ailleurs très riche. C'est pourquoi j'y étais dès 1970, et participai à d'importantes missions de terrain, géologiques jusqu'au volcan Ardou Koba récemment en éruption (avec Xavier Le Pichon), paléontologiques et préhistoriques (avec Anis Abdallah, géophysicien et avec Jean Chavaillon, préhistorien). Nous y avons eu de très brillants résultats, le plus spectaculaire ayant été à Barogali, à la frontière éthiopienne, la découverte de deux éléphants d'environ 1,5 million d'années, appartenant tous deux à l'espèce *recki* (*Palaeoloxodon*). Tous deux étaient pratiquement entiers, l'un ayant été piégé ou charogné par les hommes (*erectus* ?) et consommé sur place, son cadavre était en effet entouré, jusqu'à une certaine distance mais pas au-delà, de pierres taillées ayant servi à le découper (essentiellement des éclats), et l'autre mort naturellement sans que son cadavre ait été exploité. La juxtaposition des deux « états » était évidemment exceptionnelle.

Le territoire étant devenu république, l'État djiboutien m'offrit en décembre 1994 la présidence de son Conseil scientifique international. Je fus officiellement nommé à ce poste en février 1995 (succédant à Haroun Tazieff), poste que je quittai en juin 2003 (à la suite de sa dissolution), après l'avoir donc exercé quinze années. La recherche y était passionnante, sur le plan géophysique d'abord : l'observatoire de Harta, merveilleusement équipé, travaillait à la veille tectonique de l'ensemble de la région Afrique et Arabie, mais sur le plan géologique aussi (une véritable mer de sel occupait tout le fond du golfe), sur le plan botanique (le plateau du Dai possédait grâce à son altitude une flore quasi méditerranéenne avec, à son pied, un environnement tropical désertique), et sur le plan préhistorique (depuis les sites acheuléens de centaines de milliers d'années qui étaient légion, aux massifs rocheux couverts de rupestres d'une dizaine de milliers d'années, on aurait tendance à dire seulement !).

Après Djibouti, je n'oublie pas l'Éthiopie, ce grand pays si séduisant et si particulier, sur son perchoir à 3 000 mètres au-dessus du reste de l'Afrique, pays où j'ai passé onze années. Mes expéditions dans la basse vallée de l'Omo (province du Gemu-Goffa) et dans la moyenne vallée de l'Awash (province du Wollo), décrites précédemment, m'ont déjà permis de présenter ce pays, ou du moins quelques-unes des régions les plus riches de son passé prestigieux. J'y ai mené ces travaux à l'époque du règne du légendaire Négus, l'empereur Haïlé Sélassié Ier, que j'ai bien connu, et qui avait « placé » mes recherches sous l'autorité du ministre de la Chronique impériale, et non sous celle de l'Éducation. Il m'avait donné en 1973 sa médaille d'or, avec ce commentaire en « français » : « Tenez, je vous offre ce petit cadeau. » C'était très informel, très peu protocolaire, très filial même, au point que je n'ai réalisé la dimension de son geste qu'en lisant, le lendemain, la presse. Il s'agissait d'une remise officielle !

Malgré le poids de l'Omo et de l'Afar, je voudrais, avant de quitter ce que l'on appelait joliment l'Abyssinie, dire quelques mots du site de Melka Kunturé, dans la haute vallée de l'Awash, à 50 kilomètres seulement d'Addis-Abeba. Ce gué a en effet été fréquenté par les hommes préhistoriques, d'*habilis* à *sapiens*, de manière quasi continue depuis 1,5 million d'années, peut-être 1,8 million d'années même. Et ces hommes ont laissé, sur ses rivages en terrasses emboîtées, des restes d'habitats, d'ateliers, de « boucheries », qui permettent d'en suivre l'évolution anatomique (un peu), celle de leurs équipements (beaucoup) et, dans une certaine mesure, celle de leurs comportements. Après un rapide travail réalisé par Gérard Bailloud, c'est Jean Chavaillon qui a remarquablement conduit la recherche sur ce site (avant de passer la main à des collègues italiens). Et Jean Chavaillon m'avait « pris » dans son équipe pour traiter de la paléoanthropologie. C'était inconsciemment un échange de bons procédés puisque j'avais « pris » Jean Chavaillon dans mon équipe de l'Omo pour la géologie et la préhistoire !

Dans un des chapitres suivants, nous reviendrons d'ailleurs sur ce site de Melka Kunturé et sur ses révélations, devenu presque aussi fameux qu'Olduvai en Tanzanie (13 kilomètres de gorge fréquentés par l'homme depuis 1,8 million d'années).

J'ai connu, très bien connu, le Kenya, des années durant, puisque c'était, comme je l'ai dit, la base de l'expédition de l'Omo en

Éthiopie (1967-1976). Après ma première visite en 1963 dont j'ai déjà parlé et qui m'a fait vivre à Nairobi en décembre, l'Uhuru, l'indépendance, mais permis aussi de visiter, avec Glynn Isaac, de très nombreux sites paléontologiques et archéologiques, j'y ai passé des mois à préparer mes expéditions et à mettre en ordre matériel, paye, comptabilité et rapports scientifiques à leur retour. J'y ai du coup beaucoup participé à la vie scientifique (et sociale) locale, à l'évolution du musée (d'abord Coryndon Museum puis National Museum), à la fondation du TILLMIAP (The International Louis Leakey Memorial Institute for African Prehistory), à l'organisation de conférences, de colloques (dont le panafricain de 1967), de *think tanks*, avec toujours les mêmes compagnons, Richard Leakey, Glynn Isaac, Bernard Wood, Michael Day, Alan Walker, Bill Bishop, etc., et puis toute la relève kényane (Allan Ogot), et rendu visite à bien des collègues sur le terrain (dont évidemment Richard Leakey, qui était alors installé à Koobi Fora, à l'est du lac Turkana).

Vingt-cinq ans plus tard, en 2000, Brigitte Senut, élève puis collègue, professeur au Muséum national d'histoire naturelle de Paris, m'offrit de cosigner l'annonce de la découverte d'un préhumain nouveau, kényan celui-là, et sa dénomination, *Orrorin tugenensis*, vieux de 6 millions d'années. Avec Martin Pickford, elle l'avait recueilli dans des niveaux miocènes dans les environs du lac Baringo.

J'ai aussi travaillé en Tanzanie, sur les fameux chantiers d'Olduvai, sous l'autorité de la très brillante et très attachante personnalité de Louis Leakey, paléontologue, qui m'a appris beaucoup (école britannique). Je le respectais profondément et il m'avait un peu « adopté », au point qu'à sa mort sa femme, Mary Leakey, tout aussi brillante préhistorienne, à l'esprit très vif et plein d'humour, me demanda un jour, sous la grande tente-mess installée à demeure dans cette longue gorge, de prendre à table la place de Louis ! C'était en 1972, après une dure journée de terrain, pour le dîner (une douzaine de chercheurs), « *Yves, would you mind to take Louis' seat ?* », suprême honneur mais qui n'est pas de tout repos, lorsqu'on connaît la rigueur des règles britanniques de la table et des devoirs du *Head of the Table* (même en brousse) ! J'en ai été touché et très fier, et me suis efforcé d'être à peu près à la hauteur ! Je suis allé la première fois à Olduvai avec Louis, en 4 × 4, depuis Nairobi, c'était en 1963. Et puis j'y ai fait une dizaine de séjours, le dernier en 2013, cinquante ans après mais ce n'était pas une commémoration !

Je me suis offert le luxe d'aller au Soudan à bien des reprises. Je devrais dire aux Soudans : au Soudan du Nord – j'adorais Khartoum sur le Nil, ses filles aux longues robes colorées et, dans un tout autre registre, ses généreux jus de fruits glacés (il y fait très chaud) et j'ai même traversé un beau jour, pour le plaisir, le désert du Darfour, de Khartoum à El Fasher, pour rejoindre le Tchad ; au Soudan du Sud, je suis aussi souvent allé parce que c'était, sur 100 à 200 kilomètres, mon passage obligé, quand le fleuve Omo et le nord du lac Turkana débordaient.

Je n'ai pas manqué non plus Mogadiscio, aux allures encore très coloniales, désuètes mais pleines de poésie, mais n'ai que peu séjourné en Somalie.

En descendant vers le sud, j'ai visité Maputo (Mozambique) en 1998, Salisbury, aujourd'hui Harare, ancienne Rhodésie du Sud, le pays du cuivre (aujourd'hui Zimbabwe) en 1963 et bien sûr la somptueuse Afrique du Sud, très britannique mais aussi très afrikaans (la guerre des Boers est oubliée), et en majorité zouloue dans les régions des capitales. J'y étais en 1963, puis n'ai cessé de m'y rendre pour fouiller, étudier des collections, participer à des congrès, à de films, à des programmes pédagogiques, donner des conférences, siéger dans des jurys de thèse (Pretoria, Johannesbourg, Le Cap), en tout peut-être quinze fois ; la dernière en date en 2009.

Je connais Windhoek (Namibie) (j'ai même été « mêlé » à la description d'un crâne d'un vieil *Homo sapiens* découvert sur une table où il servait de bougeoir !) ; je connais Luanda (Angola) ; j'ai séjourné au Congo-Léo (devenu Zaïre, puis République démocratique du Congo), en Urundi (pas encore Burundi) à Usumbura (pas encore Bujumbura) ; et j'en arrive aux anciennes AEF et AOF : je connais le Gabon (un peu), le Congo-Brazza (beaucoup), le Cameroun (pas mal), l'Oubangui-Chari (devenu République centrafricaine) (un peu) et le Tchad dont j'ai déjà parlé. À l'ouest, j'ai connu le Niger (un peu), la Côte d'Ivoire (un peu plus, j'y ai longuement visité les amas coquilliers des lagunes), le Sénégal (énormément), mais aussi le Nigeria (un peu) – j'habitais à Ifé dont on connaît les merveilleuses sculptures en terre et puis Ibadan.

J'ai visité les îles de l'océan Indien, Zanzibar (Tanzanie), les Comores (j'étais à Moroni à une époque pour le moins « trouble » sous l'autorité de Bob Denard, l'incroyable mercenaire garagiste de Bordeaux), la Comore française, Mayotte, la Grande Île, Madagascar, si particulière, toujours aussi luxuriante et diverse, la Réunion, ses plages et ses « hauts », y compris sa petite bouche méchante que je suis allé voir en hélicoptère un de ses jours de colère, et Maurice la douce, où j'ai découvert entre deux cascades, un niveau de flore de 3 millions d'années, probablement l'année de la naissance de l'île, c'est-à-dire de son émersion. Et à l'ouest, dans l'Atlantique, les Canaries qui sont espagnoles mais tellement africaines et les îles du Cap-Vert où l'on passerait une vie.

*

Y. Coppens, « *Homo habilis* et les nouvelles découvertes d'Oldoway (ou la genèse anglaise de l'humanité) », *Bull. Soc. préhist. fr.*, C. R. S. M. , octobre 1964, n° 7, p. CLXXI-CLXXVI.

Y. Coppens, « Une nouvelle espèce de Suidé de Villafranchien de Tunisie, Nyanzachoerus jaegeri nov. sp. », *C. R. Acad. sci. Paris,* 1971, t. 272, p. 3264-3267, 2 pl.

Y. Coppens, « Les vertébrés villafranchiens de Tunisie : gisements nouveaux, signification », *C. R. Acad. sci. Paris*, 1971, t. 273, p. 51-54, 2 pl.

Y. Coppens, « Koobi Fora Research Project. Volume 4 : Hominid cranial remains. Bernard Wood », *American Anthropologist*, 1993, 95, p. 1020-1021.

Y. Coppens, « Préface », in B. Senut, M. Pickford (dir.), *Geology and Palaeobiology of the Albertine Rift Valley, Uganda-Zaire, Palaeobiology-Paléobiologie*, Centre international pour la formation et les échanges géologiques, publication occasionnelle, 1994, 29, vol. 11, p. 3.

Y. Coppens, « Préface », in M. Pickford, B. Senut (dir.), *Géologie et paléobiologie du désert du Namib, Afrique du Sud-Ouest*, vol. 1 : *Geology and History of Study*, Geological Survey of Namibia, mémoire 18, 1999, p. VI-VII.

Y. Coppens, « Préface », in J.-P. Raynal, F.-Z. Sbihi-Alaoui, A. El Hajraoui (dir.), *Maroc, terre d'origines*, Archéo-Logis/CDERAD, 1999, p. 5-6.

Y. Coppens, « Préface », in M. Pickford, B. Senut (dir.), *Geology and Palaebiology of the Central and Southern Namib*, vol. 2 : *Palaeontology of the orange River Valley*, Namibia, Geological Survey of Namibia, 2003, mémoire 19, p. II-III.

Y. Coppens, « Préface », in Martin Pickford et B. Senut (dir.), *Geology and Palaeobiology of the northern Sperrgebiet, Namibia*, Geological Survey of Namibia, 2008, mémoire 20.

Y. Coppens, « Préface », in M. Pickford, B. Senut, K. Cheboi (dir.), *The Geology and Palaeobiology of the Tugen Hills, Kenya. Rift Tectonics, Basin Formation, Volcanics and Sedimentation. Geo-Pal Kenya*, Egerton University, 2009, n° 1, p. 2-3.

Y. Coppens, « Préface », in F. Soleilhavoup, *Érotisme et sexualité dans l'art rupestre du Sahara préhistorique*, L'Harmattan, 2013, p. 229-230.

Y. Coppens, R. Gouzes, A. Le Floc'h, M. Paquet, « Découverte d'un gisement de vertébrés fossiles avec industrie acheuléenne près de Zouérate en Mauritanie », *Actes du VIe Congrès panafricain de préhistoire et d'études du quaternaire, Dakar, 2-8 décembre 1967*, Les Imprimeries Réunies de Chambéry, 1972, p. 457-461, 2 pl., 2 fig.

Y. Coppens, M. Gaudant, « Découverte d'*Elephas iolensis Pomel* dans le Tyrrhénien de Tunisie », *Bull. Soc. géol. France*, 1976, t. XVIII (7), n° 1, p. 171-177, 2 tabl., 3 pl.

Y. Coppens, E. Strouhal (dir.), « Actes du Ier Colloque international d'anthropologie physique des Anciens Égyptiens », *Bull et mém. Soc. anthrop. Paris*, 1982.

J. Chavaillon, C. Guérin, J.-L. Boisaubert, Y. Coppens, « Découverte d'un site de dépeçage à *Elephas recki* en République de Djibouti », *C. R. Acad. sci. Paris*, 1986, série II, t. 302 (5), p. 243-246.

L. Ginsburg, Y. Coppens, « Afrique », in J. Piveteau, *Traité de paléontologie*, t. VI, vol. 1 : *Mammifères, origine reptilienne, évolution. Principaux gisements de mammifères*, Masson, 1961, p. 496-498, 1 fig.

P. S. Jeddi, M. Pickford, P. Tassy, Y. Coppens, « Découvertes de mammifères dans le tertiaire de Tunisie centrale : leurs implications biostratigraphiques et paléogéographiques », *C. R. Acad. sci. Paris*, 1991, série II, t. 312, p. 543-548.

M. Pickford, Y. Coppens, B. Senut, J. Morales, J. Braga, « Late Miocene hominid from Niger », *C. R. Palevol*, 2009, 8, p. 413-425.

B. Senut, M. Pickford, J. Braga, D Marais, Y. Coppens, « Découverte d'un *Homo sapiens* archaïque à Oranjemund, Namibie », *C. R. Acad. sci. Paris*, 2000, t. 330, p. 813-819.

B. Senut, M. Pickford, D. Gommery, P. Mein, K. Cheboi, Y. Coppens, « First Hominid from the Miocene (Lukeino formation, Kenya) », *C. R. Acad. sci. Paris*, 2001, t. 332, p. 137-144 (première annonce de la découverte d'un hominidé nouveau, Orrorin tugenensis).

H. Thomas, Y. Coppens, C. Thibault, M. Weidmann, « Découverte de vertébrés fossiles dans le pléistocène inférieur de la République de Djibouti », *C. R. Acad. sci. Paris*, 1984, série II, t. 299, p. 43-48.

CHAPITRE 5

Un bouquet[1] de quelques petites idées

« Il faut beaucoup d'imagination pour être rigoureux. »

André LEROI-GOURHAN.

1. Dans la description des phylogénies (généalogies des espèces), j'ai toujours parlé de « bouquet », plus aéré, plus élégant et plus compréhensible que « buisson » qui fait touffu et confus.

La paléontologie prend beaucoup de temps. Il faut en effet être en possession de fossiles pour pouvoir procéder à leur étude !

Il convient donc, au départ, de se rendre sur le « terrain », un terrain que l'on a choisi, avec une hypothèse de travail en tête, ou un terrain qui vous appelle parce que des fossiles viennent d'y être découverts. Il faut aussi pouvoir disposer de toute la logistique adéquate pour s'y rendre et y séjourner. Quand c'est dans le Val de Seine, ce n'est pas trop compliqué. Quand c'est en terre lointaine, à l'écart de tout approvisionnement, parfois de toute voie d'accès, c'est souvent plus compliqué. J'ai eu de la chance (je pense que c'en est une) d'avoir toujours mes « chantiers » dans les régions les plus isolées qui soient (la basse vallée de l'Omo, l'Afar éthiopien, le Djourab ou le Tibesti, la Sibérie ou le Kamtchatka).

Une fois que vous y êtes, avec équipe et équipement, il faut bien sûr commencer par le commencement, c'est-à-dire étudier le contenant : la géologie, ses dépôts, ses discordances, ses failles, ses lacunes, ses affleurements, puis passer à la prospection pour en repérer le contenu, quand il est repérable, sinon chercher comment l'atteindre. Et puis commence l'aventure scientifique. On recueille les « objets » après les avoir situés dans leur contexte et dans leurs rapports avec les éventuels objets voisins (taphonomie) ; il peut s'en déduire de précieuses informations sur les conditions des dépôts et sur l'environnement de l'époque du fossile (d'où l'immense intérêt de la recherche sur le terrain). Mais recueillir un crâne d'éléphant par exemple, ne l'oublions pas, c'est le dégager soigneusement, le plâtrer, le retourner, et, après l'avoir toiletté, lui plâtrer à nouveau l'autre face, pour assurer son transport sans casse ; c'est, autrement dit, beaucoup de patience, d'habileté et de temps (l'extraction d'un crâne de mammouth, *Mammuthus subplanifrons*, contemporain et voisin de Lucy, m'a pris un bon mois ; c'était en 1975). Et ces fossiles, emportés comme on peut, jusqu'à un laboratoire, doivent subir encore bien des nettoyages et des préparations (dégagement de ce qui reste de l'emballage sédimentaire) avant d'en arriver à leur examen, dehors et dedans, leur détermination, leur interprétation, les éventuelles hypothèses nouvelles qu'ils permettent.

C'est là que je voulais en venir. Ces fossiles m'ont en effet permis, modestement, après la récolte de tonnes d'ossements, de bois, de coquilles fossiles, de proposer quelques idées sur ce qu'ils représentent, ce qu'ils semblent suggérer, ce qu'ils révèlent tout à coup de nouveau. La science, c'est la description du monde, or le monde est compliqué, la science est donc compliquée mais, pour avancer dans sa compréhension, il faut oser des interprétations, des anticipations, des spéculations bien au-delà des données, quitte à les abandonner pour en proposer d'autres, si elles sont infirmées.

L'un de mes étudiants (argentins), Fernando Ramirez Rozzi, devenu spécialiste de la microstructure de l'émail dentaire, disait, à sa soutenance de HDR, qu'il avait soudain compris quel luxe représentait le fait d'avoir à étudier des fossiles tout frais « pondus » sur sa table de travail et qu'il n'avait pris conscience que tard de tout le travail administratif, matériel, sportif, scientifique, intellectuel, qu'il avait fallu fournir pour collecter ces objets et les réunir pour des recherches confortables.

J'ai retenu trois idées pour ce premier bouquet : la première concerne l'origine de la sous-famille des hominidés, les homininés ; la deuxième celle du genre humain ; la troisième, l'émergence de la liberté.

Un jour de l'automne 1981, je reçus une invitation pour participer à l'Unesco à un colloque de commémoration du centième anniversaire de la naissance du père Pierre Teilhard de Chardin. J'acceptai et proposai une communication sur l'œuvre scientifique du père Teilhard. Je fis mon exposé le jour dit et fus attendu au pied de la tribune par un monsieur très distingué, qui se présenta (mais je n'ai pas retenu son nom à l'époque), me félicita et me demanda à brûle-pourpoint : « Si vous aviez un colloque à organiser sur vos disciplines, celles que vous partagiez avec Teilhard, quel sujet d'actualité, de débat en cours, choisiriez-vous ? » Après une rapide réflexion, je lui dis : « Volontiers une rencontre entre paléontologues et molécularistes pour que nous mettions nos pendules à la même heure ; en ce moment, en effet, les paléontologues ont, pour l'origine et l'évolution de l'Homme, une chronologie longue ; les molécularistes, au contraire, considèrent que cette même chronologie est beaucoup plus courte ; les travaux des uns n'ayant aucune raison d'être meilleurs que les travaux des autres, il y a sûrement une "entente" à trouver. » Apparemment satisfait, ce gentil monsieur prit un bout de papier dans sa serviette et me dit : « Qui inviteriez-vous ? » J'étais un peu interloqué et lui ai aligné une demi-douzaine de noms des deux bords ; il les nota, me remercia et prit congé.

Quelques mois plus tard, au début de l'année 1982 sans doute, je reçus une lettre de l'Académie pontificale des sciences (dont j'ignorais je dois dire l'existence, mais dont je suis devenu membre depuis), lettre signée du président, le professeur Carlos Chagas, me disant, en substance : « Votre colloque est prêt ! Il se tiendra du 24 au 27 mai au Vatican et y seront présentes les personnes que vous avez eu l'amabilité de me citer. » Et c'est ainsi qu'eut lieu à Rome, sous le titre *Recent Advances in the Evolution of Primates*, titre plus large que celui que j'avais laissé pressentir, la confrontation suggérée à l'improviste, sur un coin de pupitre d'une salle de l'Unesco (la salle 2), un beau jour d'automne à Paris. Nous entrâmes en session dans un superbe pavillon dit de Pie IV, du XVIe siècle, nous les paléontologues avec l'idée que les ancêtres immédiats de l'homme avaient une quinzaine de millions d'années et venaient de la vaste ceinture intertropicale africano-asiatique et eux les molécularistes, avec la conviction que cette même origine était à rechercher seulement en Afrique et pas au-delà de 3 millions d'années. Nous siégeâmes une semaine et sortîmes de notre « conclave », « heureux comme des papes », avec un accord sur une origine entre 7 et 8 millions d'années, sous les tropiques d'Afrique seulement.

Notre idée, à nous paléontologues, de prendre en compte l'ensemble des tropiques d'Afrique et d'Asie venait du fait que David Pilbeam et Elwyn Simons avaient « réhabilité », depuis vingt ans, les genres *Ramapithecus* et *Sivapithecus* (l'un étant d'ailleurs peut-être la femelle de l'autre), découverts depuis longtemps en Inde et au Pakistan, en les considérant comme pouvant représenter l'origine des hominidés ou même les premiers préhumains[1]. Or, durant ce colloque, le paléontologue David Pilbeam lui-même avait présenté, pour la première fois, une face de *Ramapithecus-Sivapithecus* tout fraîchement découverte et qu'il estimait tellement proche morphologiquement de celle des orangs-outans, qu'il nous avait déclaré considérer désormais *Ramapithecus-Sivapithecus* comme l'ancêtre de ce grand singe actuel (*Pongo*). Lors du même colloque, le moléculariste Jerold Lowenstein avait, de son côté, raconté qu'il avait broyé des dents de *Ramapithecus-Sivapithecus*, injecté la poudre obtenue à un lapin, et que ledit lapin avait réagi probablement au collagène encore actif des dents en question et fabriqué des anticorps. Lowenstein avait ensuite testé ces anticorps vis-à-vis d'antigènes d'humains, de chimpanzés, de gorilles et d'orangs-outans et c'est avec ces derniers qu'il avait obtenu le meilleur résultat.

1. La famille des hominidés se divise en deux sous-familles : les homininés (préhumains et humains) et les paninés (préchimpanzés et chimpanzés).

Cette double condamnation de *Ramapithecus-Sivapithecus* nous avait ainsi obligés à réduire nos prétentions dans l'espace (des tropiques de l'Afrique et de l'Asie à ceux de l'Afrique seulement), mais les molécularistes avaient, de leur côté, revu à la hausse l'âge de la probable dichotomie paninés-homininés. Le problème se présentait donc désormais ainsi : il fallait raisonner en termes d'Afrique seulement et de 7 à 8 millions d'années au moins.

L'avant-dernier jour, à l'hôtel, la Domus Sanctae Marthae, Vatican oblige, réfléchissant à nos discussions et nos conclusions, j'avais regardé d'un peu plus près que d'habitude une carte d'Afrique et elle m'avait tout de suite frappé.

Les paninés et les homininés avaient évidemment des ancêtres communs, or on venait d'apprendre qu'ils se trouvaient, là, en Afrique tropicale, et là seulement, dans un milieu forcément forestier étant donné leur anatomie supposée. Les paléontologues qui avaient travaillé sur l'Afrique miocène avaient décrit la forêt équatoriale comme un milieu couvert, dense et continu d'un océan (Atlantique) à l'autre (Indien). Or on savait que la première cassure de la vallée du Rift était certes très ancienne, mais qu'elle avait été réactivée vers 8 millions d'années ! Et cette faille, c'était certes un trou de 6 000 kilomètres du sud au nord et par suite un chapelet de lacs, mais c'était aussi une muraille soulevant la lèvre occidentale du trou sur 1 700 kilomètres et jusqu'à plusieurs milliers de mètres d'altitude.

Cette orogenèse, ajoutée au soulèvement de l'Afrique orientale (Éthiopie, Kenya), avait évidemment entraîné une répartition différente des précipitations et une circulation différente des masses d'air. Les pluies venues de l'Atlantique continuaient d'arroser l'ouest de la faille mais moins l'est. Et le système des moussons rebondissant sur la muraille de la Rift et sur les hauteurs, elles aussi nouvelles, de l'Himalaya, avait entraîné à l'est un climat aux saisons très tranchées. Sécheresse et saisonnalité avaient fait de l'Est africain, de la muraille du Rift à l'océan Indien, un pays et un paysage de plus en plus sec. Or nous venions de fouiller vingt ans cet Est africain et d'y recueillir des milliers de restes de préhumains et d'humains anciens mais pas le moindre chicot, pas le moindre bout d'os de préchimpanzés ou de chimpanzés anciens[1]. Par ailleurs, les chimpanzés actuels (faute de préchimpanzés ou de chimpanzés anciens que l'on ne connaît pas encore) étaient tous dans la forêt, de l'autre côté de la fameuse Rift Valley.

La conclusion s'imposait : les ancêtres communs des préchimpanzés-chimpanzés-préhumains-humains étaient partout, mais leurs descendants, par suite de tous ces caprices géophysiques et consécutivement environnementaux, s'étaient retrouvés par hasard, les uns dans un milieu couvert, les autres dans un milieu de plus en plus découvert. Les premiers s'étaient de mieux en mieux adaptés à la forêt ; les seconds à la savane et à la prairie (avais-je dit) ; les premiers étaient évidemment les paninés, les seconds, les homininés. Ébloui par cette évidence, sans être vraiment dupe d'une solution aussi simple, j'en fis part le lendemain à mes collègues, et cette réflexion apparaît évidemment à la fin de mon texte, prononcé en 1982 et publié en 1983. Comme j'allais enseigner l'année suivante à New York, j'ai trouvé amusant d'appeler cette hypothèse l'« East Side Story ».

Un collègue hollandais, Adriaan Kortlandt, avait dès 1972 attiré l'attention sur cette séparation est-ouest entre chimpanzés et hominidés que créait la Rift Valley, mais il n'en avait pas la démonstration, n'ayant alors pas les fossiles ou, quand il en avait, il n'en avait pas la détermination. Pour expliquer l'absence des chimpanzés à l'est, il avait par ailleurs proposé que, comme les chimpanzés ne nagent pas, c'était la chaîne des lacs de la Rift qui les avait arrêtés. En fait, il est simple de répondre qu'il y avait

1. J'appelais la Rift Valley la « ligne de partage des os » !

suffisamment de place entre les lacs pour passer d'ouest en est s'ils l'avaient souhaité ! L'explication était pour moi ce qu'on appelle l'*habitat theory* (à tort parce que ce n'est pas une théorie) et qui fait le constat que les animaux inféodés à un habitat n'en sortent pas, mais peuvent par contre étendre leur zone d'occupation si l'habitat grandit ou la réduire si l'habitat rétrécit. Les chimpanzés n'avaient ainsi rien à faire en terrain découvert. Ils ne se posaient pas de question !

Et puis les découvertes incontestables de Michel Brunet, à l'ouest de la Rift (au Tchad) en 1994 d'abord (*Australopithecus bahrelghazali* de 3,5 millions d'années), puis en 2001 (*Sahelanthropus tchadensis* de 7 millions d'années), ont retiré l'exclusivité orientale à mon hypothèse. J'acceptai d'ailleurs volontiers les conséquences de ces découvertes et cosignai, à la demande et grâce à la courtoisie de Michel Brunet, comme je l'ai déjà dit précédemment, l'annonce de la découverte et la dénomination des deux hominidés nouveaux.

L'East Side s'effaçait, mais la « Story » demeurait ! Les ancêtres communs (que je place aujourd'hui plus généreusement vers 10 millions d'années) n'en étaient pas moins tropicaux, africains et forestiers et leurs descendants ne s'en trouvaient pas moins, par hasard, les uns dans un milieu de forêt dense, les autres dans un milieu dit mosaïque de forêt claire et de prairie. On me fit un mauvais procès, en jouant sur le fait que le côté où se développèrent les homininés était moins sec que je l'avais prétendu et que, au lieu d'être de la savane, c'était de la forêt claire ! En fait, l'histoire restait la même : les homininés s'étaient mis debout (en permanence) pour s'adapter à un changement climatique, à un assèchement du paysage, les obligeant à se nourrir à la fois dans les arbres (fruits) et au sol (tubercules), ce qui était nouveau, et du même coup à continuer à pratiquer l'arboricolisme tout en innovant la bipédie (permanente).

De nombreuses analyses d'émail d'herbivores de ces régions, âgés de 9 à 10 millions d'années, montrent déjà l'apparition de plantes dites en C4 (herbacées de milieu relativement sec), donc d'espaces découverts aux côtés de ceux demeurés forestiers. Et un jeune collègue paléontologue Jean-Renaud Boisserie, spécialiste entre autres des hippopotamidés, vient de situer l'apparition des formes « actuelles » de cette famille vers 8 millions d'années, corrélée avec l'expansion des herbes (ce qu'il appelle l'événement hippopotaminé, EH). Ceci confirme cela !

Le changement climatique de cette fin du miocène est bien à l'origine du développement de zones plus ouvertes aux côtés de zones plus couvertes et, par suite, à l'origine de l'émergence des homininés et de leur curieuse réponse adaptative : le redressement permanent de leur corps.

Détail amusant qui n'étonnera aucun scientifique : j'ai fait état de cet assèchement en 1982 (publié en 1983), personne n'en a parlé nulle part, et puis le directeur américain de la revue *Scientific American* a fait, dans les années 1987-1988, une tournée en Europe pour rencontrer des scientifiques et chercher des sujets originaux susceptibles d'être retenus pour sa revue ; mon East Side Story l'a amusé. Elle a été publiée dans *Scientific American* en 1991 et l'hypothèse est devenue mondiale ! Ce n'est ni désagréable ni amer, c'est le constat de l'état d'esprit actuel des scientifiques et des journalistes scientifiques et, par suite, du public, dominé par la reconnaissance anglo-saxonne. Cette situation est bien connue ; tous les scientifiques de la terre s'y sont adaptés. Elle n'a pas toujours existé et ne sera pas éternelle.

J'ai développé une autre idée dans le chapitre « La Voie lactée », que j'ai appelée l'« (H)omo Event ». Rien ne me préparait évidemment à cette découverte et, comme souvent en science, c'est petit à petit que les données sont venues s'accumuler et qu'au bout du compte la conclusion s'est imposée ; ces données m'étaient apportées par les vertébrés représentés dans la faune recueillie, vertébrés qui évoluaient tous de manière « parallèle » et significative d'une adaptation à un climat humide à une adaptation à un climat sec. Les homininés, partie intégrante de l'écosystème, avaient subi, bien sûr, de la même manière ce changement climatique, et leur manière de s'y adapter avait été, d'une part, « physique » (australopithèques robustes) et, d'autre part, « intellectuelle » (l'homme). C'est une façon évidemment grossière de caricaturer la situation, pas évidente du tout dans les années 1970. Comme je l'ai dit, l'annonce de cette idée en 1975 n'a pas « fait mouche », et il a fallu de nombreux articles et de nombreuses démonstrations pour commencer à convaincre.

Je ne pouvais guère être totalement compris, car cette émergence de l'homme, pur fruit, donc, d'une situation naturelle d'une adaptation à la sécheresse, s'était faite aux alentours de 3 millions d'années (peut-être un peu après), ce que je pouvais voir dans les dépôts de l'Omo où la séquence de 2 à 3 millions d'années était très bien représentée. Or les autres grands gisements exploités à cette époque étaient ceux d'Olduvai en Tanzanie, dont le plus vieux niveau ne dépassait pas 1,8 million d'années, l'Afar en Éthiopie, où je travaillais aussi et où le plus jeune niveau (à part une couche plus récente en discordance sur la séquence pliocène) atteignait à peine 3 millions d'années, et Koobi Fora (Est-Turkana, au Kenya), qui avait précisément une lacune stratigraphique entre 2 et 3 millions d'années ! De plus en plus sûr de moi, je décidai d'organiser à Paris un colloque international sur cette question de la corrélation entre l'évolution de l'environnement et l'évolution des hominidés. Il eut lieu en juin 1981, réunit dix-neuf collègues et fut publié en 1985 sous le titre *L'Environnement des hominidés au plio-pléistocène*, ouvrage de 468 pages. Il déclencha une prise de conscience telle que mon « (H)Omo Event » s'envola sous d'autres noms, sous d'autres plumes, sous d'autres cieux, sans aucune référence à cette réunion de Paris, ce qui en souligne l'intérêt !

Aujourd'hui, Jean-Renaud Boisserie, qui dirige la nouvelle expédition de l'Omo, a confirmé la dichotomie (hominidés robustes et hominidés graciles) dans la tranche sédimentaire comprise entre 3,2 et 2,5 millions d'années, avec une transition très nette vers 2,8 millions d'années (enrichissement des plantes en C4).

Sans énumérer toutes les confirmations de mon « (H)omo Event », citons les plus récentes : la découverte, en Afar éthiopien (2016), d'une mandibule attribuée au genre *Homo* et datée de 2,8 millions d'années (Leidy), et la datation de ce changement de climat et, par suite, de faunes à l'origine du genre humain, entre 2,8 millions et 2,5 millions d'années, à Laetoli, en Tanzanie (2017).

Les hominidés confrontés à ce changement climatique vont d'ailleurs faire preuve d'une belle « imagination » (c'est un merveilleux exemple de diversité humaine, simple cas de diversité biologique) et proposer cinq parades à la sécheresse, en jouant sur la stature pour une dissuasion physique face à la dent du prédateur, sur une alimentation nouvelle et l'équipement pour la consommer, sur une locomotion « améliorée » et la mécanique adéquate pour la rendre plus efficace et sur un cerveau plus performant (dissuasion intellectuelle) pour « réfléchir à tout ça ».

Voici les cinq parades de notre famille. La première se nomme *Australopithecus garhi* et n'est connue que de l'Afar (nord-est de l'Éthiopie), niche écologique sans doute un peu particulière ou géographiquement suffisamment séparée des autres pour avoir entraîné cette dérive génétique ; cet australopithèque-là a un gros crâne mais un petit cerveau. La deuxième est une filiation de puissants hominidés, *Paranthropus aethiopicus-Paranthropus boisei,* dans le reste de l'Afrique de l'Est (sud de l'Éthiopie, Kenya, Tanzanie, Malawi) ; ces « cousins » vont en effet développer une denture spectaculaire, avec bien sûr la musculature qui va avec, mais un petit cerveau. La troisième est une forme comparable mais pas semblable d'Afrique du Sud, *Paranthropus robustus,* au développement physique et dentaire parallèle, mais avec un petit cerveau. La quatrième est une filiation beaucoup plus gracile, *Australopithecus africanus-Australopithecus sediba,* en Afrique du Sud, un homininé qui va améliorer sa marche et sa course tout en restant grimpeur, mais avec un petit cerveau. La cinquième est une forme petite, ne grimpant plus, marchant et courant beaucoup mieux, à denture d'omnivore et cerveau plus volumineux, plus développé, plus compliqué, mieux irrigué, en Afrique de l'Est : c'est l'homme, le genre *Homo*, le genre humain.

Cette broderie de la nature – qu'on appelle vicariance – autour du thème de l'adaptation au changement climatique est tout à fait exemplaire ; son obsession est de sauver l'espèce, les espèces, la famille et de faire avec ce que l'on a (la petite valise génétique de base), en y ajoutant la sélection de quelques mutations nouvelles et en privilégiant une fonction locomotrice ou une autre, un comportement alimentaire ou un autre, un organe ou un autre. Le genre humain s'est ainsi distingué par sa « grosse tête » – simplement parce que son choix pour survivre a été de mieux réfléchir pour trouver des stratégies pour échapper, dans des terrains très découverts, aux prédateurs –, sa nouvelle denture et sa nouvelle respiration.

C'est tout !

Un autre constat m'a intrigué. C'était à Melka Kunturé. J'y étais le paléoanthropologue, comme je l'ai déjà dit. Or, si les restes d'hominidés y étaient malheureusement rares, il y en avait à chaque grand niveau culturel, assez pour leur attribuer une détermination spécifique fiable. Les outillages, étudiés par Jean Chavaillon qui dirigeait la mission, étaient au contraire extrêmement abondants et permettaient une grande finesse de « classement » chronologique. M'intéressant du coup à « qui a fait quoi ? », j'ai été étonné par le résultat suivant :

- une espèce du genre *Homo*, disons A, se trouvait associée à un outillage A (AA) ;

– et puis au-dessus, une espèce B était encore associée à un outillage A (BA) ;
– et puis l'espèce d'hominidé B était enfin associée à l'outillage B (BB) ;
– l'espèce humaine suivante était la C, mais elle continuait à fabriquer l'outillage B (CB).

Au-dessus, l'espèce humaine C était « rejointe » par l'outillage C, puis l'espèce C était bientôt accompagnée d'un outillage plus évolué D et la même espèce C se mettait à fabriquer l'outillage E, etc. (CC, CD, CE, etc.).

Il était facile de voir qu'au cours de l'évolution humaine et de l'évolution des cultures que fabriquaient ces espèces humaines, on constatait à un certain stade une inversion. Comment l'expliquer ?

À partir du grand événement de l'(H)Omo, il y a donc environ 3 millions d'années, le genre *Homo* devenu plus conscient que ses prédécesseurs, s'est mis à savoir qu'il savait, c'est-à-dire à anticiper les choses, c'est-à-dire à fabriquer pour la première fois des outils très élaborés pour une utilisation précise dans un certain avenir. C'est alors qu'est apparu ce fameux environnement culturel (représenté par les outils) au sein de l'environnement naturel. Mais cette émergence a été apparemment discrète, presque secrète, insidieuse, pendant longtemps. Cela s'est traduit par le fait que, pendant les premiers temps, l'évolution naturelle de l'homme a continué sur sa lancée, tandis que l'évolution culturelle progressait beaucoup plus lentement, décalée par rapport à la biologique.

Et puis cette évolution culturelle a fini par atteindre « sournoisement » le niveau de développement de l'évolution biologique et puis l'a très vite dépassé, au point de s'envoler et de le « clouer » sur place ! C'est précisément ce qui se passe encore actuellement : l'évolution culturelle réagit beaucoup plus vite que la naturelle à toute sollicitation du milieu.

Ce fait d'inversion des vitesses respectives de l'évolution biologique et de l'évolution culturelle, que j'ai appelé le « Reverse Point », peut être très approximativement situé il y a 100 000 ans seulement, sur une histoire qui en a trente fois plus ! Ce point d'inversion signifie évidemment la victoire de l'acquis sur l'inné, l'épanouissement du nouveau paradoxe définissant le genre humain, une liberté de plus en plus grande mais une responsabilité qui l'accompagne partout et une obsession nouvelle, celle de la préservation de la personne qui vient s'ajouter à celle de la conservation de l'espèce.

*

Y. Coppens, « Evolution of the Hominids and of their environment during the Plio-Pleistocene in the lower Omo Valley, Ethiopia », in W. W. Bishop, *Geological Background to Fossil Man*, Scottish Academic Press, 1978, p. 499-506.

Y. Coppens, « Les plus anciens hominidés », in Carlos Chagas (dir.), « Recent advances in the evolution of Primates, 24-27 mai 1982, Rome », *Pontificiae Academiae Scientiarium Scripta Varia*, 1983, p. 1-9 (première mention de l'idée de l'East Side Story).

Y. Coppens, *Le Singe, l'Afrique et l'Homme*, Fayard, 1983 (prix Malherbe, 1984, prix Descartes, 1989) (première présentation de l'idée du point d'inversion).

Y. Coppens, « Hominid evolution and the evolution of environment », *Ossa*, 1989, 14, p. 157-163.

Y. Coppens, « L'originalité anatomique et fonctionnelle de la première bipédie », *Bull. Acad. nat. méd.*, 1991, 175 (7), p. 977-993.

Y. Coppens, « East Side Story : The origin of humankind », *Scientific American*, mai 1994, 270, n° 5, p. 88-95 ; *Pour la Science*, 1994, p. 64-71.

Y. Coppens, « Introduction » (Part I, Theory), in T. G. Bromage, F. Schrenk (dir.), *African Biogeography, Climate Change, and Human Evolution*, Oxford University Press, 1999, p. 13-18.

Y. Coppens, « The Hominids of Melka Kunture. Some general reflections », in J. Chavaillon, M. Piperno (dir.), *Studies on the Early Paleolithic site of Melka Kunture, Ethiopia. 1*, Istituto Italiano di Preistoria e Protostoria, 2004, p. 111-135.

Y. Coppens, « Préface », in B. Hirsch, B. Roussel (dir.), *Le Rift est-africain, une singularité plurielle*, IRD/MNHN, 2009, p. 9-12.

Y. Coppens, « Dos hipótesis, East Side Story y el evento (H)Omo, dos destinos », in M. Dominguez-Rordrigo, E. Baquedano (dir.), *La Cuna de la Humanidad. The Cradle of Humankind*, Burgos Museo arqueologico regional, Alcalá de Henares y Museo de la evolución humana, 2014, vol. 1, p. 68-79.

Y. Coppens, « La station debout : étrange adaptation permanente au premier environnement mosaïque », in H. de Lumley (dir.), *Sur le chemin de l'humanité*, CNRS/Académie pontificale des sciences, 2015, p. 19-29 et 42-57.

Y. Coppens, B. Senut (dir.), *Origine(s) de la bipédie chez les hominidés. Colloque international de la Fondation Singer-Polignac*, CNRS Éditions, « Cahiers de paléoanthropologie », 1991.

J. Chavaillon, C. Brahimi, Y. Coppens, « Première découverte d'hominidé dans l'un des sites acheuléens de Melka Kunturé (Éthiopie) », *C. R. Acad. sci. Paris*, 1974, t. 278, p. 3299-3302.

J. Chavaillon, Y. Coppens, « Découverte d'hominidé dans un site acheuléen de Melka Kunturé (Éthiopie) », *Bull. et mém. Soc. anthrop. Paris,* 1975, série XIII, 2, p. 125-128.

J. Chavaillon, N. Chavaillon, Y. Coppens, B. Senut, « Présence d'hominidé dans le site oldowayen de Gomboré I à Melka Kunturé, Éthiopie », *C. R. Acad. sci. Paris*, 1977, t. 285, p. 961-963.

J. Chavaillon, Y. Coppens, « Nouvelle découverte d'*Homo erectus* à Melka Kunturé (Éthiopie) », *C. R. Acad. sci. Paris*, 1986, série II, t. 303 (1), p. 99-104.

J. Chavaillon, F. Hours, Y. Coppens, « Découverte de restes humains fossiles associés à un outillage acheuléen final à Melka Kunturé (Éthiopie) », *C. R. Acad. sci. Paris*, 1987, série II, t. 304 (10), p. 539-542.

B. Villmoare, W. H. Kimbel, C. Seyoum, C. J. Campisano, E. N. DiMaggio, J. Rowan, D. R. Braun, J. R. Arrowsmith, K. E. Reed, « Early *Homo* at 2.8 Ma from Ledi-Geraru, Afar, Ethiopia », *Science,* 2015, 347, 6228, p. 1352-1355.

CHAPITRE 6

Mouillage

« Si un arc n'est bien raide bandé, il ne sera pas coup qui vaille. »

J'allais être opéré dans les minutes qui suivaient ; c'était à l'Hôpital européen Georges-Pompidou. J'étais déjà au bloc, nu, en attendant d'être un peu couvert et de recevoir l'injection féroce de l'anesthésiste, lorsque s'approcha de ma table de « découpe » une jeune infirmière tout emballée des pieds à la tête d'un tissu léger, vert ou bleu, je ne sais plus. Me reconnaissant soudain et connaissant visiblement mon passé de marin de tous les océans de la Terre (voileux puis paqueboteux), elle me chuchota surprise : « Oh, Yves Coppens ! À quai ? » Avant de sombrer sous la piqûre de la personne toute-puissante, j'eus juste le temps de lui répondre, faiblement : « Non ! au mouillage ! » Je ne l'ai jamais revue.

Rentré par nécessité après vingt années de terrain (Tchad en guerre de pouvoir, Mauritanie en guerre de territoire, Éthiopie et Érythrée en guerre d'indépendance), en attendant, bien sûr, de nouvelles occasions d'épanouir mon exotite, je mouillai donc à Paris et bandai mon arc.

Les trois chaires qui constituaient alors le musée de l'Homme – anthropologie, ethnologie, préhistoire – se disputaient un peu le pouvoir. Il y avait Robert Gessain (qui avait été patron de l'ensemble et n'était plus que directeur du tiers), Jean Guiart (directeur du plus grand des trois tiers, le laboratoire d'ethnologie aux multiples départements) et Lionel Balout (directeur du laboratoire de préhistoire, un autre tiers et qui, avait pris, peut-être de manière officielle mais ceci m'échappe, la direction des services communs). Comme les rouages grinçaient un peu, les trois

rois mages se réunirent et décidèrent de créer un nouveau poste, « coordinateur des services communs », pour les soulager et ne donner d'avantage à aucun des trois. Et ce poste, que j'appelais « plus grand coordinateur commun », me fut confié, alors que je n'étais encore que sous-directeur. C'était en 1979 !

Un peu plus tard en 1980, Robert Gessain (72 ans) prit sa retraite et sa chaire d'anthropologie (on disait déjà « fonction » pour des raisons démagogiques qui ont fait ainsi descendre les plus hauts et monter les plus bas) fut donc déclarée vacante ; je me présentai à sa succession et fus élu en mars 1980. Je devins ainsi professeur (de 1re classe[1] !) au Muséum national d'histoire naturelle, directeur du laboratoire d'anthropologie, mais n'en conservai pas moins la coordination des services communs. « J'étais super-professeur » – je n'ai pas dit professeur super ! La chaire d'anthropologie dont je bénéficiais désormais (c'était la première flèche de mon arc) était la descendante de la « démonstration d'anatomie et de chirurgie » confiée en 1635 au premier de mes dix-sept prédécesseurs, Marin Cureau de la Chambre. Adorant l'histoire et son « poids », j'en étais ravi et fier.

Et puis vint à moi, sans que j'y ai jamais pensé auparavant (je n'ai jamais eu de plan de carrière), une invitation « feutrée » de traverser à nouveau la Seine et d'accepter d'être présenté à une chaire au Collège de France (on n'est pas candidat au Collège, mais coopté). C'était sous l'impulsion de Jacques Ruffié, professeur d'anthropologie physique dans cette institution, et avec la complicité de Jean Dausset, François Jacob, Jean Leclant, etc. J'eus alors, dans la mesure où la proposition m'intéressait, à réfléchir à un intitulé de chaire. La cooptation d'un nouveau professeur

1. C'est à ce moment-là que les maîtres de conférences, ancien régime, ce que j'étais depuis 1969, devinrent tous professeurs (de 2e classe !) ; j'avais donc été professeur au Muséum national d'histoire naturelle de Paris, sans le savoir, depuis 1969. J'ai eu l'occasion de dire à la ministre, Alice Saunier-Séïté, que ses nouvelles catégories faisaient très chemins de fer !

au Collège de France se fait en effet en deux temps : l'assemblée des professeurs débat d'abord de la discipline nouvelle (ou pas) à introduire dans la Maison, sans mentionner celui (ou celle) qui se « cache » derrière ; et si l'entrée de cette discipline est acceptée (votée), alors, et seulement alors, on peut, dans un second temps, se présenter personnellement. Et cette candidature « avouée » est elle-même discutée et votée.

Cet appel me plut d'autant que le travail d'administration des services communs et de mon laboratoire du musée de l'Homme me pesait un peu. Un jour, d'ailleurs, un de mes deux collègues du musée de l'Homme, Jean Guiart, m'invitant au restaurant, me dit : « Vous avez l'air malheureux. » Et je me suis senti trois fois plus malheureux que je ne l'étais : gérer 250 personnes (ce qui pourtant n'est pas beaucoup), régler de nombreux petits conflits, signer cinquante lettres par jour… Je n'étais vraiment pas un administrateur de passion. Merci Jean Guiart : ce constat acheva de me décider !

Je réfléchis donc à un intitulé de chaire, pensai au nom un peu nouveau de paléoanthropologie, venu des États-Unis et censé recouvrir aussi bien l'anthropologie physique des hommes fossiles que leur préhistoire, mais tins à y ajouter le joli mot de préhistoire, né et brillamment illustré en France. Il y aurait donc, pour tout étranger, surtout anglophone, un léger recouvrement des deux disciplines, mais tant pis : je proposai donc « paléoanthropologie et préhistoire », après avoir évidemment fermement accepté l'invitation d'être présenté.

À l'automne 1982, j'entamai mes visites. Il fallait, m'avait-on dit, voir d'abord l'administrateur (un des professeurs du Collège, chargé trois ans, renouvelable une fois, de sa direction), puis procéder par cercles concentriques en commençant par les professeurs que l'on connaissait le mieux, ce que je fis. Cette tournée des grands-ducs me plut beaucoup, m'apprit beaucoup, car chaque visite ressemblait plus à un échange qu'à une présentation. La personnalité de chaque interlocuteur se révélait d'ailleurs de manière variée ; le lieu de rendez-vous par exemple, allait du bureau au Collège de France (Michel Foucault) au laboratoire dans une institution d'origine (François Jacob à Pasteur), à un restaurant assorti d'une invitation à déjeuner (Jacques Thuillier) ou à un parcours dans le métro (Emmanuel Le Roy Ladurie).

L'assemblée des professeurs devant statuer sur l'intérêt de la création d'une chaire de paléoanthropologie et préhistoire se tint, comme il est de tradition, le dernier dimanche de novembre 1982 ; la proposition obtint l'unanimité des voix. La procédure suivit son cours et la création en question parut au *Journal officiel* en janvier 1983. Cette fois, je fis donc officiellement acte de candidature sur cette chaire officiellement ouverte, en proposant, de manière hypocrite (c'est la règle), à tous les professeurs que j'avais déjà vus une fois, une visite de candidature ; deux collègues futurs jouèrent le jeu et me reçurent une deuxième fois. Comme quiconque peut se présenter sur une telle chaire déclarée officiellement vacante, je craignais ce qu'au Collège on appelle les « coucous » : des universitaires spécialistes des disciplines annoncées qui n'ont pas été cooptés mais qui ont le droit de se porter candidats à cette chaire publiée. J'ai passé mon mois de février inquiet, à téléphoner à l'administrateur, Yves Laporte, qui a fait preuve d'une grande patience. À partir d'un certain nombre d'appels, il n'attendait plus que je lui parle après avoir décroché et me déclarait d'entrée : « Non, non mon cher Collègue, rassurez-vous, il n'y a pas eu de candidature de coucous dans le courrier de ce matin ! » Et l'assemblée des professeurs, à sa réunion statutaire du dernier dimanche de février et qui, en général, a lieu en mars, m'élit, à l'unanimité moins un bulletin blanc, professeur de paléoanthropologie et de préhistoire au Collège de France (c'était ma deuxième flèche). L'administrateur,

Figure 27. *Yves Coppens durant sa leçon inaugurale au Collège de France (1983).*

toujours aussi courtois, me déclara, en m'annonçant le résultat, qu'il fallait excuser le bulletin blanc, c'était certainement celui d'un collègue qui avait oublié son stylo ! Une procédure présenta le vote du Collège à l'Académie des sciences pour validation, et puis ma nomination fut publiée au *Journal officiel* en avril 1983 et je fus installé à compter du jour du vote de mars dans mes fonctions nouvelles au Collège[1]. J'y suis depuis.

Bien qu'il n'y ait pas de véritable succession au Collège, puisque chaque nouvelle chaire est par définition une création, celle de

1. Le Collegium regium Galliarum est né en 1530 d'une initiative de François Ier qu'inspiraient sa sœur, Marguerite de Navarre et son maître de librairie, Guillaume Budé. L'esprit de la Renaissance avait en effet soufflé d'Italie sur la France mais l'Université de Paris n'y avait pas été très sensible. Pour la contourner, le roi créa six lecteurs ne dépendant que de lui-même, deux pour le grec, trois pour l'hébreu, un pour les mathématiques, et un septième, quatre ans plus tard, pour l'éloquence latine ! Et ce furent ces lecteurs royaux qui bientôt s'organisèrent pour fonder le Collège royal de France.

paléoanthropologie et préhistoire (1983) s'inscrivait dans la lignée des chaires de préhistoire de l'abbé Henri Breuil (1929) et d'André Leroi-Gourhan (1969). Dans ma leçon inaugurale, j'ai fait état par ailleurs et de manière abusive d'une troisième filiation, celle de Pierre Teilhard de Chardin, pressenti pour une chaire entre Breuil et Leroi-Gourhan, chaire qui ne fut pas créée à la suite du refus du général des Jésuites de donner au révérend père Teilhard l'autorisation de l'accepter. C'est alors Georges Dumézil qui s'intercala.

Quant à mon entrée à l'Académie des sciences, il convient d'en raconter toute l'histoire.

Mon père, né en 1910, était professeur de physique-chimie au lycée Jules-Simon de Vannes ; il a été évidemment mobilisé en 1939, fait prisonnier sur le front de l'Aisne et des Ardennes et a séjourné neuf mois dans un Oflag à Nimburg sur la Weser. Son appartenance au service de santé des armées l'a fait libérer en 1941, sans doute parce qu'en tant que tel il n'était pas considéré comme combattant (la guerre gardait encore en ses débuts une espèce de tradition d'honneur). Il a alors été nommé professeur au collège Cassini de Clermont-de-l'Oise, avant de retrouver son poste au lycée de Vannes. Toujours est-il que, pendant ces années d'enseignement, il n'a cessé de faire de la recherche et reprit aussi vite qu'il le put les études qu'il avait dû interrompre, inscrit en thèse à la Sorbonne en physique nucléaire sous l'autorité d'Irène Joliot-Curie. Mes images de ces temps-là sont celles d'un père en permanence, ou presque, sur son modeste microscope, comptant les rayons α, β, γ – des traits plus ou moins longs – de l'uranium ou du thorium que laissaient sur des plaques sensibles dites Ilford (qui venaient d'Angleterre), des préparations de roches en plaques minces. Mes images de cette époque sont aussi celles de ses nombreux voyages à Paris, à l'École des mines, à l'Institut du radium, à Châtillon-sur-Seine où il rendait visite à Zoé, Zoé qui, pour ma sœur (née en 1940) et moi (né en 1934), avait de loin la silhouette étrange et floue d'une jeune femme ! Je l'ai vue depuis, la fameuse Zoé, car elle est désormais visitable, et j'avoue que j'en préférais le mystère ! J'entendis parler d'Irène Joliot-Curie, bien sûr, mais aussi de Frédéric Joliot, de Jean Wyart, de Francis Perrin, avec qui je suis devenu moi-même ami, de Marcel Roubault, d'André Demay, du CEA, du CNRS, de la Sorbonne, du Collège de France, de l'École des mines et de l'Académie des sciences naturellement.

Ce fut pour moi l'entrée en scène dans ma jeune tête d'apprenti chercheur de la grande Académie des sciences. À chaque découverte notable, mon père envoyait une « Note » aux *Comptes rendus des séances* de cette fameuse institution, note tapée à la machine à écrire et qui lui revenait imprimée et multipliée en de nombreux tirages à part. Cela me fascinait. Ce rituel de la « Note » était pour moi le sommet de la reconnaissance par sa communauté, la communauté scientifique internationale, d'un résultat notoire auquel il était parvenu. J'en rêvais ! De cette ambiance est sûrement né en moi, au moins en partie, le désir de devenir scientifique.

Pour me démarquer de mon père (sûrement), bien que baignant malgré moi dans le même chaudron, mais aussi par une puissante attirance véritable vers l'archéologie (l'archéologite) et tout ce qui l'entourait – la préhistoire, l'anthropologie, la paléontologie, les sciences dites, à l'époque, « naturelles » –, je m'orientai vers ces disciplines, n'ayant que le désir de faire des découvertes, forcément importantes, de devenir « savant » et d'écrire des « Notes » aux *Comptes rendus des séances de l'Académie des sciences* !

Mon père soutint sa thèse à la Sorbonne, et le pot d'après thèse, très informel, se fit sous la forme d'une invitation sur les vieilles (à l'époque) banquettes d'une brasserie de légende de la rue des Écoles, le Balzar, aux côtés d'Irène Joliot-Curie, de Wyart, d'Orcel, de ma mère, de ma sœur ; très fier, j'ai dû – mais je ne m'en souviens plus – prendre un jus de fruit « d'honneur » !

Le doctorat de mon père lui fit accéder à l'université et devenir successivement maître de conférences (de l'époque), puis professeur ; ce fut à Nancy, à l'École supérieure de géologie et de prospection minière, sous l'autorité tonitruante de Marcel Roubaud qui voulait compléter son équipe par une personnalité traitant de la radiogéologie, que mon père grimpa donc cette marche entre secondaire et supérieur.

Je fis, quant à moi, pendant ce temps une licence de sciences naturelles à l'université de Rennes, puis un troisième cycle de paléontologie des vertébrés et de paléontologie humaine à la Sorbonne, période durant laquelle je voyageai évidemment souvent entre Rennes, puis Paris et Nancy. En Lorraine, pour une question de moyens, mais aussi de désir constant de prospection, c'est en auto-stop que je circulais volontiers, cherchant fossiles et poteries en fonction des choix de mes destinations. Et je rapportai un jour à mon père, d'une de ces escapades, de petits nodules, dits « coquins », d'une carrière de la Meuse. Mon père, bienveillant, m'expliqua que ces petits nodules étaient riches en phosphate, et probablement radioactifs, radioactivité qu'il s'amusa à mesurer. Par affection, car je n'étais que le collecteur inconscient de ces petites boules étranges, il m'associa en coauteur pour ma toute première « Note » à l'Académie des sciences. J'avais fait mon entrée dans ce qui était alors, et à plus forte raison pour moi, le Saint des saints de la publication scientifique.

Je suis demeuré fidèle, très fidèle à l'Académie des sciences de l'Institut de France et les plus importants résultats de mes recherches, y compris de ce qui n'est bien sûr jamais dit, l'annonce par exemple (avec figure) pour la toute première fois de la découverte de Lucy. J'ai entraîné avec moi, depuis maintenant plus de cinquante ans, beaucoup d'étrangers, beaucoup de collègues, beaucoup d'élèves, qui ont publié dans les éditions de cette grande Institution, des « Notes » aux *Comptes rendus*, articles dans *La Vie des sciences*, des « Notes » ou fascicules thématiques dans *Palevol*, et j'ai en outre revu et me suis porté garant moi-même – c'était la règle – de centaines de « Notes » confiées par des collègues. Je suis d'ailleurs toujours parmi les rédacteurs de ces publications dans mes spécialités.

Mais les vents ont quelque peu tourné : quelques revues anglo-saxonnes sont devenues les passages quasi obligés des annonces et descriptions importantes ; les temps changent mais ils changeront encore et notre brillante Académie des sciences de l'Institut de France, célèbre depuis trois cent cinquante ans, ce qui n'est pas à la portée de toutes les grandes institutions et de toutes les éditions scientifiques, reste très solide et très enviée.

Bref, l'Académie des sciences est une grande maison qui a fait le choix de rester plénière, de conserver suffisamment d'élasticité pour se donner les moyens de se modifier, voire de s'agrandir à la vitesse de l'évolution fulgurante des sciences et des techniques, de conserver (peut-être malheureusement) la courtoisie de la vieille Europe qui ne couronne que les collègues étrangers ou français mais n'appartenant pas à l'Académie, d'être très rigoureuse dans ses recrutements, très sérieuse dans les travaux des commissions qu'elle crée, et, à plus forte raison, dans les rapports que le gouvernement lui confie.

Ses qualités sont reconnues partout et respectées, son travail évident, sa dignité intacte, son influence pour le moment moindre pour les raisons déjà évoquées.

J'y suis entré sur un strapontin (correspondant) en 1983 (c'était ma troisième flèche), dans un fauteuil en 1985, et je n'ai jamais cessé d'être fier d'appartenir à la confrérie (cela fait drôle mais nous y sommes confrères et consœurs) des « membres de l'Institut[1] ».

1. La plus ancienne des cinq académies de l'Institut de France, l'Académie française, dotée d'un statut inspiré des académies florentines, fut fondée en 1635 par le cardinal de Richelieu, sous le sceau de Louis XIII, comme le Jardin royal des plantes médicinales (le Muséum). L'Académie des sciences naquit quelques années plus tard (1666) à l'initiative de Colbert. Nous avons célébré, en 2016, son 350e anniversaire.

En 1984, année de la fin informelle de mon deuxième tiers, j'avais donc, comme Cuvier, deux chaires, l'une au Muséum national d'histoire naturelle (anthropologie biologique), l'autre au Collège de France (paléoanthropologie et préhistoire), et je n'en étais pas peu fier (mais Cuvier avait pu les cumuler, moi pas), et un strapontin sous la Coupole. Je pouvais quitter le mouillage et m'amarrer à un ponton du port de Paris !

*

R. Coppens, Y. Coppens, « Sur la radioactivité des “coquins” phosphatés des sables verts albiens de la carrière du plateau de Vassincourt (Meuse) », *C. R. Acad. sci. Paris*, 1956, t. 243, p. 1046-1048, 2 fig. (ma première note aux *Comptes Rendus de l'Académie des sciences*).

Y. Coppens, *Leçon faite le vendredi 2 décembre 1983. Collège de France, chaire de Paléoanthropologie et Préhistoire*, Collège de France, 1984.

Y. Coppens, « Lezione inaugurale della cattedra di Paleoantropologia e preistoria al Collège de France, 2 dicembre 1983 », in *Le grandi tappe della preistoria e della Paleoantropologia. Lezioni inaugurali al Collège de France, Breuil, Leroi-Gourhan, Coppens*, Jaca Book, 1987, p. 45-68.

Y. Coppens, *L'Histoire de l'homme. 22 ans d'amphi au Collège de France (1983-2005)*, Odile Jacob, 2008.

Y. Coppens, *Histoire de l'homme et changements climatiques*, Fayard/Collège de France, 2006 (leçon de clôture faite le mardi 23 juin 2015).

Y. Coppens, « Préface », in Claude Blanckaert (dir.), *Le Musée de l'Homme. Histoire d'un musée laboratoire*, Artlys/Muséum national d'histoire naturelle, 2015, p. 8-10.

Y. Coppens, « Préface », in Évelyne Heyer (dir.), *Une belle histoire de l'homme*, Flammarion/Musée de l'Homme, 2015 (à l'occasion de la réouverture du musée de l'Homme).

Y. Coppens *et al.*, *Devenir humains*, Autrement/Musée de l'Homme, « Manifeste », 2015 (à l'occasion de la réouverture du musée de l'Homme).

Y. Coppens (dir.), A. Dambricourt-Malassé (rédactrice invitée), « Origines de l'homme dans le sous-continent indien », *Palevol*, février-mars 2016, t. 15, fasc. 3-4, p. 277-452 (dernière publication en date à l'Académie des sciences).

M. Taieb, D. C. Johanson, Y. Coppens, « Expédition internationale de l'Afar, Éthiopie (3e campagne 1974) ; découvertes d'hominidés plio-pléistocènes à Hadar », *C. R. Acad. sci. Paris*, 1975, t. 281, p. 1297-1300 (première annonce de la découverte de Lucy).

Conclusion du deuxième livre

Sept ans au Tchad, onze ans en Éthiopie, une grosse poignée de Kenya, de Tanzanie et d'Afrique du Sud, une bonne poignée de Djibouti, une pincée de Maghreb et de Mauritanie, une pincée d'Afrique centrale et occidentale, des tonnes de fossiles de vertébrés, la signature ou la cosignature de six hominidés nouveaux[1] (un record mondial) et la découverte de l'origine de l'homme, sa date et son lieu de naissance, les raisons de son émergence et les modalités de celle-ci...

Comment ne pas être amoureux de l'Afrique l'enjôleuse, de ses couleurs, de ses senteurs sans pareilles, de ses lumières, de ses

1. L'ordre des découvertes et par suite de mes signatures et cosignatures est curieusement l'ordre croissant de l'âge géologique des hominidés !
– *Tchadanthropus uxoris*, Coppens 1965, dizaines ou centaines de milliers d'années ;
– *Paranthropus aethiopicus* Arambourg et Coppens 1967, 2,6 millions d'années ;
– *Australopithecus afarensis* Johanson, White et Coppens 1978, 3,2 millions d'années ;
– *Australopithecus bahrelghazali*, Brunet, Beauvillain, Coppens, Heintz, Moutaya, Pilbeam, 1996, 3,5 millions d'années ;
– *Orrorin tugenensis*, Senut, Pickford, Gommery, Mein, Cheboi, Coppens, 2001, 6,0 millions d'années ;
– *Sahelanthropus tchadensis*, Brunet, Guy, Pilbeam, Mackaye, Likius, Ahounta, Beauvilain, Blondel, Bocherens, Boisserie, de Bonis, Coppens *et al.*, 2002, 7,0 millions d'années.

Il est en outre amusant de raconter que l'expédition au Tchad a commencé en 1960 et que *Tchadanthropus uxoris* a été découvert en 1961, que l'expédition de l'Omo en Éthiopie a commencé en 1967 et que *Paranthropus aethiopicus* a été découvert en 1967 et que l'expédition de l'Afar en Éthiopie a commencé en 1972 et qu'*Australopithecus afarensis* a été découvert en 1974. Flair ou chance ?

formes, de ses paysages somptueux et des gens dignes, généreux, si riches d'idées, d'humour et d'élégance qui l'habitent ?

Et puis l'ancre de mon bateau fut descendue dans la Seine et l'obtention de la « libre pratique » des autorités portuaires de Paris, acceptée, et je conduisis, en cinq ans, sur ses deux rives, en accéléré, sans le vouloir, le parcours du musée de l'Homme (une chaire en 1980) au Collège de France (une chaire en 1983) – c'était une nouvelle traversée du fleuve, je l'avais déjà franchi dans l'autre sens en 1969 –, tandis que je passais d'un strapontin à l'Institut (1983) à un fauteuil (1985). Comment ne pas être aussi amoureux de Paris la douce ?

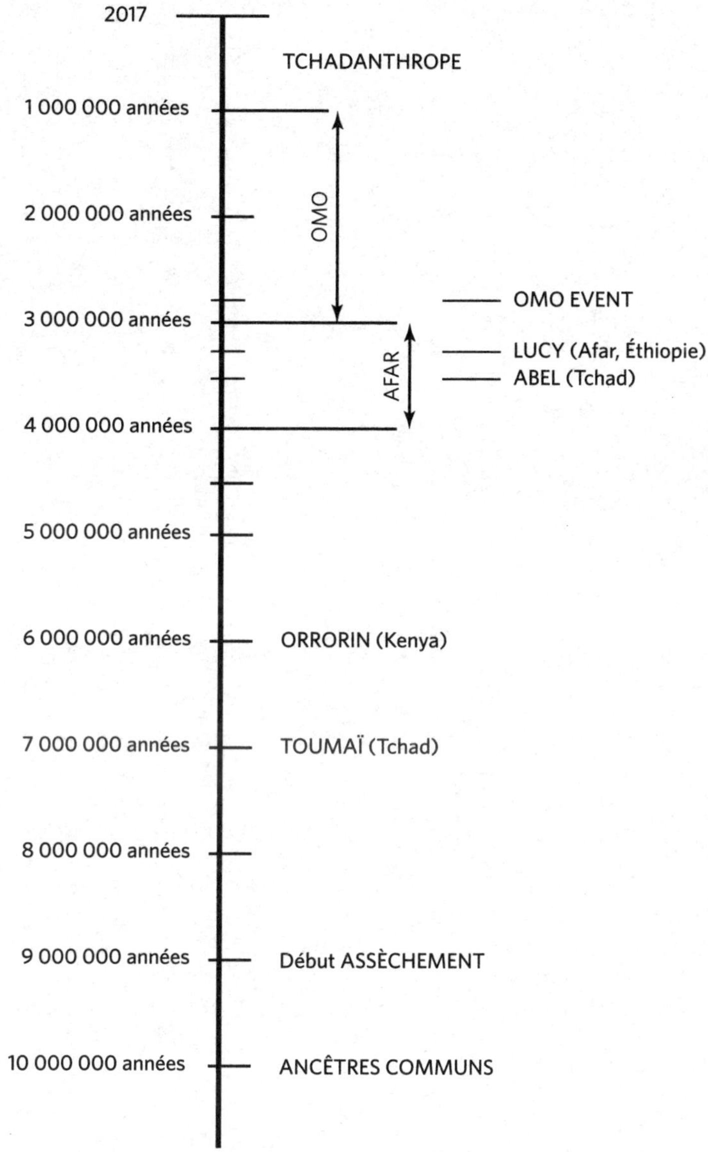

Figure 28. *Échelle chronologique plaçant les préhumains cités et les grands événements des dix derniers millions d'années en Afrique tropicale.*

PORTRAITS

Lamarck, Darwin et Homo faber

« Personne ne voit jamais le sommet de son crâne ;
il vient toujours un moment où l'on a besoin de l'aide d'un tiers. »

Peul.

Pour le deuxième tiers, j'ai retenu deux poids lourds incontournables de ma discipline dont j'ai déjà beaucoup parlé et un collègue et ami de terrain, un peu plus âgé que moi, mais très proche pour beaucoup de raisons.

Commençons par le poids lourd français. Il s'agit de Camille Arambourg. Fils de vigneron, établi dans l'Oranais, Camille Arambourg était un passionné de paléontologie. Alors qu'il était « parti » dans l'existence pour suivre la voie paternelle (École d'agriculture d'Alger et Agro de Paris), il avait découvert des poissons fossiles en cherchant le moyen d'alimenter en eau les vignobles familiaux. Il trouva l'eau – mission accomplie – mais ne quitta plus les fossiles, au point que, chaque fois qu'il venait à Paris, il ne quittait pas non plus la bibliothèque du laboratoire de paléontologie du Muséum. Et il obtint, contre toute attente, la chaire de paléontologie de cette institution en 1936, à la suite de Marcellin Boule.

C'est retraité que je le connus ; j'arrivais de la Sorbonne au Muséum, dans le sillage de Jean-Pierre Lehman nommé à sa succession. Je venais de quitter des gens de cabinet et certes de réflexion et rencontrai une sorte de « baroudeur » ! Quel bonheur ! Moi qui avais lu Teilhard, ses épopées chinoises et africaines, toujours liées à la paléontologie, je me trouvais face à un homme de la même trempe. J'enviais sa vie, organisée entre de multiples voyages sur des terrains exotiques et fossilifères et des séjours dans son labo parisien pour étudier ses propres récoltes. Je n'attendais que l'occasion de le rejoindre sans oser le lui demander. Elle vint rapidement et je ne la laissai pas passer : ce fut la demande de René Lavocat de le remplacer dans la résolution d'un problème de recherche au Tchad. Mon premier départ sous les tropiques fut une aventure solitaire qu'Arambourg ne manqua pas de remarquer. Non content d'y aller – et ce terrain n'était pas des plus faciles –, j'y retournai ! Et cette fois, Camille Arambourg, qui n'avait jamais ressenti le besoin d'avoir véritablement de disciples, « m'adopta ». J'ai déjà raconté plus haut le geste inattendu de cadeau de son héritage scientifique au moment où sonnaient ses 80 ans.

Comment était Arambourg sur le terrain ? Un peu militaire, courageux, voire casse-cou, et capable de passer de l'acharnement d'un travail de fouilles ou d'une prospection par n'importe quel temps au confort d'un double whisky et à celui de jurons libérateurs, quand la situation l'y incitait. Il était à 84 ans dans le Sud éthiopien sous une tente près de la mienne, ou à mes côtés dans ma Land Rover tout-terrain que je ne ménageais pas. Je l'ai toujours beaucoup admiré ; je partageais sans peine sa passion comme ses comportements. On appelle ces personnalités parfois des maîtres ; c'était pour moi le cas.

Louis Leakey était un autre poids lourd, celui-là britannique, très britannique mais britannique d'outre-mer. Né au Kenya, sa langue maternelle, aimait-il à dire, était le kikuyu ! Je l'ai rencontré à Paris, au Muséum, où sur une de ses routes Kenya-Grande-Bretagne-États-Unis, il était passé voir mon tchadanthrope ; et à partir de cette rencontre, il n'a jamais cessé de soutenir mes recherches au point d'écrire parfois au CNRS pour appuyer mes demandes de crédits, au point de m'inviter au Kenya et en Tanzanie et, quand j'y étais, de s'occuper personnellement de mes visites au musée de Nairobi, sur les sites du Kenya, ou sur celui plus lointain d'Olduvai.

Louis Leakey était étonnant d'activité ; sans cesse sous pression, essoufflé, riant beaucoup et très fort, surtout lorsque ce qu'il avait découvert venait à l'encontre de ce que l'on croyait ; il courait d'un rendez-vous à un autre, d'une Land Rover à un avion, d'un voyage à un autre, toujours à la recherche de crédits. Face à Arambourg, réservé et plutôt austère « en ville », c'était un trublion, agité, immergé dans une vie internationale suractive.

L'un menait une recherche de terrain plutôt ponctuelle et artisanale et consacrait le temps qu'il fallait à l'observation, à la description, à la comparaison, à la publication de ce qu'il avait collecté seul ou avec quelques collaborateurs engagés sur place. L'autre conduisait, à un rythme fou, une action où se mêlaient conférences, conférences de presse, recherche de fonds, direction de chantiers, mais aussi temps de réflexion, bien sûr, dans le mouvement, et d'écriture dans les transports. Ce fut un autre de mes maîtres, un autre de mes modèles qui sut, malgré ses urgences incessantes, me consacrer le temps qu'il fallait pour me montrer le terrain, me faire part de ses idées et me mettre à la tâche sous son autorité.

Mon troisième choix s'appelle Jean Chavaillon.

Collègue et ami à Paris (son labo était à Meudon-Bellevue), ami de voyages (nous étions ensemble aux États-Unis dès 1963), et puis inséparable sur les terrains éthiopiens de l'Omo et de Melka Kunturé pendant plus de dix ans, Jean Chavaillon était un compagnon talentueux, joyeux, souvent drôle tout court ou parce que distrait, solide et courageux dans les coups durs, en d'autres termes fiable.

Pharmacien de formation, il m'avait raconté avoir été attiré par les sciences naturelles et humaines, en étudiant les manières empiriques mais couronnées de succès dont toutes les populations de la Terre reconnaissaient et se servaient des plantes, l'ethnobotanique en d'autres termes. Et il avait « dérivé » de là vers la géologie du quaternaire, et puis vers la préhistoire. D'abord saharien sous l'autorité de Marie-Henriette Alimen, le destin l'entraîna vers l'Éthiopie où il fut appelé à reprendre, derrière Gérard Bailloud, les recherches sur les extraordinaires sites de Melka Kunturé. Quand, en 1967,

Arambourg et moi-même fûmes invités à monter la mission française de l'expédition internationale de l'Omo, dans le Sud-Ouest éthiopien, nous eûmes l'idée (excellente) de recruter Jean Chavaillon comme géologue. Il fut si vite à la hauteur de sa tâche, difficile car le terrain, d'apparence simple, était en fait hachuré de failles, que nous publiâmes tous le trois à l'Académie des sciences de l'Institut de France, dès la deuxième campagne (1968), la toute première carte géologique (un impressionnant dépliant) de ces affleurements dits de Shungura. Ce travail pionnier le conduisit par ailleurs à rencontrer et à reconnaître des pierres incontestablement taillées, et à publier les premiers travaux sur ces petits outillages élémentaires en quartz de plus de 2 millions d'années !

Confrontés à une situation qui aurait pu être dramatique, nous avions « cassé » notre hélicoptère à 50 kilomètres du camp, comme je l'ai déjà raconté, il avait su, l'hélicoptère ne rentrant pas, rassurer les cinquante personnes de mon équipe, éviter toute panique et prendre avec une belle détermination la direction du camp. C'est évidemment dans de telles situations que l'on prend conscience que le petit « train-train » quotidien, bien huilé dans sa recherche, ses chantiers et sa logistique, peut d'un coup basculer dans le drame. Et c'est bien sûr dans ces moments-là aussi que l'on mesure le sang-froid et la qualité des hommes d'une équipe. J'ai passé par ailleurs avec Jean Chavaillon, beaucoup de moments agréables, aussi sérieux que « débridés », qui n'ont pu que nous lier. Ce qui fut le cas jusqu'à sa disparition récente.

TROISIÈME LIVRE

LE SAVANT DANS LA CITÉ

Le troisième tiers d'une longue mémoire
et un petit bout du quatrième
(1985-2017)

« Je ne suis rien sans l'autre. »
Mali.

À Martine d'abord, puis à Martine et Quentin, pour avoir admis, avec toujours la même tolérance affectueuse, mes agendas bizarres, souvent grignotés par des ailleurs lointains.

Mes remerciements (devinez ?) vont à Odile d'abord, patiente souvent, exigeante parfois « pour la bonne cause », tolérante toujours, avec mon affection « inoxydable ».

Ces reconnaissances vont aussi à la mémoire de mes grands aînés, ceux qui spontanément se donnent la peine d'aider, sans bien sûr qu'on le leur demande, Jacques Ruffié, André Thomas, Jean Bernard, Jean Hamburger, Georges Millot, Jacques Millot, Simone Del Duca, Jacqueline de Romilly, Guy Lazorthes, Serge Balachowski, Teuku Jacob, Woo Rukang, Sastrohamidjojo Sartono, Éric Casiño, Niede Guidón, Maurice Sand, Anne Spoerry… et à ceux bien vivants, qui ont eu la même démarche, ou celle chaleureuse d'accompagnement, Jacques Chirac, Michel Serres, Claude Douce, Francesco Bandarin, Nuria Sanz, João Pinheiro-Franco, Marcelo Sánchez-Sorondo, Pierre Léna, Frédéric Okassa, Jeffrey Laitman, Abdessamad Senhaji-Rhazi, Maurice Tasler, Patrick Caillet, Laurence Caillet, Laurence Gallière, Michel Desnos, Fiorenzo Facchini…

Préface

Savant, c'est prétentieux ! C'est vrai et ce n'est pas vrai ! C'est un mot que l'on n'emploie plus d'ailleurs pour cela en partie ; pris au sérieux, il serait ridicule, c'est un mot d'un autre âge mais qui a perdu, je trouve, de sa prétention première ; il est devenu désuet, poétique et charmant ! Qui désormais oserait se qualifier de savant ? Devant le nombre immense et grandissant des scientifiques, ce terme même de scientifiques ou celui de chercheurs l'a remplacé, mais avec beaucoup moins de saveur, moins de grâce, beaucoup plus de froideur, beaucoup plus de sécheresse. Alors, tant pis, j'ai décidé de le reprendre ; j'ai d'ailleurs, je dois dire, été inspiré par la « Croisière du savoir 2016 », sous le parrainage de *Sciences et avenir*, qui avait résolument pris ce titre et je l'ai « emprunté » sans vergogne ! J'ai eu depuis l'accord de Dominique Leglu, directrice de la rédaction de *Sciences et avenir*, que je remercie affectueusement.

Quand on me parle de mon emploi du temps, je dis souvent qu'il est divisé en trois parties que je m'efforce d'équilibrer. Le premier tiers demeure lié à la recherche qui est et reste le socle de mon existence, recherche sur le terrain, étude des matériaux recueillis, préparation, interprétation, insertion dans la chronologie et, quand il s'agit de fossiles, dans la phylogénie. Le deuxième tiers, qui apparaît sûrement moins clairement, consomme, en fait, un temps considérable : c'est la direction de recherches, entretiens avec des étudiants ou de jeunes chercheurs, direction, orientation, encouragements ou parrainage de leurs travaux, rapports, lettres de soutien, attestations (des plaidoyers en sorte), pour des attributions de poste, des promotions, des demandes de programme, de missions, de crédits ; il n'est pas de semaine que je n'en écrive pour de jeunes collègues, chercheurs, aspirants chercheurs, français, francophones, américains, anglais, anglophones ou autres ; une attestation signée d'un étranger apporte, semble-t-il, à un dossier un petit « bonus » non négligeable, m'ont toujours dit mes collègues d'ailleurs. Le troisième tiers est la diffusion de la recherche, qui va de l'enseignement, du livre ou du CD à la conférence, à l'émission de radio ou de télévision, à la littérature plus accessible, à l'exposition et que sais-je encore ? Dès que vous quittez le discours à vos pairs et les débats qu'ils entraînent, vous popularisez la science ; et tout ce faire-savoir prend aussi beaucoup de temps. Je dis souvent que le quatrième tiers est dédié à ma famille, ce qui n'est pas tout à fait vrai. Et je ne dis pas qu'il y en a un cinquième, fait des offres parfois bien éloignées de mes compétences et que bien souvent je saisis sur la pointe des pieds, mais que je ne saisis pas moins ; j'en citerai certaines dans un petit chapitre que j'ai évidemment appelé « À côté ».

OUVERTURE

Out of Africa, encore quelques fouilles pour la transition

« Ce n'est pas grand-chose mais la démarche est importante : voir par soi-même. »

Pierre-Gilles DE GENNES, 1995.

Mon « récent » engagement en Sibérie (1999) est une retombée heureuse de la fréquentation, il y a plus de quarante ans des mammouths du Mont-Dol et du mammouth des îles Liakhov.

Un très grand expert en terres polaires, Bernard Buigues, avait fait depuis longtemps de la petite ville de Khatanga, au pied de la presqu'île du Taïmyr, à 4 000 kilomètres de Moscou, sa base de départ pour des opérations – expéditions, explorations, raids, randonnées – vers l'océan glacial Arctique, la banquise et le pôle Nord.

Se trouvant à Khatanga à préparer, avant l'hiver 1997, la future saison de ses raids, il fut convié à un « pique-nique » dans la toundra par le gouverneur de la ville et le chef de l'aviation civile, qui voulaient, tous deux, attirer son attention sur l'existence de cadavres de mammouths dans leur sous-sol, dans l'espoir probable qu'il ait, lui l'étranger, l'idée d'en faire quelque chose au bénéfice de la région, tellement isolée et dépendante. Le « pique-nique » eut lieu à une heure et demie d'hélicoptère de Khatanga, à l'endroit même où un jeune nomade dolgane venait de découvrir une paire de défenses qu'il avait arrachée à un crâne. Bernard Buigues rentra en effet de cette invitation originale avec un bout d'os recueilli *in situ* qui piqua assez sa curiosité pour qu'il ait envie d'en savoir beaucoup plus. Les notables russes, qui le connaissaient bien, avaient vu juste. Dès le printemps 1998, en effet, il parvint à entrer en relation avec l'« inventeur » qui lui montra volontiers les défenses en question, d'ailleurs superbes, et l'emmena sur le site qu'il connaissait déjà – mais dont il prit cette fois prudemment les coordonnées GPS – où risquait de se trouver, enfoui dans le sédiment gelé, le cadavre entier de ce curieux animal de légende.

Comme Bernard Buigues est un homme d'entreprise, une expédition *Mammuthus* fut vite décidée, un site web ouvert, les plus hautes autorités russes (y compris le doyen de la recherche sur les mammouths, le vieux professeur Nikolaj Vereshchagin de Saint-Pétersbourg) informées et séduites, etc. C'est alors que je reçus de Bernard Buigues une lettre chaleureuse m'invitant, fort de mon passé de « mammouthologue », à devenir le parrain de ladite opération. Je répondis avec enthousiasme que j'acceptais volontiers la responsabilité qu'il voulait m'offrir – ce qui, m'a-t-il dit souvent, le ravit mais l'étonna – et me rendis à une conférence de presse qu'il organisa à l'automne 1998 à l'Institut de paléontologie humaine. C'est là que je le rencontrai pour la première fois. Notre entente fut immédiate, notre collaboration conclue : il fut décidé que j'irais le rejoindre en Sibérie et que je prendrais la direction du programme scientifique de son opération.

Un vieil Iliouchine 18 presque vide, et très en retard sur ce qui devait être son horaire, consentit à me transporter de Moscou à Norilsk, et un aussi vieux mais beaucoup plus petit Antonov 24 de Norilsk à Khatanga (72° de latitude Nord). C'était le samedi 26 juin 1999. Après quelques jours « en ville » et après avoir pris les contacts qui s'y imposaient, un lourd hélicoptère orange me fit franchir les 250 kilomètres qui restaient entre Khatanga et le site que je venais visiter et fouiller. Je fus bientôt à pied d'œuvre, au cœur d'une toundra somptueuse, au tapis de lichens piqué de mille fleurs, au chevet d'un mammouth de 20 000 ans que, grâce à Bernard Buigues, je m'offrais ainsi le luxe de venir visiter dans son congélateur.

Nous étions à 12 kilomètres au sud de la rivière Bolshaya Balakhnya (73° 32′ de latitude Nord, 105° 49′ de longitude Est), au bord du filet d'eau d'un de ses affluents, sur le doux versant de sa rive droite. Le mammouth, auquel Bernard Buigues avait donné le nom patronymique de son inventeur, Jarkov, gisait là, au flanc de ce versant, un peu oblique par rapport à l'axe du ruisseau, la tête vers l'aval. C'est la pointe d'une de ses défenses dépassant d'une quinzaine de centimètres du sol – et d'ailleurs par suite un tout petit peu endommagée – qui avait attiré l'œil de Guenadi Jarkov. Aidé de sa femme Olga et de son frère Gavril, celui-ci était revenu sur les lieux, avait dégagé la défense en question, découvert et dégagé la seconde, et les avait extraites de leurs alvéoles, en malmenant évidemment le crâne dans lequel elles étaient fichées. « Il faut nous excuser, m'a dit plus tard Olga ; j'ai écrasé moi-même le crâne à coups de botte pour sortir les cornes (*sic*), mais je ne savais pas ! » Que dire ? J'ai quand même tenté de lui expliquer que ce qu'elle appelait « cornes » étaient des dents, les cornes en ivoire étant rares ! Comme j'avais été présenté comme « le professeur », j'ai été écouté avec une attention incontestable, une sympathie certaine, mais un scepticisme tout aussi voyant. Les défenses étaient celles d'un mâle, longues, respectivement, la droite de 2,94 mètres et la gauche de 2,98 mètres, mesures prises le long de la courbure extérieure de la défense ; elles pesaient 45 et 47 kilos. Joliment spiralées, elles étaient particulièrement élégantes, longues sans être d'un très grand diamètre, contrairement à beaucoup d'autres (13,5 à 14,5 centimètres pour la droite, 13,5 à 14,6 centimètres pour la gauche). Ce qui restait du crâne et de la mandibule, porteurs de leurs (quatre) dents de sagesse, qui, d'après leur degré d'usure, donneraient une cinquantaine d'années à leur porteur, avait été recueilli avec soin par Bernard Buigues et ses collaborateurs dès le printemps 1998 et remis à l'établissement regroupant à Khatanga le musée et le siège de la direction de la réserve naturelle du Taïmyr. Il me revenait en ce début d'été arctique d'explorer la tranche de sol qui dégèle (de 70 centimètres à 1 mètre) pour en extraire ce qui du cadavre avait été réduit

Figure 29. *Bernard Buigues, Guenadi Jarkov et les défenses du mammouth du même nom, et moi, en Sibérie, 1999.*

à sa partie squelettique, afin d'atteindre et puis de circonscrire l'autre partie, celle effectivement conservée dans le permafrost et apparemment jamais dégelée depuis son enfouissement dans le sédiment, il y a donc une vingtaine de milliers d'années.

Cela fut fait en ce début du mois de juillet 1999. Quelques cloisons des os alvéolés du crâne écrasé et quelques fragments de côtes et de vertèbres furent alors recueillis, mêlés à de belles plages de pelage associant des touffes de sous-poils fins, souples, serrés, beige clair, à de généreuses mèches de longs, parfois très longs poils, plus épais, plus raides et d'une belle teinte auburn, couleur de thé. Je n'ai pas besoin de dire l'émotion que peut procurer la caresse de la toison d'un animal fossile ! J'ai appris depuis que sa couleur rousse brillante était sa couleur d'origine, ce dont je n'étais pas sûr avant que des spécialistes du cheveu ne me montrent au microscope les grains de pigment parfaitement conservés.

Et puis les mois de septembre et d'octobre 1999 sont vite venus. Notre idée était, dans la mesure du possible, de découper le bloc gelé censé contenir le corps de Jarkov (moins la tête et le cou réduits à leur squelette dans la partie qui dégèle), suivant les pointillés que j'avais dessinés en juillet. Et puis d'emporter le tout au moment où la température commencerait à descendre en dessous de celle du permafrost (en général à – 15 °C), pour que le transport se fasse sans rupture de la chaîne du froid. Nous souhaitions ensuite, ajouter à ce périlleux voyage en l'air, un transfert complémentaire à terre jusqu'à des caves creusées sous la petite ville de Khatanga, dans le permafrost et, par suite, à la température que Jarkov avait connue probablement sans interruption 20 000 ans durant. Si incroyable que cela puisse paraître, ce programme a été suivi à la lettre et parfaitement réussi. Il a fallu pour cela la foi et la détermination de Bernard Buigues, ainsi que la force de son ascendant sur les gens qui l'avaient accompagné dans cette aventure, des « terrassiers » aux scientifiques, des pilotes aux mécaniciens.

Le bloc, un cube d'environ 2 mètres de côté, a été taillé, non sans mal, au marteau-piqueur ; le paquet a été, comme il se doit, solidement ficelé ; un hélicoptère, le plus gros de la flotte russe (le MI 26 à 8 pales), venu de Krasnoïarsk, l'a sorti de son trou avec, on s'en doute, quelque peine et quelque risque, puis transporté jusqu'au terrain d'aviation de Khatanga. Au mois de mars, un lourd camion a terminé l'exercice en parcourant avec son chargement bizarre le court trajet qui sépare le terrain d'aviation de l'entrée de la cave, au pied de la falaise, au bord de la rivière du même nom que la ville. Et, sur chariot et sur rail, le bloc s'en est allé s'installer au fond d'une des niches aménagées dans cet étrange palais de glace, glissant de toutes ses allées et brillant de toutes ses parois. Le piano était en place ; il avait été enlisé à - 15 °C ; on l'avait retiré à - 20 °C ; il avait vécu cinq mois entre - 20 °C et - 50 °C, sans doute un peu plus – je devrais dire un peu moins ; et il se trouvait à nouveau à - 15 °C. Il ne restait plus qu'à faire venir les pianistes.

Qu'est-ce qu'un permafrost ? C'est un sédiment gelé et non pas de la glace. Le mammouth Jarkov ayant été apparemment pris par le gel très peu de temps après sa glissade sur les berges de cette rivière ou du marigot qui la précédait – dans le cas contraire, ses chairs et son pelage ne se seraient pas conservés –, le sédiment qui lui avait servi de linceul était d'époque. S'il n'y a pas eu rupture de gel depuis ce jour, le contenant et son petit contenu ont autant d'importance que son gros contenu.

Et c'est la raison pour laquelle les premiers « pianistes » appelés, ou ceux qui ont reçu de nous des prélèvements de sédiments, ont été des botanistes, des entomologistes, des microbiologistes, etc. Des pollens, des champignons, des algues, des fruits, des graines, des fleurs, des bryophytes, des insectes ont pu être, par exemple, recueillis et identifiés. Ils traduisent une végétation de steppe (*Artemisia* et *Papaver*), d'importantes surfaces sèches de sables et de cailloux (mousses), d'autres surfaces plus ponctuelles plus humides (algues) ; le paysage n'était en tout cas pas celui d'une toundra. D'autres « pianistes » vite conviés ont été les spécialistes des dents ; ils ont effectué de petits carottages dans les défenses et y ont lu, grâce aux couches de croissance de l'ivoire et aux variations de leurs contenus en isotopes de l'oxygène, du carbone et de l'azote, l'histoire des quatre dernières années de l'animal Jarkov qui avait migré deux fois en quatre ans vers le sud, vers des environnements plus couverts, mais qui n'y avait jamais vraiment rencontré de neige. Ces remarques vont dans le sens du constat d'un climat alors plus clément que ne l'est l'actuel. Notre mammouth se serait en outre éteint à la fin de l'hiver, juste avant que n'éclate l'extraordinaire explosion végétale du printemps ; sa bourre épaisse nous avait d'ailleurs raconté la même chose.

Encouragée par son succès mais aussi sérieusement contaminée par la passion de cette recherche, l'opération Mammuthus a élargi ses ambitions ; elle est passée du site de Jarkov à la prospection de toute la presqu'île, et du mammouth de vingt millénaires aux mammouths de tous âges et à la faune des grands mammifères qui leur était associée.

Cela l'a conduite d'abord vers ce qui restait de la carcasse d'un deuxième mammouth, un autre vieux mâle daté comme Jarkov de 20 000 ans, mais situé plus au nord que lui, près du lac Taïmyr, à l'estuaire de la rivière du même nom (74° 08′ de latitude Nord, 99° 38′ de longitude Est). Découvert en 1987 par un habitant de Khatanga parti pêcher – son hameçon remonta une touffe de poils ! –, il fut offert en 1992 (défenses en moins, déjà vendues) à une équipe scientifique japonaise qui vint deux fois, en 1992 et 1993, sur le site et découvrit pelage, peau et muscles qu'elle a emportés, et crâne, vertèbres, côtes, scapula, humérus, ulnas qu'elle a laissés à Khatanga. En 2000, puis 2001, l'expédition Mammuthus s'est rendue sur les lieux, a retrouvé des poils, des muscles, une partie de la colonne vertébrale (vertèbres lombaires), une partie des os pelviens et, miracle, dans le bloc transporté (une petite tonne cette fois) sur la plateforme d'un camion jusqu'à la fameuse « caverne d'Ali Bernard » à Khatanga, l'ensemble de l'estomac et une partie de l'intestin. Immédiatement soumis à la sagacité de nos collecteurs de végétaux, le contenu du complexe gastro-intestinal de celui que nous appelons désormais le « *fish hook mammoth* » – pour rappeler les conditions de sa découverte – apparut dans le détail : des feuilles, des fleurs, des graines, mêlées à un magma d'herbes et de mousses et à quelques excréments de lemmings et quelques restes de coléoptères. Ce bol dessine un paysage ouvert, assez humide, ressemblant plus par endroits à une prairie qu'à une steppe, avec, dans le voisinage, des buissons (*Larix*), des bosquets (aulnes, saules) et des espaces rocheux[1].

La recherche tous azimuts de la grande faune pléistocène, voire holocène, a par ailleurs incroyablement rapporté. Ce petit livre n'est pas fait pour dresser le bilan de cette chasse mais pour montrer la richesse de la mémoire du monde, quand on s'y intéresse et qu'on se donne la peine de la consulter. Citons fin 2001, 332 restes de mammouths, 72 de bœufs musqués, 26 de chevaux, 19 de bisons, 6 de rennes, 4 d'élans, 2 de loups, 1 d'ours et 1 de renard, répartis, en gros, entre 4 000 (un des élans) et plus de 40 000 ans avant le présent (un des mammouths).

Pour compléter ma rencontre avec l'immense Sibérie, sa toundra infinie, ses nomades chaleureux, ses mammouths allongés et ses rennes sur pattes, je me suis rendu en 2016 au Kamtchatka. Du Béring à Petropavlovsk, cette étrange presqu'île, fermant à l'est la Sibérie et par suite la Russie (en face c'est l'Amérique),

1. J'ai été par ailleurs associé à la découverte du mammouth de Yuqaguir (membre d'une commission), à celle du bébé mammouth Lyuba (Comité scientifique, Institut de zoologie de Saint-Pétersbourg (2007), à celle du *Mammmouth croma*, emprunté et autopsié par le Congrès des mammouthologues que je coprésidais au Puy-en-Velay (2010).

s'allonge tellement en latitude que l'on y passe, de manière étonnamment progressive, de la toundra à la taïga, que je n'avais pas vraiment fréquentée en Sibérie. La plaque pacifique subductant sous le Kamtchatka de façon incroyablement rapide, la fameuse presqu'île aligne du nord au sud ses volcans et toutes les manifestations possibles du volcanisme actif. Quant aux populations, elles ressemblent, dans leurs coutumes et leurs modes de vie, à celles de la Sibérie septentrionale. J'ai circulé dans un de leurs étranges sanctuaires, planté de côtes et de demi-mandibules de baleines, contenant disait-on, dans le permafrost, au pied des os verticaux, des silos servant de réserves de viande. J'ai vu Uski, un site préhistorique fameux d'environ 15 000 ans, appartenant sûrement à ces gens qui traversèrent le Béring asséché au moment des glaciations et découvrirent, sans le savoir, l'Amérique. Mais j'y ai aussi rencontré plein d'ours bruns ; j'en ai vu vraiment beaucoup, mais je suis sûr que beaucoup plus encore m'ont vu !

La Mongolie, quant à elle, est venue à moi. Un beau jour de 2006, en effet, ont « débarqué » dans mon service au Collège de France, rue d'Ulm, Pierre-Henri Giscard, archéologue fouillant depuis des lustres les sites protohistoriques de Mongolie, et Damdinsuren Tseveendorj, le directeur du Musée d'archéologie d'Oulan-Bator. L'un et l'autre voulaient me montrer des photographies d'une calotte crânienne humaine découverte dans les graviers d'une mine d'or quelque part dans le nord-est du pays. Comme souvent, c'est une pièce qui avait intrigué un prospecteur amateur ; il l'avait rapportée dans sa yourte, et c'est sa sœur, faisant des études à Oulan-Bator, qui l'avait montrée et offerte à son professeur, Damdinsuren Tseveendorj, qui avait alerté Giscard... qui avait alerté Coppens.

La pièce paraissait très intéressante, frontal fuyant, os épais, carène sagittale, presque tout pour plaire. Le collègue, Mongol généreux, m'invita à l'étudier, ce que j'acceptai volontiers en lui demandant évidemment d'aller voir moi-même la pièce originale et son site, ce qui me fut accordé immédiatement. Le voyage fut programmé pour 2007. Je suis donc arrivé à Oulan-Bator, grande cité d'architecture très bétonnée à part quelques superbes temples des temps anciens et quelques myriades de yourtes des temps nouveaux.

J'y étudiai la pièce sans restriction, la présentai sur place à un colloque d'archéologie, et la logistique ayant été mise sur pied (4 × 4, matériel de camping et réserves de nourriture… et de vodka), nous partîmes à six un beau matin à travers la steppe, cette fameuse steppe d'Asie centrale que je ne connaissais pas encore et que je savourai, dans les pas des chevaux de Gengis Khan. Nous allâmes ainsi jusqu'aux limites de la Mongolie extérieure et franchîmes même le talus résiduel d'une des multiples murailles de Chine (qui avait évidemment fluctué en fonction des respirations politiques et militaires des Chinois et des Mongols en opposition quasi permanente).

Après avoir, quelques jours durant, croisé et salué des villages nomades de yourtes où l'hospitalité fut toujours spontanée et généreuse, avoir bu du lait de jument et s'être régalé de la viande noire et grasse – il n'y a pas plus gras ! – de marmottes fraîchement capturées (cuites, dans leur peau détachée, par imposition de pierres chauffées, d'où la présence préservée de la graisse et de la sauce), après avoir franchi un cimetière en fonction mais sans riverains (je n'avais jamais auparavant pris conscience de l'existence de ces lieux qui évidemment ne voyagent pas), nous avons fini par arriver à la fameuse mine d'or, proche à la fois de la Chine et de la Russie. L'accueil fut rude. Le gardien des orpailleurs et de leurs misérables recherches à la battée nous reçut un pistolet dans chaque main. Et il fallut un long palabre entre Tseveendorj, le chauffeur et le garde, qui avaient été rejoints par quelques personnages aux mines peu engageantes, pour être admis à l'intérieur de l'« aire de l'or » ; on peut comprendre la méfiance de ces gens à qui on avait déclaré qu'on allait s'installer chez eux, travailler avec eux et que les paillettes que l'on trouverait seraient pour eux tandis que les os qu'ils découvriraient seraient pour nous ! Ça n'a pas convaincu tout de suite ! Mais nous parvînmes à nos fins, sous la vigilance, probablement jour et nuit, des inquiétants collègues, au fond un peu géologues.

La calotte crânienne, du moins sa partie antérieure, était superbe ! Que c'est beau, un os ! Elle avait l'air suffisamment épanouie pour ressembler à un *sapiens*, mais conservait, en même temps, des traits qui lui donnaient une allure d'*erectus*. C'est un cas fréquent dans ces pays d'Extrême-Orient, qui a fait souvent penser à une origine multiple d'*Homo sapiens* – *Homo erectus* se sapientisant là où il se trouvait ; je l'ai pensé moi-même longtemps. Et puis les paléogénéticiens insistant sur l'origine africaine (encore) d'*Homo sapiens*, sorti une nouvelle fois (Out of Africa 2) du continent « noir » par le Proche-Orient aux alentours de 100 000 ans cette fois, j'ai fini par me ranger de leur côté. Alors que viennent faire ces *Homo* un peu *sapiens* d'Extrême-Orient ? Peut-être s'agit-il, comme souvent, d'une évolution parallèle, l'*Homo erectus* local évoluant vers une forme d'*Homo erectus* évolué, à encéphale plus gros, os du crâne plus minces et dents plus graciles. Après tout l'*Homo erectus* de Java a évolué, en vase clos, vers l'*Homo erectus* de la Solo, appelé souvent *soloensis* ou *ngandongensis*, à si grosse tête que beaucoup l'ont, à l'origine de sa découverte, appelé *sapiens*. Et plus près de nous, chez *Homo neandertalensis,* l'encéphale a également grossi. On a eu tendance par suite à appeler – et certains auteurs le font encore – les derniers des Neandertal *Homo sapiens neandertalensis*, au lieu à la rigueur, si on joue avec les sous-espèces, d'*Homo erectus neandertalensis*. Mais tous les humains ont les mêmes souches ; si leur isolement et leur environnement les sculptent de manière différente, ils n'en gardent pas moins une partie de leur petit bagage génétique et ses tendances évolutives : grosse tête et gracilisation du reste.

Mais revenons à notre Mongol. Il avait entre 25 000 et 30 000 ans, et nous l'avons trouvé accompagné d'un outillage paléolithique supérieur, extrêmement intéressant car peu connu, outillage présent au milieu de ces gravières alluviales à pépites mais aussi dans des remplissages de grottes et d'abris voisins.

J'ai invité Tseveendorj à venir un mois au Collège de France, en qualité de *visiting professor*, donner quatre leçons en russe, gentiment traduites par une amie kazakhe, Camila Baysaparova, épouse Lelux, et, lors d'un déjeuner, rue de la Montagne-Sainte-Geneviève, chez un ami italien, l'ami mongol m'a mis solennellement autour du cou une immense écharpe bleue, ce qui devait être une manière de m'honorer. Pas facile à porter pour retourner, le repas terminé, au Collège de France.

Dans les années 1990, la Chine – l'Académie chinoise des sciences (Academia sinica) – avait des problèmes d'entretien de son site de Zhoukoudian, le site du fameux sinanthrope, l'homme de Pékin des années 1920 et 1930. Ce n'était pas le plus vieux site paléoanthropologique de Chine (ses fossiles humains avaient au plus 700 000 ans), mais il était le site emblématique, preuve de la très grande ancienneté du peuple chinois, inscrit au patrimoine mondial de l'Unesco et très proche (50 kilomètres) de la capitale. Zhoukoudian est un grand trou béant d'une quarantaine de mètres de profondeur, auquel on accède par des escaliers et un petit sentier. L'eau de pluie y tombait directement y emportant des graines, qui germaient au fond et sur les parois ; les plantes qui en résultaient poussaient partout, sur les bords entraînant des dégradations et des éboulements et sur le plancher du site. Pour chercher une solution et surtout des crédits, l'Academia sinica s'adressa à l'Unesco, qui, à son tour, chercha des mécènes. Ce fut Mondial Assistance qui répondit, créant un petit organisme pour la circonstance, Assistance Ethno, lequel sous-traita avec le mécénat d'EDF. Tous ces organismes s'entendirent bien et signèrent une convention à l'Unesco à Paris en 1994.

Comme deux sur trois des organismes signataires, l'Unesco et Assistance Ethno, m'avaient choisi comme expert, je me rendis à Pékin (Beijing) dès 1995. Mon rapport de première visite suggérait une couverture légère et transparente du site, renvoyant l'eau de pluie sur les côtés à une certaine distance et suggérant aussi une reprise des recherches ; un site est en effet d'autant plus vivant et d'autant mieux entretenu qu'il continue à être exploité. Il s'est ensuivi des missions, en 1996, 1998, 1999, 2003, 2004, 2005, et la promesse de ma part d'engager des recherches non invasives avant que les archéologues chinois ne reprennent des fouilles, et celle de faire un rapport sur le musée (très riche notamment en industrie lithique) tel qu'il se présente aujourd'hui, au cœur du site. Je me suis donc rendu bien des fois à Zhoukoudian, accompagné d'ingénieurs d'EDF et des Ponts (Ponts et Chaussées) : septembre 1996, mécénat technologique et scientifique d'Électricité de France et Compagnie de prospection géophysique française ; novembre 2003, Fondation Électricité de France et Laboratoire central des Ponts et Chaussées, section reconnaissance et géophysique ; octobre 2004, fondation EDF, LCPC et Beijing Geotechnical Institute. En 1996, nous nous étions contentés de mettre en œuvre des méthodes électromagnétiques, microgravimétriques et de susceptibilité magnétique pour mesurer, de manière classique, les différences de résistivité, conductivité, densité et gradient magnétique des terrains auxquels ces mesures s'adressaient. En 2003, les pratiques géophysiques ayant évolué, nous avons ajouté aux techniques précédentes des mesures de tomographie géoélectrique, de radar géologique, des mesures sismiques et des mesures électriques. En 2004, enfin, quelques mesures géophysiques complémentaires ont surtout accompagné une importante campagne de forages (invasive donc, mais avec la participation de collègues chinois).

Parmi les résultats les plus importants, en dehors évidemment de l'établissement de la structure des collines, précieux pour tout travail à venir, mentionnons la mise en évidence de l'entrée effondrée de la grotte (pas connue), la mise en évidence d'un remplissage non fouillé de 10 à 15 mètres de puissance sous les 40 mètres déjà fouillés (pressenti mais pas si précisément), la mise en évidence d'une cavité de 70 mètres de long et 2 à 6 mètres de haut au nord de la fouille des années 1920 et 1930 et celle de réseaux complexes de 80 mètres de longueur avec des grottes de 2 mètres à 2,50 mètres de hauteur au sud, susceptibles d'avoir été aussi visités, voire occupés par des hominidés si, à l'époque, elles débouchaient ou embouchaient sur des thalwegs.

Pays très fier et très réactif, il a très vite répondu à nos suggestions ; nous avons été toujours remarquablement reçus, écoutés, assistés ; quand la réponse s'est déclenchée (ça met un certain temps), elle a été, à la manière chinoise, d'une efficacité redoutable. J'avais parlé dans mes rapports du musée à moderniser et des fouilles à reprendre, mais je ne m'attendais pas à ce que ces suggestions de programmes et d'informations scientifiques soient ainsi accompagnées de la fermeture de carrières d'exploitation de calcaire (cimenteries), du déplacement de villages, de l'aménagement de voies d'accès, de la démolition de l'ancien musée de Zhoukoudian et de l'installation d'une exposition paléoanthropologique et préhistorique au musée de l'Institut de paléontologie des vertébrés et de paléoanthropologie de Pékin – en attendant la construction du nouveau musée ; un musée de 5 000 mètres carrés vient en effet d'être construit un peu à l'extérieur du site, tel qu'il avait été circonscrit – et de nouvelles fouilles ont été engagées par des confrères et amis chinois, ce qui nous a réjouis.

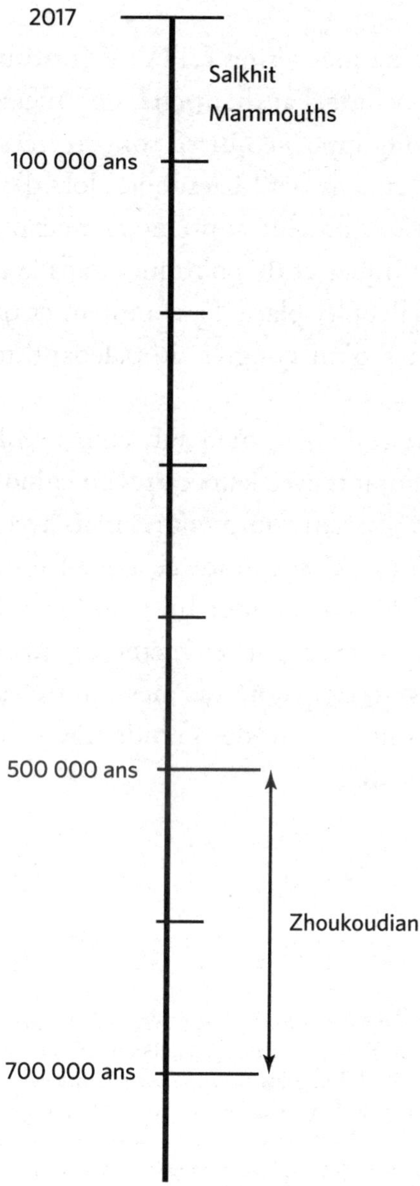

Figure 30. *Échelle chronologique des sites asiatiques mentionnés dans ce chapitre.*

C'est durant une de mes visites à l'IVPP (institut ci-avant mentionné) que j'ai validé l'authenticité des pierres taillées juste découvertes à Longuppo et qui se sont avérées avoir 2,4 millions d'années ! J'en suis fier ! C'est aussi lors d'une de ces visites que j'ai été convié, honneur suprême, à m'exprimer devant un parterre de scientifiques et de politiques dans la plus grande salle de la Maison du Peuple, place Tian'anmen, et que j'ai été invité à préfacer les actes d'un congrès de paléoanthropologie tenu à Pékin en 1999.

Selon mon habitude, j'ai, bien sûr, couru seul le vieux Pékin, fréquenté ses restaurants avec leurs cartes en chinois dans lesquelles je choisissais sans n'y rien comprendre, mais avec un air entendu, l'intitulé le plus long ; c'est comme cela que j'ai mangé un jour un chien (pas bon) et un autre jour un grand et gros serpent jaune aux deux « sauces » (excellent, et même croquant). Je n'étais, je dois dire, jamais accompagné de mes confrères ingénieurs qui préféraient la cuisine neutre des grands hôtels internationaux et le lit de bonne heure !

*

Y. Coppens, « Préface », in *Proceedings of the 1999 Beijing International Symposium on Paleoanthropology*, Acta anthropologica sinica, 2000, supplément au volume 19, p. III-IV.

Y. Coppens, « Préface », in B. Buigues, *Sur la piste des Mammouths*, Robert Laffont, 2000.

Y. Coppens, « Préface », in F. Latreille, B. Buigues, *Mammouth*, Robert Laffont, 2000.

D. Mol, Y. Coppens, A. Tikhonov, L. Agenbroad, R. MacPhee, C. Flemming, A. Greenwood, B. Buigues, C. de Marliave, Bas van Geel, G. van Reenen, J. P. Pals, D. Fischer, D. Fox, « The Jarkov mammoth : 20 000 year old carcass of a Siberian wooliy mammoth Mammuthus primigenius (Blumenbach, 1799) », *The World of Elephants, Proceedings of the 1st international Congress*, Consiglio Nazionale delle Ricerche, 2001, p. 305-309.

D. Mol, A. Tikhonov, R. MacPhee, C. Flemming, B. Buigues, C. de Marliave, Y. Coppens, L. Agenbroad, « The Fishhook Mammoth : Rediscovery of a woolly mammoth carcass by the Cerpolex/Mammuthus Team, Taïmyr Peninsula, Siberia »,

The World of Elephants, Proceedings of the 1st international Congress, Consiglio Nazionale delle Ricerche, 2001, p. 310-313.

Y. Coppens, « Speech by professor Yves Coppens », in *Addendum of the Proceedings, Unesco Training-Seminar on the Preservation, Conservation and Management of Zhoukoudian and Sangiran world prehistoric sites, Solo, Indonesia, 15-20 April 2002*, Djakarta, 2002.

Y. Coppens, « Foreword », in J.-P. Blais, P. Cote, *Peking Man Site at Zhoukoudian Site, Geological and Geophysical Complementary Investigations*, EDF et Laboratoire central des Ponts et Chaussées, 2003, p. 5.

Y. Coppens, « Préface », in J.-P. Blais, P. Cote, X Derobert, S. Palma Lopes, *Synthèse des reconnaissances géologiques et géophysiques depuis 1996. Site de l'homme de Pékin, Colline Ouest*, Fondation EDF, Paris, 2005, p. 9-11.

Y. Coppens, présentation du professeur Huang Wanbo à l'Académie des sciences de l'Institut de France (26 septembre 2006), non publié (le professeur Huang Wanbo est l'inventeur du gisement de Longuppo dont j'avais validé l'authenticité des pierres taillées lors d'un séjour à Beijing).

Y. Coppens, D. Tseveendorj, F. Demeter, T. Turbat, P.-H. Giscard, « Discovery of an archaic Homo sapiens skullcap in Northeast Mongolia », *C. R. Palevol*, 2008, 7, p. 51-60 (première publication du plus vieil hominidé mongol).

Y. Coppens, A. Tikhonov, B. Buigues, « Mammuthus, 2010-2014 », *Quaternaire, revue de l'Association française pour l'étude du quaternaire (AFEQ)*, 2010, hors-série, 3, p. 164.

Y. Coppens, « La Chine », « L'homme de Pékin », « Un petit mammouth », in *Le Présent du passé au carré*, Odile Jacob/France Info, 2010.

CHAPITRE 1

D'autres terres d'ici et d'ailleurs

« Si tu n'as pas étudié, voyage. »

Proverbe africain.

Et quand tu as étudié, voyage encore !

D'Asie et d'Amérique
Le sablier inversé[1]

« Plus à l'est, c'est l'ouest. »

LAO-TSEU.

L'Asie est immense (44 000 kilomètres carrés) et, le Béring passé, l'Amérique ne l'est guère moins (42 000 kilomètres carrés). L'Asie est en outre multiple (elle commence par la péninsule Arabique qui géologiquement est africaine), quant à l'Amérique, elle débute au nord par le Groenland qui, politiquement, est européen.

L'Asie

Je ne connais la péninsule Arabique que par de rapides séjours, sans chantiers, en Arabie saoudite, au Yémen et aux Émirats. Je connais mieux l'Asie Mineure (le Proche-Orient pour nous,

1. Le peuplement humain de la Terre s'est fait en effet d'Afrique en Eurasie d'abord (comme un sablier), puis d'Eurasie en Amérique, mais d'Amérique du Nord en Amérique du Sud (d'où la nécessité d'inverser le sablier pour qu'il se remplisse !).

le Moyen-Orient pour d'autres), mais je ne la connais qu'en qualité de visiteur, visiteur de sites préhistoriques et paléontologiques, certes, mais visiteur néanmoins ; je pense à Israël (je suis dans le comité d'honneur de l'Association des amis français de l'Université Ben Gourion du Néguev), au Liban, à la Syrie, à la Turquie et puis, plus à l'est, à l'Iran, à l'Inde (où j'ai eu un prix de vulgarisation scientifique) et à l'Asie des tropiques, mais on est déjà en Extrême-Orient. Je connais mieux cette dernière Asie-là, l'Indonésie, le Vietnam, la Thaïlande, les Philippines, et parmi ces grandes et belles régions (j'adore les tropiques que je trouve heureux), l'Indonésie et les Philippines tout particulièrement.

Commençons par les Philippines. J'avais entendu dire, de manière sans doute un peu rapide, qu'on avait trouvé des hominidés contemporains de l'homme de Pékin dans le nord de l'île de Luzon. Comme c'est dans la nature du chercheur de vouloir être le premier, a dit à juste raison Albert Fert, je fonçai à Air France quémander un billet (même deux) pour Manille, billet que j'obtins et je m'envolai donc en 1973 pour ces belles îles lointaines afin de me trouver le plus vite possible auprès du « phillipinanthrope ». Le vol que je pris, mais il n'y en avait pas d'autres, s'arrêta partout (on n'a plus cette habitude aujourd'hui) : Beyrouth, Téhéran, Bombay (Mumbai), Bangkok, Saïgon (aujourd'hui Hô-Chi-Minh-Ville), Manille. C'était insupportable, on était perdu dans le décompte des petits déjeuners et des repas plus copieux. Le contact que j'avais pris à l'université de Manille, le professeur Éric Casiño, m'attendait à l'aéroport, heureux de ma visite, et laissa très vite apparaître, dès la première conversation, qu'en effet il se pourrait bien qu'un jour on découvre des restes d'un homme, contemporain du sinanthrope dans les gisements paléontologiques et préhistoriques du nord… Ne pas être assez rapide, c'est condamnable, l'être trop, cela l'est aussi. Mais notre hôte se montra ravi au point de mettre sur pied l'expédition que j'espérais. Nous eûmes en effet la chance de nous rendre en 4 × 4 de Manille à Tuguegarao, de prospecter le site fameux de Cagayan et de récolter beaucoup de fossiles et de pierres taillées, là où il se pourrait bien qu'un jour…

J'eus une autre fausse alerte aux Philippines : un jour, une fondation américaine me contacta d'urgence pour que je m'y rende et valide la découverte d'un os du crâne d'un hominidé. Tout était prêt, avion, hélicoptère en arrivant, tout pour une authentification triomphale pour le découvreur et pour la fondation. J'eus cette fois la prudence de demander des images ; je ne sais plus comment elles m'arrivèrent – l'électronique n'était pas encore en usage –, mais elles me parvinrent rapidement… et je reconnus tout de suite, malheureusement, un fragment osseux de carapace de tortue, facile à confondre de loin en effet avec un fragment de la voûte crânienne d'un humain (la courbure y était, l'épaisseur aussi, mais pas la texture, ni les sutures).

Je retournai cependant une autre fois aux Philippines, à Cebu cette fois – c'était en 1997 –, pour embarquer sur le *Mermoz* (pour y donner des conférences), qui nous gratifia de toute une série d'escales, dont Mindanao (tous feux éteints parce qu'il y avait des pirates ?), avant de rejoindre les Moluques et puis quelques-unes des îles d'Indonésie (Sulawesi, Lombok, Komodo, Bali).

Ma principale découverte – j'ai honte – y est gastronomique ; il s'agit là de la dégustation des balouts (prononcer le *t* final), œufs si avancés que c'est en partie le poussin que l'on déguste ; mais mes découvertes ont été aussi, bien sûr, les paysages et, en particulier, les étonnantes et très décoratives cultures du riz en terrasses.

J'ai été aussi bien des fois invité en Indonésie, berceau du pithécanthrope, un *Homo erectus*, endémique, découvert avant la fin du XIXe siècle, ce qui n'est pas rien ! Dans les années 1970, un grand préhistorien, Raden Panji Soejono, régnait à Djakarta, et deux paléontologues, évidemment en compétition, Sastrohamidjojo Sartono à Bandung et Teuku Jacob à Jogjakarta (tous deux aujourd'hui décédés). Comme ni l'un ni l'autre ne conduisaient de fouilles, l'un comme l'autre attendaient dans leur laboratoire respectif les récoltes que les « natifs » leur apportaient, moyennant rétribution. Il est arrivé ainsi que certains fossiles soient découverts en deux ou plusieurs morceaux et que l'un des deux soit à Bandung et l'autre à Jogjakarta ; il fallait alors en réaliser des moulages pour les réunir !

Mon premier voyage en Indonésie date de 1976 et c'était un rendez-vous à Bandung avec Sartono ; nous avons fait ensemble une superbe tournée de terrain (2 000 kilomètres), en passant par tous les grands sites paléoanthropologiques et préhistoriques : Trinil, Sangiran, Solo. J'étais triste de constater que les fossiles, sources de revenus, venaient de collectes indigènes, sans repères précis et je me suis « amusé » à Trinil à faire savoir que je donnais une récompense à quiconque apporterait un fossile ou une pierre taillée ; au bout de la journée, j'avais un petit tas d'objets que j'ai bien sûr laissés au musée de Trinil. Des fouilles véritables ont été ensuite initiées et conduites par François Sémah et sa femme, Anne-Marie, fouilles qui ont permis de mieux comprendre la stratigraphie des niveaux à fossiles ou à outillages (si rares), tentant de mettre un terme à cette récolte pirate.

Je suis retourné en 1989 à Jogjakarta, cette fois à l'invitation de Teuku Jacob, pour la commémoration de la découverte du premier fossile d'hominidé par Eugène Dubois, Kedung Brubus, en 1889 donc. C'était très agréable et assez intime ; il n'y avait qu'un collègue australien qui avait fait le déplacement et moi. Nous dînions par terre sur les trottoirs, dès que les boutiques avaient tiré leurs rideaux… de merveilleux mélanges d'avocat et de chocolat.

Et puis j'y ai fait un saut en 1997, en tant que membre d'une commission chargée de débrouiller les problèmes administratifs liés à la conservation du grand site de Sangiran, inscrit au Patrimoine mondial de l'Unesco, mais dépendant de deux « communes » (ou l'équivalent), dont l'une se déclarait intéressée, mais dont l'autre en faisait une zone de dépôt d'ordures ! Pas simple à mettre d'accord !

Ce qui m'a plu en Indonésie ? Tout ! Le *nasi goreng* le matin, le midi et le soir ! Le plateau généreux de fruits étranges, les roussettes (chauve-souris) au gril, mais aussi les marionnettes ambulantes dans tous les villages, les temples partout (Boru Budur évidemment), mais j'ai bien aimé aussi la recherche des coupes géologiques et des affleurements le long des rivières, dans l'eau jusqu'à la ceinture, seules saignées pour les appréhender, et cette ambiance tropicale que j'adore, très humide par rapport aux tropiques africains qui étaient devenus ma « maison ».

Avant de quitter l'océan Indien, citons entre autres îles, les fameuses Seychelles (de rêve), dont l'intérêt (je n'ose pas dire principal) est d'être des îles granitiques et non volcaniques comme leurs lointaines voisines, les Mascareignes.

Un grand saut au nord-est et nous voici en Corée.

Un jour de 2006, je reçus un appel téléphonique d'une architecte parisienne, Anouk Legendre (agence Xtu) ; cette dame souhaitait que nous nous rencontrions car, comme c'est l'habitude chez les architectes, elle avait répondu à un appel d'offres international pour la construction d'un musée de préhistoire en Corée du Sud et, à son grand étonnement, disait-elle, c'est son agence qui l'avait gagné. En gros, elle me disait : « Je saurai faire le musée (le contenant), mais j'ai besoin de vous pour le contenu. » L'idée m'a amusé et j'ai eu avec cette architecte et son équipe de nombreuses réunions de travail au fur et à mesure qu'elle recevait des détails de Corée sur l'allure du site, Jéongok (qui était un gisement préhistorique d'environ 400 000 ans), le paysage environnant, les souhaits des préhistoriens demandeurs et (pour moi) la manière dont ils concevaient l'exposition que ce musée abriterait. Après avoir avancé sur le concept et l'architecture possible de ce musée, il fallait vraiment aller sur place. Je déléguai mes fonctions à un élève, Fabrice Demeter, et Anouk Legendre et Fabrice entamèrent une succession de voyages sur place pour se mettre d'accord avec les autorités administratives et scientifiques sur ce nouveau musée, son allure, ses salles de travail, ses ateliers, son amphithéâtre, son restaurant, sa salle d'exposition permanente et ses salles d'expositions temporaires. L'affaire, non sans débats multiples, m'ont-ils raconté, a été menée à bien, et le musée de Jéongok, très fondu dans le paysage, vit le jour et fut inauguré en 2011.

Il se trouve que, par ailleurs, le service du Patrimoine mondial de l'humanité de l'Unesco sous l'autorité de Francesco Bandarin, a souhaité élargir sa liste de sites inscrits aux gisements paléontologiques et préhistoriques qui manquaient cruellement à la gamme des monuments ou ensembles de monuments jusqu'ici retenus. C'est une des assistantes de ce service, Nuria Sanz, qui fut choisie par Francesco Bandarin pour se saisir de ce problème et le mener à bien. Nuria, brillante Espagnole, mit sur pied un programme très intelligent qu'elle appela HEADS (Human Evolution, Adaptation, Dispersals and Social Developments) et qui consistait à faire le tour du monde, à organiser, sur chaque continent, un colloque des principaux acteurs de la paléontologie et de la préhistoire de la région, à les laisser débattre entre eux comme dans n'importe quel colloque scientifique et à en retirer la liste et même le classement des sites susceptibles d'être inscrits.

Nuria, qui n'est ni paléontologue ni préhistorienne, s'entoura d'une « garde » internationale rapprochée d'une petite demi-douzaine de scientifiques experts de ces disciplines, garde dont je fis et fais toujours partie (*scientific committee*). Et les colloques ainsi conçus et la publication de leurs actes s'enchaînèrent d'Europe (Burgos), en Afrique (Addis-Abeba), en Asie (Séoul), puis en Amérique (Puebla au Mexique) de façon très régulière, très soutenue, très efficace, au point qu'aujourd'hui l'Unesco dispose de cette fameuse liste des sites paléoanthropologiques et préhistoriques les plus importants du monde. Je participai bien sûr à l'ensemble de l'opération, mais fus plus spécialement sollicité et impliqué dans l'établissement de la liste des paléoanthropologues et des préhistoriens d'Afrique et d'Asie à inviter pour les colloques et leurs débats. Et j'eus aussi à ouvrir les réunions d'Addis-Abeba et de Séoul et à conduire en partie leur déroulement. Mais la surprise à laquelle je ne m'attendais absolument pas, c'est que le colloque de Séoul fut le colloque de Jéongok ! La Corée, puissance invitante, au nom de l'Asie tout entière, avait eu en effet l'idée de nous réunir, en septembre 2012, dans le musée de préhistoire le plus moderne du pays, musée désormais sous l'autorité du professeur Kidong Bae. Tant et si bien que ce musée, à la conception duquel j'avais tant travaillé à distance, fut celui où nous eûmes cette rencontre. Il me revint ainsi d'ouvrir le colloque sur l'Asie face aux autorités scientifiques et politiques de la province auxquelles Anouk Legendre et Fabrice Demeter avaient eu affaire tant de fois, et à participer dans ses murs à une huitaine de jours de travaux. Mon impression ? De loin, le musée n'est pas visible. De près, il n'est pas beau mais enjambe un petit canyon, comme le souhaitait le cahier des charges, et jouxte une rivière généreuse tout en absorbant le site paléolithique qui est sa raison d'être là. L'intérieur est parfait, spacieux, habile dans la distribution des volumes et actuellement riche d'expositions générales sur l'histoire de l'homme et spécifiques sur la préhistoire de la Corée.

Le défi de cette implantation a incité une jeune élève de l'École d'architecture de Paris/La Villette, Magalie Rayebois, à en faire le sujet de son diplôme de fin d'études ; il s'appelait *Un musée de paysage à Jéongok (Corée du Sud)*, diplôme soutenu évidemment sous mon parrainage en 2007.

Je suis repassé brièvement à Séoul en 2016.

Ma première rencontre avec le Japon a été, quant à elle, avenue Paul-Doumer. C'était dans les années 1970. Je sortais tard (20 heures) du musée de l'Homme que je coordonnais (« dirigeais ») et j'avais donné rendez-vous à un neveu pour dîner. Je me rendis à la station de taxis, que je connaissais bien. Pas de taxi et, devant moi, une jeune femme qui elle, avant moi donc, attendait aussi. Un taxi finalement arriva. J'étais tellement en retard que je me permis de saisir le bras de la personne qui me précédait, de la pousser dans le taxi, et de lui dire : « On part ensemble, je suis sûr qu'on va dans la même direction ! » Elle se laissa faire et nous voilà, tous les deux à l'arrière d'une voiture et d'un chauffeur qui ne comprenait rien ! Je me tournai alors vers la jeune femme et lui dis : « Yves Coppens, du musée de l'Homme voisin, je suis très pressé et c'est la raison de ma précipitation, j'ai un rendez-vous à 20 heures dans le Marais. » Se tournant à son tour vers moi, elle me dit toute souriante, ce qui était inespéré, « Toshi, *made in Japan* ! » Je lui demandai tout de même courtoisement où elle allait ; elle se rendait à un vernissage dans une galerie de Saint-Germain-des-Prés. C'était donc ma direction… Et vint, enfin, le premier échange avec le chauffeur : « À Saint-Germain-des-Prés où madame descendra, lui dis-je, et ensuite vers le Marais et je vous préciserai l'adresse en temps utile ! » Nous partîmes pour Saint-Germain-des-Prés où « Toshi, *made in Japan* », très enjouée, voulait m'emmener au vernissage et puis pour le Marais (rue du Pont-aux-Choux) où mon neveu patientait… J'ai revu mille fois depuis Toshimi Ishii, très grande sculptrice japonaise, récompensée par de nombreux prix internationaux, et qui avait résidé d'abord dans une cité d'artistes, rue Tourlaque, au pied de Montmartre et puis dans un des anciens ateliers de Picasso, ce dont elle était très fière, rue Campagne-Première ; et nous sommes devenus grands amis ; ce fut évidemment aussi amusant pour moi que pour elle de faire ainsi connaissance.

J'ai toujours eu de nombreux rapports avec les Japonais, collègues, collègues et amis ou amis tout simplement. Mais, trop pris ailleurs, alors que j'ai été leur invité souvent, je ne me suis rendu dans leurs îles que tard. Ce ne fut qu'un beau jour de 1999 que le primatologue Hidemi Ishida m'ayant invité à un colloque, intitulé *Evolution of Apes and the Origin of Human Beings*, je m'envolai pour Inuyama, où se trouvaient des élevages de primates vivants et les laboratoires de primatologie de l'Université de Kyoto. Première impression du Japon : un pays très organisé, très discipliné, très raffiné, d'une très belle tenue, étonnamment religieux, à la tradition entretenue et à l'alimentation déroutante (pour moi). J'y suis retourné en août 2005, à l'occasion de l'Exposition universelle d'Aïtchi où, grâce à l'intercession d'une autre jeune amie japonaise, Aï Tamura, j'exposai au pavillon Global House, « la Maison de la Terre », le squelette de Lucy et une tête de mammouth de Iakoutie. Il y eut d'ailleurs là 20 millions de visiteurs en six mois d'exposition ! J'ai alors mieux apprécié la nourriture pour laquelle je pense qu'il faut une véritable initiation (toujours pour moi). Il s'est trouvé en outre que j'avais rendez-vous pour dîner le dernier jour du mois d'août 2005 avec un collègue, le professeur Hisao Baba ; c'était à Tokyo. Lorsque je rencontrai cet ami, j'eus le malheur de lui dire que ce 31 août était précisément mon dernier jour d'activité officielle et que, dès le lendemain, je serais, en France, en retraite (administrative) ; il loua alors toute la salle du restaurant, appela collègues et étudiants… et nous passâmes la nuit à fêter ce qui n'était pas fêtable. Je suis rentré à Paris le lendemain, encore très imprégné de senteurs de saké et un peu fatigué aussi ! Ce fut un grand jour que je n'avais pas du tout l'intention de distinguer des autres, mais parfois les circonstances et les amis font en sorte que vous ne puissiez pas l'oublier !

L'Amérique

L'Amérique est un long continent de 15 000 kilomètres du nord au sud, entre la petite Diomède qui la ponctue au nord-ouest, face à la grande Diomède russe, et le Cap Horn qui met un point sur la Terre de Feu, au sud, avant les côtes fraîches de l'Antarctique ; « *Al final del mondo*, disent les Chiliens, *il diablo perdió su poncho !* » Ce sont en effet les fameux quarantièmes rugissants et les cinquantièmes hurlants, qui parfois soufflent au point que « cap-hornier » a toujours été un titre de noblesse des mers que je suis fier d'avoir acquis. C'était en 2007 sur le paquebot *Le Diamant*, dont le commandant était breton et s'appelait Jean-Philippe Lemaire. Lorsque j'étais enfant, sur les quais de La Trinité-sur-Mer, j'étais en effet très impressionné lorsqu'on me disait : « Tiens, voilà ton cousin Le Rouzic, ou Le Goff, ou Le Goueff (ça s'appelle, et ce n'est pas pour rien, “cousin à la mode de Bretagne”) –, tu sais, c'est un “cap-hornier”. » J'étais littéralement figé d'admiration et je rêvais de le devenir un jour (l'exotite), mais, eux, ils l'avaient fait à la voile !

L'Amérique, c'est donc, au nord, l'Alaska à un bout et le Groenland à l'autre (et l'Islande géologiquement en partie, peut-être, à l'origine, anthropologiquement aussi), avec l'immense Canada entre les deux. De l'océan glacial Arctique aux Grands Lacs – qui ont récupéré l'eau de la fonte du glacier quaternaire – et du Pacifique à l'Atlantique s'étendent en effet ces territoires sans fin que la « Bibliothèque verte » de mon enfance faisait se dérouler dans mon imaginaire. Je suis allé plusieurs fois traîner mes bottes le long des côtes de l'Alaska pour imaginer les hommes passant le Béring derrière les bisons ou les mammouths qu'ils chassaient et découvrant le Nouveau Monde sans le vouloir et sans le savoir : j'ai été ému chaque fois ! Le Béring a partout moins de 100 kilomètres de large, partout moins de 100 mètres de profondeur. Une petite mobilisation des eaux par le grand glacier ou par les deux glaciers qui le composèrent parfois, celui de Cordillieron à l'ouest et celui dit Laurentide ou Keewatin à l'est, suffisait à faire de la Béringie un important territoire (1 500 kilomètres du nord au sud) de steppes, entre 60° et 70° de latitude Nord. Il reste à le fouiller ; une pierre taillée a été recueillie près de Vancouver (Canada), à 50 mètres de profondeur.

Je connais peu le Canada, seulement sa partie francophone, que je me suis offert le luxe de découvrir (aussi) en remontant en paquebot le Saint-Laurent, de Terre-Neuve à Gaspé, à Québec et à Montréal. Je n'ai bien sûr fait que caboter le long des deux côtes ouest, surtout, et est, un peu, du Groenland, dont j'ai admiré les 5 000 ans de préhistoire. S'y sont succédé, en effet les paléo-Eskimos, équipés d'arcs, les méso-Eskimos qui inventèrent les skis et les néo-Eskimos qui imaginèrent les traîneaux à chiens et surtout les flotteurs au bout de leurs javelots pour ne pas perdre les précieux phoques blessés. Ces trois peuplements, tous trois merveilleusement adaptés à la chasse aux mammifères marins, se suivirent sans doute en partie sur place, mais leurs origines à tous les trois sont bel et bien en Alaska et même au-delà, en Extrême-Orient.

Et si j'ai cité l'Islande, que je connais vraiment très bien, c'est parce que c'est un morceau exceptionnellement émergé de la ride médio-atlantique dont géologiquement la partie ouest est américaine et la partie est européenne, mais c'est aussi parce que l'on y a recueilli, dans la partie sud-ouest, une pierre taillée, un nucléus (dit cunéiforme parce que sa percussion a été particulière). Or ce type d'objet est connu en Alaska (10 000 ans), en Sibérie et même en Mongolie (30 000 ans) ! Cette pierre serait-elle la marque du passage Alaska-Groenland-Islande des tout premiers habitants de l'île, quelque peu aventuriers, ou un objet recueilli ailleurs et tombé de la poche d'un collectionneur ?

Dès que les glaciers nord-américains fondent, la vallée du Mackenzie, entre les deux, s'ouvre et ouvre la route du sud, mais c'est encore le sud du Nord.

Au sud du Canada se rencontre, en effet, l'essentiel des fameux États-Unis d'Amérique, appelés souvent Amérique tout court, et dont l'Alaska nous avait donné un discret relent ; je dis « l'essentiel » tout simplement parce que l'Alaska, que je viens d'évoquer, leur appartient, ainsi qu'Hawaii au cœur de l'océan Pacifique (où je suis passé deux fois, en allant à Tonga en 1999 et en en revenant en 2000, mais c'est une autre histoire). Les États-Unis sont abondamment critiqués, pour leur genre de vie, leur politique, leur alimentation et que sais-je encore ? Tout simplement parce que le monde entier, dès la Première Guerre mondiale mais surtout depuis, les envie ! Les humains sont ainsi ! Pénétré de partout, ce pays a su, en fait, avec son potentiel humain, fabriquer un super-État que l'on ne peut qu'admirer. Grâce à un système de taxes approprié, 70 % de la recherche scientifique fondamentale s'y fait, ses revues sont devenues la référence, ses arts (musique, chorégraphie, cinéma, peinture, sculpture, etc.) sont omniprésents, et sa technologie pionnière. Et comme par un échange plein d'humour, l'Amérique continue de regarder avec beaucoup de curiosité, de réel intérêt, de complexe même, ce qui se passe en Europe et en Afrique. C'est vrai que c'est l'histoire de beaucoup d'entre eux et tous les humains ont besoin d'origine.

Mais n'oublions évidemment pas les autres : l'Amérique amérindienne pleine de sagesse et trop oubliée. On y trouve partout un professionnalisme et une recherche de perfection, souvent atteinte, fruits du travail d'émigrés, qui ont eu peut-être à cœur de rejoindre et de dépasser leurs vieux modèles. J'ai été parmi les premiers, dans un tout autre domaine que le mien, à saluer par exemple, la mémoire de Steeve Jobs.

Ce n'est pas du tout le propos de ce livre, mais c'est pour moi l'occasion de dire que les États-Unis, qui font grogner et grincer, sont un très grand pays à de multiples égards.

J'y étais dès 1965, dans le centre, Denver, Boulder, et à partir de ces deux grandes cités, dans le Colorado, le Texas, La Nouvelle-Orléans, l'Arizona, le Nouveau-Mexique. Et puis je n'ai plus cessé de fréquenter ce pays fascinant, de Cleveland pour travailler avec Donald Johanson, à Chicago et puis à Berkeley pour travailler avec Francis Clark Howell (je suis très fier d'avoir reçu un doctorat *honoris causa* à l'Université de Chicago), à New York (où j'étais chercheur associé à l'American Museum of Natural History et *visiting professor* à la City University of New York, à la School of Medicine du Mount Sinai Hospital) ; j'ai fréquenté Los Angeles où j'ai participé au sauvetage du musée de paléontologie de Rancho La Brea, à San Francisco où j'ai mis mon grain de savoir dans une exposition sur les origines de l'homme à l'Academy of Sciences du Golden Gate Park ; je me suis rendu plusieurs fois à Seattle dans l'État de Washington, plusieurs fois aussi à Washington D.C. ; j'ai enseigné à East Hampton dans un institut privé (Ross), et j'étais encore récemment à New York (2015), invité par l'Organisation des Nations unies pour parler de… « progrès » ! Mais j'arrête ces vantardises qui n'ont d'importance que pour moi.

Passons en Amérique centrale et aux Caraïbes. Je connais la Martinique (1993), grande séductrice ; j'y ai visité des rupestres (gravures, géométriques sur des roches affleurantes) et admiré des outillages en coquillages – l'homme opportuniste a toujours fait avec les moyens offerts par son environnement –, mais je n'oublie pas le ti-punch ! Le Mexique (1981), où j'ai circulé un peu dans des bus qui faisaient la course, m'a aussi beaucoup séduit, tellement riche de ses chefferies (Olmèques, Teotihuacans, Mixtèques, Toltèques, Aztèques, Zapotèques, Mayas proprement dits), devenues cités-États indépendantes mais n'en réalisant pas moins ensemble l'étonnante culture dite « maya » au sens large, qui a offert à l'humanité une architecture monumentale, une statuaire bouleversante et une écriture originale. L'écriture a ainsi été inventée quatre fois, en Mésopotamie (5 400 ans), en Égypte (5 200 ans), en Chine (3 400 ans) et au Mexique (3 000 ans). Détail personnel, je suis allé à Mexico et j'en suis revenu (les deux fois par New York) en Concorde (offert bien sûr) ; du même coup, chaque fois que je suis, depuis, sur un long courrier, je me demande pourquoi il se « traîne » à moins de 1 000 kilomètres à l'heure, alors qu'on sait parfaitement faire deux fois, trois fois mieux. Comme il se devait, j'ai vécu à Mexico un tremblement de terre, séisme de magnitude 7 sur la fameuse échelle du non moins fameux Richter, sans dommage humain ; j'étais à l'hôtel avec un collègue allemand, et l'on a cru, l'un et l'autre séparément, qu'on avait « consommé » plus que de raison (on sortait d'un cocktail au fameux musée d'Anthropologie), et puis la course des Mexicains sous les linteaux des portes et le balancement d'un énorme lustre en fer forgé très menaçant nous ont fait prendre conscience de la nature de ce qui se passait ; c'est très impressionnant !

Un mince cordon ombilical relie l'Amérique dite centrale à celle dite du Sud et nous voici, de plain-pied, dans cette autre Amérique, celle de la forêt, partagée il est vrai avec l'Amérique centrale, et puis de la pampa. La colonne vertébrale excentrée que constituent, au nord, les Rocheuses, se poursuit ici par les

Andes, et j'ai eu le bonheur, au Venezuela, d'y grimper (à cheval) au-dessus de 5 000 mètres. Au retour, à Mérida, mon pauvre cheval avait l'air vraiment très fatigué ; c'était en 1992 et je ne devais plus avoir déjà le poids plume de mes années de baroud africain !

Le pays d'Amérique méridionale que j'ai jusqu'ici le plus fréquenté (dès 1991) est, sans conteste, le Brésil, de la forêt (Belém, Manaus) aux frontières du Paraguay (Iguazú), de l'Uruguay et de l'Argentine. De Recife, merveilleux tropique sentant le sucre, à Santos, port de São Paulo, j'ai pu caboter le long de toute la côte. Rio a toujours été mon escale préférée, mais Salvador de Bahía n'est pas mal non plus. Enfin São Paulo, la gigantesque, dangereuse et brillante, m'a séduit au point, qu'en retour son Académie de médecine a fait de moi son premier membre étranger !

Mais c'est au nord-est dans le Piauí que j'ai le plus séjourné, invité à Pedra Furada sur les fouilles d'une collègue franco-brésilienne, Niede Guidon, si fameuses que ce sont ses relevés rupestres qui ont illustré la séance de clôture des récents jeux Olympiques de Rio. Cette région est en effet riche en sites préhistoriques de plusieurs époques, en commençant, et c'est évidemment ce qui est le plus important, par des outillages préhistoriques en pierre liés à des foyers datés au carbone 14 de 50 000 ans parfois, ce qui est considérable pour l'Amérique. Il y a, bien sûr, débat autour de ces datations, pourtant nombreuses et faites dans plusieurs laboratoires, mais bien des auteurs les ont revues à la baisse ; malgré cela, les chiffres restent élevés, ce qui fait dire à Niede Guidon que l'Amérique a été, ici, peuplée par des gens venus de l'ouest, d'Europe ou d'Afrique, à travers l'Atlantique, même si le peuplement par le Béring demeure majoritaire, mais ce n'est pas pour le moment confirmé par l'anthropologie. À la suite de ce séjour, les autorités universitaires brésiliennes ont créé en 2004, honneur inattendu, une chaire Yves Coppens d'archéologie à l'Université de Pernambouc du Val de São Francisco et Recife !

Figure 31. *Dans les Andes, sur mon petit cheval de montagne, 1992*

Ce sont certains de mes collègues bénéficiaires de sa dotation qui me l'ont appris (Claude Guérin de Lyon, pour aller étudier les grands édentés fossiles caractéristiques de cette Amérique-là, qui a fonctionné longtemps comme une île). Je ne pouvais évidemment pas moi-même hélas puiser à cette source financière ! La gloire et les crédits sont parfois en contradiction !

J'ai caboté aussi le long des côtes de la longue Argentine (en partant de Buenos Aires, en traversant le Rio de la Plata, dit à cet endroit la « flaque », pour atteindre, en Uruguay, Montevideo d'où partait mon bateau) et j'en ai fait autant le long des côtes du Chili jusqu'à sa capitale, Santiago ; c'était en 2007. Ces deux grands pays, qui se partagent la généreuse queue de l'Amérique, sont couverts de pierres taillées, et celles du bout du continent accusent encore 10 000 à 15 000 années ! Ces chiffres donnent une idée de la vitesse de déplacement des hommes, si ceux d'ici sont bien ceux venus de l'Extrême-Orient par le fameux détroit, là-haut, au nord-ouest, il y a peut-être 30 000 à 40 000 années, mais peut-être plus : des os avec d'incontestables traces de décarnisation viennent en effet d'être découverts en Californie, ils auraient 130 000 ans !

Et là-bas, la calotte antarctique enfin, comme chacun sait est une vraie terre recouverte de 3 000 mètres de glace et nous sommes nombreux à attendre la fonte de son couvercle pour l'étudier ; c'est même pour certains, un vrai continent (le sixième). Je n'y suis pas encore allé ; je suis arrivé jusqu'au Cap Horn, comme je l'ai raconté, mais pas au-delà ; je suis pourtant administrateur (depuis 1999) des TAAF (Terres australes et antarctiques françaises) « pour le patrimoine historique et culturel ». Mais je n'ai pas encore fait la « rotation » de la Réunion aux îles Kerguelen, Croizet, Saint-Paul, Amsterdam et à la terre Adélie et retour. J'y pense !

*

Y. Coppens, « Le pithécanthrope aux Philippines », *Actualité de l'Exploration*, 1974, n° 94, p. 18-19.

Y. Coppens, « Jacob Teuku », *in* « Présentations de savants », *Les Nouvelles de l'Académie*, mai-juin-juillet 1992, p. 49-50.

Y. Coppens, « Préhistoire du Piaui, Brésil », *Archéologia,* novembre 1993, p. 48-49.

Y. Coppens, « Introduction », in F. Sémah, C. Falguières, D. Grimaud, H. et A.-M. Sémah, « Origines du peuplement et chronologie des cultures paléolithiques du Sud-Est asiatique. Actes du Colloque international de la Fondation Singer-Polignac, Paris, 3-5 juin 1998 », Artcom/Errances, 2002, p. 35-37.

Y. Coppens, « Préface », in Robert Gessain, *Inuit. Images d'Ammassalik, Groenland, 1934-1936,* Éditions de La Martinière, 2007, p. 10-11.

Y. Coppens, « Keynote address, Human origin patrimony », *Studies in Southern Asia*, 10-12 décembre 2007.

Y. Coppens, « Éclairage sur le fascicule thématique "L'Asie continentale et insulaire : quelques points d'actualité sur les premiers peuplements" (Rédacteurs invités : Anne-Marie Bacon, Fabrice Demeter) », *C. R. Palevol*, 2012, 11 (2-3), p. 85-230.

Y. Coppens, *in* Unesco, *Kalinga Laureates for Universal peace, Kalinga Foundation Trust, Bhubaneswar, Odisha, India*, 2012, p. 222-228.

Y. Coppens, « More eastern, it's west », colloque *Human Evolution, Adaptations, Dispersals and Social Developments (HEADS),* Unesco World Heritage thematic program, Puebla, Mexique, 2-5 septembre 2013.

Y. Coppens, « Avant-propos », in F. Demeter, A.-M. Bacon et P. Sytha, *Premiers peuplements d'Asie du Sud-Est. État des connaissances actuelles sur le Cambodge*, Unesco, 2014, p. 7-8.

Y. Coppens, « Human origin sites and the world heritage convention in Asia », *Jéongok World Heritage Papers*, 2014, 39, p. 10-14.

Y. Coppens, « Ouverture », in A. Dambricourt (rédacteur invité), « Origines de l'homme dans le sous-continent indien », *Palevol*, 2016, 15, fasc. 3-4, p. 277-452.

Y. Coppens, « Préface », in G. Berillon, A. Asgardi Khaneghah (dir.), *Garm Roud. Une halte de chasse en Iran. Paléolithique supérieur*, Archéo-éditions, IFRI, 2016, p. 11-12.

F. Demeter, L. Shackelford, K. Westaway, P. Duringer, A.-M. Bacon, J.-L. Ponche, X. Wu, T. Sayavongkhamdy,.X. J. Zhao, L. Barnes, M. Boyon, P. Sichanthongtip, F. Sénégas, A.-M. Karpoff, E. Patole-Edoumba, Y. Coppens, J. Braga, « Early modern humans and morphological variation in Southeast Asia : Fossil evidence from Tam Pa Ling, Laos », *PLoS One*, 2015, 10 (4).

D'Europe et d'Océanie
Le grand écart

« Tout autour de la Terre, Tout autour de la mer... »

D'après Jacques PRÉVERT.

L'Europe

En 1978, j'ai été invité par la Fondation Nobel avec dix-huit collègues (nous étions considérés comme les chefs d'écoles du monde de la paléoanthropologie). De manière très généreuse et intelligente, le colloque avait programmé une demi-journée pour le public, dans un théâtre-cinéma de Stockholm. Dix-huit petites chaises étaient alignées côte à côte le long d'un grand rideau de scène tout au fond du plateau, et un malheureux petit micro attendait les bavards tout au bord de ladite scène, juste au-dessus de la fosse d'orchestre. La règle du jeu était la suivante : nous attendions les questions du public et nous nous rendions au micro pour y répondre si la demande était de notre ressort. Après une introduction rapide en suédois, la parole fut donc offerte au public, et la première question, très générale, fut : « Quelles sont les nouvelles découvertes faites sur le continent africain ? » Je bondis au micro et racontai avec fierté les expéditions d'Olduvai, du Turkana, de l'Omo, de l'Afar et leurs résultats tout chauds et retournai à ma petite chaise. Deuxième question : « Quelles sont les nouvelles découvertes en Asie ? » Cette fois ce fut notre collègue chinois Woo Yu Kang (devenu Woo Rukang), sorti exceptionnellement de Chine pour cette réunion de prestige, qui se rendit au micro et qui, dans un anglais mêlé de rires – c'était de la timidité –, raconta les trouvailles récentes faites en Chine, grâce au président Mao, depuis une quarantaine d'années. À peine était-il retourné à sa chaise que, sans attendre la troisième question, je pensai peut-être un peu vite que c'était de mon devoir, en tout cas du devoir d'un de nous, Occidentaux, de faire remarquer au public que c'était la première fois que nous avions la chance d'entendre un collègue d'Extrême-Orient nous raconter ce qui se passait au bout de cet immense continent, puisqu'un rideau dit de fer empêchait des rencontres et des communications directes. « Saluons notre collègue Woo Yu Kang, dis-je, et remercions-le de nous avoir apporté ces résultats si importants pour tenter des corrélations entre nos découvertes africaines et ces découvertes orientales. » Et, dans un esprit de plus grande synthèse, j'ajoutai, je ne sais pas pourquoi : « C'est dommage que le professeur Woo ne nous ait pas parlé de l'Europe pour mieux comprendre l'histoire de tout ce que l'on appelle l'Ancien Monde. » À peine avais-je terminé mon reproche, que Woo se leva comme un ressort de sa chaise, se précipita au micro et déclara avec vigueur : « *Europe is a part of Asia.* » Je n'avais plus qu'à ramasser ma petite presqu'île et laisser venir les autres questions. Le statut de l'Europe était réglé ! « L'Europe, un petit cap du continent asiatique », disait déjà Paul Valéry.

En dehors du Liechtenstein, je crois que je connais toute ma péninsule, de l'Islande et du Groenland, dont j'ai déjà parlé et qui ne sont européens que politiquement, à la Turquie qui ne va pas tarder à entrer complètement dans notre continent. L'Europe (10 000 kilomètres carrés) est certes très diversifiée, elle a une histoire compliquée et conflictuelle et, comme cette histoire est mal enseignée, l'Europe n'apparaît pas comme le bloc, bien plus *homo*gène qu'on imagine, qu'elle représente. Il faut s'en trouver éloigné, au cœur du Sahara par exemple (cela m'est arrivé) ou perdu dans la toundra (cela m'est arrivé aussi) pour en percevoir et en ressentir l'unité, unité (relative) de sa population, unité (ou presque) confessionnelle, unité culturelle, unité du mode de vie, de la pensée, de l'alimentation, des comportements (relativement à ce qui se passe ailleurs évidemment).

Son peuplement a dû commencer dès la première expansion de l'homme au-delà de l'Afrique, je veux parler d'*Homo habilis* il y a 2,5 millions d'années. Pour le moment, les outils découverts en Europe ne dépassent pas, en fait, 1,6 million d'années (Pirro Nord, Italie) et les restes humains 1,2 million d'années (Atapuerca, Espagne), mais je suis convaincu qu'on n'en restera pas là. Les glaciations successives ont sans doute un peu gêné les mouvements des hommes, sauf peut-être le long de la Méditerranée ou au travers des grandes plaines du Nord-Est. Les inondations interglaciaires liant entre elles la Caspienne, la mer Noire, et la Méditerranée, d'une part, et fabriquant la Baltique, d'autre part, en ont de la même manière, ralenti les déplacements. Mais l'homme est opportuniste et il a su contourner ces obstacles, quand c'était possible et rejoindre l'Extrême-Occident (des empreintes de pas de 1 million d'années ont été décrites sur une plage de Grande-Bretagne), le grand Sud (vite) et le grand Nord (moins vite). Toujours est-il qu'une fois établi en Europe, ces phénomènes climatiques cycliques l'y ont piégé. S'est ensuivie l'émergence, par dérive génétique, d'une humanité qui fait couler beaucoup d'encre : la néandertalienne. Comme cette humanité originale s'est démarquée petit à petit, on n'ose pas la reconnaître dans les hommes d'Atapuerca (800 000 ans) ou de Tautavel ou de Boxgrove (500 000 ans) alors qu'elle est déjà bel et bien en gestation. Son reflux vers le Proche-Orient et jusque dans l'Altaï et son métissage timide avec *Homo sapiens* ajoutent au mystère de cet homme, sans doute blond, voire roux, et trapu, et que souvent, dans l'imaginaire, on voit bronzé !

L'*Homo sapiens* n'est arrivé en Europe qu'il y a une cinquantaine de milliers d'années, porteur d'un curieux potentiel intellectuel et artistique ; il s'y est tout de suite épanoui ; Neandertal, quant à lui a dû s'éteindre presque totalement génétiquement, il y a 25 000 à 28 000 ans. Ce qui veut dire que cet artiste qu'est *Homo sapiens* aurait très bien pu inviter Neandertal au vernissage de la « galerie » du pont d'Arc, dite Chauvet, par exemple, vieille d'environ 35 000 ans, ou lui offrir à plus forte raison une de ces généreuses statuettes féminines du Jura souabe âgées d'environ 45 000 ans !

En dehors des altitudes que je ne fréquente guère (je suis né au niveau de la mer !), j'ai dû faire des conférences ou participer à des enseignements, congrès, colloques, symposiums ou autres réunions, partout dans mon continent d'origine : j'ai été *visiting professor* à Bologne et professeur plusieurs années à l'Université libre de Bruxelles ; j'ai reçu des doctorats d'honneur de l'Université de Bologne, mais aussi de Liège et de Mons ; j'ai parrainé un musée en Suisse (le Latenium de Neuchâtel : nous étions quatre parrains, trois Suisses, René Felber, ancien président de la Confédération helvétique, Claude Nicollier, astronaute, Jacques Piccard, océanographe et moi-même), c'était en 2001 ; j'ai d'ailleurs offert à ce musée des petites poteries pour la récolte du sel marin (des augets) provenant du Morbihan et datées de La Tène, site éponyme des rives du lac de Neufchâtel (d'où le nom de Latenium). J'ai fait des expositions à Bologne, à Rome, à Turin, à Bruxelles, à Londres, à Brno, collaboré à des comités de rédaction en Italie, en Espagne, en Suisse, reçu des médailles, des titres, des prix, en Grande-Bretagne, en Allemagne, en Italie (dont un fondé par un fabricant de grappa, Nonino !), en Suède, en Belgique, mais j'arrête car je m'étais interdit d'injecter trop de listes.

Une jolie histoire d'Europe et de paléontologie pour rafraîchir des listes prétentieuses. Jean Piveteau m'appela, à l'automne 1957, pour me confier, me dit-il, une mission qui me « passionnera sûrement ». Un de ses collègues suisses, Johannes Hürzeler venait en effet de découvrir, dans une mine de Toscane, à Grossetto, des éléments de squelette, peut-être un squelette entier, d'un primate supérieur qu'il soupçonnait d'être un hominidé. Il avait rapporté sa « prise » à Bâle et demandait à Jean Piveteau de lui détacher un de ses jeunes assistants pour l'aider à la « préparer ». Johannes Hürzeler était un paléontologue du musée d'histoire naturelle de cette ville, spécialiste des singes et en quête, bien sûr, d'ancêtres de l'humain. J'acceptai avec enthousiasme et m'envolai, sans délai, pour la Suisse alémanique. Le Natuurhistorische Museum est un musée superbe, très soigné, très ordonné, très riche aussi, notamment d'ailleurs de collections de vertébrés fossiles de France (Massif central surtout), achetés par les directeurs successifs (Stehlin, Schaub), tous de grande réputation. Je fus merveilleusement reçu par ce chercheur qui me montra rapidement la tâche qui m'attendait ; un long caillou noir qui laissait apparaître quelques vertèbres claires de son contenu mystérieux qu'il fallait extraire, contenu que l'on espérait évidemment important.

Préparer un squelette signifie retirer avec patience et précision la gangue qui l'enveloppe pour l'en dégager. Et nous nous mîmes très vite au travail, son assistant bâlois et moi, dans un atelier fermé à clé, car Hürzeler voulait que sa découverte demeurât confidentielle, surtout aux yeux de ses propres collègues ! Il y avait quelque chance pour que ces vertèbres, incontestablement de primate, appartiennent à un fossile connu depuis la fin du XIXe siècle,

Oreopithecus bambolii, mais dont Hürzeler avait réétudié les dents et les mâchoires en les interprétant de manière différente des inventeurs et de tous ses prédécesseurs. *Oreopithecus* était en effet considéré comme un petit singe alors que Hürzeler y voyait un probable hominidé. Tous ses espoirs étaient donc dans ce caillou, en souhaitant d'abord qu'il contienne quelque chose (au moins la suite des vertèbres apparentes).

Nous dégageâmes donc successivement d'autres vertèbres et d'autres vertèbres encore sous l'œil rempli d'impatience et d'espoir de l'ami Johannes. Et puis, ô miracle, après quelques jours, apparut la base du crâne ! Le crâne avait l'air d'être bien conservé et apparemment entier dans le sédiment. Et il émergea en effet petit à petit du paquet de lignite qui l'avait protégé durant près de 10 millions d'années de voyage. Hürzeler exultait : les caractéristiques du crâne répondaient à ses espoirs. Je me souviens en particulier de son excitation lorsqu'il constata que les os du nez, particulièrement fragiles, avaient été conservés, et qu'ils dépassaient le profil général de la face, ce qui signifiait une face de tendance plate, et peut-être la station debout qui l'accompagne d'habitude. Ce jour-là, portes toujours fermées, Johannes Hürzeler sortit d'une grande armoire une bouteille de chianti de Grossetto que nous consommâmes joyeux tous les trois, à la santé de la parenté humaine possible d'oréopithèque. Le lendemain, nous reprîmes nos travaux d'horlogers (en Suisse, ça s'imposait) et mîmes peu à peu au jour un humérus. Mais le jour d'après, c'était toujours l'humérus que nous dégagions et le jour d'après après aussi. Catastrophe ! Le visage de Hürzeler s'allongeait comme s'allongeait le membre supérieur d'oréopithèque. Habitant de la forêt (lignite), *Oreopithecus* avait peut-être en effet des convergences avec notre famille (redressement du corps de temps à autre), mais il n'en était pas moins brachiateur, grimpeur. L'espoir de notre ami fut bien entamé et sa joie avec. Son travail d'anatomie était certes de très grande qualité et ses observations incontestables, mais *Oreopithecus* l'avait quand même en partie trahi. Il ne s'en remit jamais vraiment. Mais moi, j'avais eu la chance de vivre à ses côtés un grand moment d'histoire de la paléontologie, de la primatologie, même si le pari n'avait été qu'en partie tenu !

Et puis, juste en vrac, quelques fantaisies : à l'époque du rideau de fer, je ne sais pas pourquoi (en tout cas pas pour des raisons politiques), je n'ai cessé d'être invité en Allemagne dite alors de l'Est (j'ai reçu la médaille de la ville de Wittenberg-Lutherstadt) pour des colloques (j'étais « encadré de près » à Berlin-Ouest, puis dans le métro sous le mur, puis à Berlin-Est) ; j'ai été souvent invité en URSS (j'ai fait beaucoup d'émissions de télévision à Moscou dans une série qui s'appelait quelque chose comme « La réalité dépasse la fiction », interviewé par Sergeï Kapitza), en Moldavie (Tchécoslovaquie d'alors) pour des parrainages d'expositions et de musées. Mais je suis allé aussi voir les mille temples mégalithiques et les mille églises de Malte, chercher le *Siculopithecus* mythique au milieu des temples, grecs cette fois, d'Agrigente et de Syracuse, caresser les poneys aux Shetlands, témoins vivants du nanisme insulaire, et les hippopotames fossiles de Chypre, témoins de ce même nanisme ; j'ai fréquenté les îles Lofoten, prises dans des courants à la puissance comparable à ceux du golfe du Morbihan ; j'ai navigué sur la caldera de Santorin avant de le faire sur celle de Petropalvlovsk ; je connais très bien les petits États du Vatican et de Monaco, où j'ai des responsabilités, celui d'Andorre, où j'ai fait des conférences et celui de Saint-Marin, où j'ai participé à une série de colloques, et c'est à Rimini que j'ai (avec d'autres) eu le public quantitativement le plus impressionnant, 10 000 auditeurs ! Je ne parle pas de mes aventures en France, trop nombreuses et couvrant vraiment la totalité de ce grand pays au petit territoire.

Laissons notre presqu'île qui s'éloigne de l'Amérique mais dont l'Afrique se rapproche à grands pas tandis que la Turquie pénètre comme un coin en son sein au point de pousser ma Bretagne natale encore un peu plus loin au ponant, dans les eaux vertes de l'Atlantique, et venons-en à cette Océanie, faite d'une énorme Australie et d'un semis de petites terres dans l'eau.

L'Océanie

Le passage d'un siècle à un autre est un événement, un peu fabriqué mais tout de même symbolique ; le passage d'un millénaire à un autre, à plus forte raison ; trois à quatre mois avant la date fatidique du 31 décembre 1999, nous nous demandions, ma femme, mon fils et moi, comme je suppose dans beaucoup de foyers, ce que nous pourrions bien trouver à faire d'original pour franchir cette nuit si particulière du calendrier géorgien. Et puis, naturellement, au milieu de mille choses à traiter, les jours passèrent sans qu'une vraie décision soit prise (les idées pourtant ne manquaient pas, tout aussi extravagantes les unes que les autres !). Lorsque, début décembre 1999, je reçus un coup de téléphone de France 2 m'invitant à accompagner au cœur du Pacifique, quelque part sur le fuseau adéquat, une équipe de ladite chaîne pour être parmi les premiers à souhaiter par les ondes « bon millénaire ! » au monde entier et à la France en particulier. J'ai immédiatement dit : « Oui, mais je suis trois. » L'affaire a été très vite conclue et nous partîmes de Roissy sur un charter canadien pour les îles Tonga, ma femme, mon fils et moi.

Trente-cinq heures de voyage… Nous avons dû en effet charger avec peine à Paris l'immense parabole nécessaire à notre fait d'armes, puis la décharger parce que les bagages et les vivres devaient être « enfournés » en premier, puis la faire entrer à nouveau, puis nous envoler pour le Canada, procéder à deux « refuelages » en route, parce qu'on n'avait pas pu prendre tout le fuel nécessaire à cause de la charge (dont un à Winnipeg, en pleine nuit ; j'en ai gardé l'image d'une petite ville bien circonscrite, tout enneigée et toute blottie en survie par un froid glacial), puis s'arrêter à Hawaii, où nous attendait un merveilleux buffet, et puis arriver à Tonga, la capitale, et y ajouter un petit tour en bateau, dont on se serait bien passé, pour nous montrer comme le pays était beau ! Il l'était… un changement de bateau pour passer une barrière de corail et enfin « notre île » (il y en a beaucoup à Tonga), Atata, et notre hutte-cabane en bois et feuilles de cocotier tout au bord de la plage.

Les îles Tonga sont un royaume. Or le roi, célèbre dans le pays par sa couronne, sa guitare (il vendait ses disques) et ses fantaisies, eut l'idée de devancer tous ses voisins du même fuseau horaire, en changeant d'heure ! Il passa à l'heure d'été ou d'hiver, je ne sais plus ; toujours est-il que nous avons eu non pas douze heures d'avance sur nos compatriotes mais treize ! Tout le reste se passa à merveille ; les autres invités étaient Leonov, premier piéton de l'espace, haut en couleur, Baudry, astronaute, Éric Ghebali et Daniela Lombroso, Marie Fugain, Antoine Cormery, Lolita Lempicka, Enzo Enzo et qui sais-je encore. C'est Gérard Holtz qui menait l'opération ; une panne de courant mal venue lui fit généreusement écraser le moulage (heureusement) du squelette de Lucy que j'avais emmené pour ne pas la laisser loin de la fête. Et c'est donc en plein Pacifique que nous reçûmes le premier rayon de soleil du XXIe siècle.

Une autre superbe visite en Océanie a été un voyage au Caillou (vingt-sept heures par Colombo-Sydney), longue île aux couleurs douces, peuplée, disent mes collègues archéologues, par des gens à la fois sédentaires et nomades des mers, depuis un peu plus de 3 000 ans. J'ai eu la chance d'assister à l'arrivée au musée de Nouméa d'une de ces poteries dites « Lapita », énorme pot sans doute plus rituel que fonctionnel et surtout merveilleux marqueur, tels les cailloux du petit poucet, des itinéraires de ces humains curieux, courageux et tenaces comme l'ont été toutes les espèces successives du genre *Homo* depuis les premières ; la découverte des îles de Mélanésie, Micronésie, Polynésie, se serait ainsi faite à raison d'explorations d'environ 1 000 kilomètres par siècle ! J'habitais Nouméa mais j'ai bien sûr « bougé » beaucoup en Nouvelle-Calédonie même et sur la petite île enchanteresse des Pins.

La grande Australie fait évidemment exception. Peuplée dès 50 000 années (c'est pour que le chiffre soit « rond » mais, c'est sans doute un petit peu moins), elle n'aurait été atteinte qu'en bateau (radeau de bambou), une centaine de kilomètres ayant, à ces époques, toujours séparé les côtes méridionales des îles méridionales de l'Indonésie de celles septentrionales de l'Australie. Comme il y a eu une baisse du niveau des eaux vers 700 000-900 000 ans (évidemment consécutive à une mobilisation de cette eau ailleurs), baisse qui aurait permis par exemple le passage de Java à Florès par Bali, Lombok et Sumbawa, on a un moment pris ce chiffre comme datation de la première navigation, mais ce record n'a pas été homologué. Quant à la Nouvelle-Zélande, elle n'a été, curieusement, découverte que beaucoup plus tard, bien après l'Australie.

J'avais atteint Tonga par l'est et ai rejoint Nouméa par l'ouest : il me manquait alors un petit millier de kilomètres pour avoir réellement fait le tour de la Terre d'un coup. Un voyage récent au Kamtchatka (septembre 2016) me l'a permis concrètement (Paris-Seattle, Seattle-Nome [Alaska], paquebot pour traverser le Béring, et puis Petropavlovsk [Russie]-Séoul-Paris). Avec nos jets d'aujourd'hui, c'était assez long ! Dire que les cosmonautes de la Station spatiale internationale mettent quatre-vingt-dix minutes pour faire la même chose !

Toutes ces pages traduisent beaucoup de bougeotte, n'est-ce pas ? Mais il y a « pire » que moi. J'aurais tendance, parmi mes amis, à « moucharder » par exemple Nicolas Hulot, absolument imbattable, Yann Arthus-Bertrand, Jacques Perrin, pas mal non plus, Michel Brunet, au Cameroun, au Tchad ou au Chili, dès qu'on tourne le dos, et puis Patrick Baudry et Lucien Laloum, tous deux TGV (Très Grands Voyageurs[1], association originale créée par un Tunisien, Rachid Trimèch, éditeur de la revue de tourisme *Astrolabe*), TGV que je suis aussi mais sans doute avec un score plus modeste : on a le droit à ce titre envié, dès que l'on a dépassé la centaine de pays visités ! En France, je suis, bien sûr, membre actif de la Société des explorateurs devenue par pudeur Société des explorateurs et voyageurs français (fondée en 1937) et, aux États-Unis, membre de l'Explorer's Club de New York (fondé en 1904). J'ai été président du Festival du raid et de l'aventure des Angles dans les Pyrénées-Orientales et lauréat de son A d'or, président des Écrans de l'aventure proposés par la Guilde du Raid à Dijon en 2003, etc.

*

Y. Coppens, « Les grandes étapes de l'évolution de l'homme », *Cahiers des explorateurs*, 1975, n° 24, p. 20-22, 1 fig.

Y. Coppens, « Camille Arambourg (1885-1969) », *Cahiers des Explorateurs, Cahiers du cinquantenaire*, 1988, n° 27, p. 66-67.

Y. Coppens, « Prefacio », *in* J. Gibert i Clos (dir.), *Presencia humana en el Pleistoceno inferior de Granada y Murcia, Ayuntamiento de Orce (Granada)*, Museo de Prehistoria y Paleontologia, 1992, p. 5-9.

Y. Coppens, « Le premier peuplement de l'Europe : l'extraordinaire histoire de l'homme de Neandertal », *Bull. Acad. nat. méd.*, 1992, 176, 9, p. 1465-1471.

Y. Coppens, « Le peuplement de l'Europe ou la West Side Story », *European Paleontological Association Newsletter*, 1993, 3, p. 26-27.

Y. Coppens, « Préface », in C. Guérin, M. Patou-Mathis, *Les Grands Mammifères plio-pléistocènes d'Europe*, Masson, 1996, p. V-VI.

1. Appelé maintenant cigéviste (Club international des grands voyageurs).

Y. Coppens, « Préface », in E. Trinkaus, P. Shipman, *Les Hommes de Neandertal*, Seuil, 1996, p. 7.

Y. Coppens, « Préface », *in* P. Baudry, *Le Rêve spatial inachevé. De Youri Gagarine au voyage universel*, Taillandier, 2001, p. 9-11.

Y. Coppens, « Préface », in E. Anati (dir.), *40 000 ans d'art contemporain, Aux origines de l'Europe*, Edizioni del Centro Camuno, 2003, p. 7-8.

Y. Coppens, in « Les premiers habitants de la France », *Historia*, 2003, n° 680, p. 55.

Y. Coppens, « Préface », in N. Molines, M.-H. Moncel, J.-L. Monnier, « Actes du Colloque international "Données récentes sur les modalités du peuplement et sur le cadre chronostratigraphique, géologique et paléogéographique dans les industries du Paléolithique ancien et moyen en Europe", Rennes, 22-25 septembre 2003 », *British Archaeological Reports (BAR)*, International Series, 2005, 1364, p. VII.

Y. Coppens, « Préface », in A. Debénath, *Neandertaliens et Cro-Magnon. Les temps glaciaires dans le bassin de la Charente*, le Croît vif Éditeur, 2005, p. 9-10.

Y. Coppens, conférence inaugurale « Les premières expansions humaines en Eurasie à partir de l'Afrique, facteurs limitant ou favorisant », Muséum national d'histoire naturelle, 26-28 novembre 2008.

Y. Coppens, « Avant-propos/foreword », *in* D. Mol et F. Lacombat, *Mammouths et Mastodontes de Haute-Loire*, Éditions Jeanne d'Arc, Le Puy-en-Velay, 2010, p. 10-15.

Y. Coppens, « Préface », *in* B. et J. Villeminot, *Les Hommes oubliés d'Océanie*, Glénat/ Société des Explorateurs français, 2010, p. 6-7.

CHAPITRE 2

Le chaînon manquant

« Former un homme, ce n'est pas remplir un vase, c'est allumer un feu. »

ARISTOPHANE.

J'ai entendu quelqu'un quelque part déclarer : « Un enfant, ça ne se raconte pas, ça se vit », et cette déclaration m'a beaucoup fait réfléchir et m'a convaincu.

Un enfant, c'est en effet merveilleux, et tout ce que je vais écrire, dans ce court chapitre, court par pudeur, sera, pour tout parent, banalité ! D'abord, un enfant, contrairement à ce qu'on entend parfois, c'est intéressant à tout âge, à tous les âges : bébé, enfant, adolescent, (« anolescent », disait Quentin avant de le devenir), jeune adulte. J'ai tout suivi avec passion et tout pratiqué sans réserve, des couches aux biberons, des rots longs parfois à s'exprimer aux insomnies et aux succès souvent éphémères ; il n'y a, de toute façon, pour tout parent dans ces premiers temps d'un enfant, plus d'horaires, plus de sommeils, mais ça n'a plus d'importance.

Quentin est né le 22 août 1995 à la maternité de la Pitié-Salpêtrière ; il est donc recensé à la mairie du XIIIe ; c'est un petit Parisien. J'étais là, attentif, à sa naissance, avec une intensité rare, mais sans angoisse. Je crois que les médecins, assistants, infirmières, aides-soignantes, qui m'ont paru nombreux, me regardaient plus que le petit Quentin, par curiosité sans doute et avec plus d'angoisse que je n'en avais ; c'était le premier enfant, je l'avais quand même conçu à 60 ans ! Quentin vit le jour sans problème, comme on dit des photons de l'Univers il y a 14 milliards d'années, en criant au moment où il fallait, rassurant tous les personnels ; et puis il fut emmené dans les bras de bien fraîches jeunes filles qu'il a eu l'air d'apprécier (mais ça, c'était dans la tête de son père), directement sous le robinet, pour une première toilette ; j'étais cette fois très impressionné par cette manipulation aux gestes fermes et sûrs pour un petit primate si frêle ; puis il rejoignit sa maman pour une présentation officielle.

Après deux jours à la maternité, où là ma réelle angoisse était qu'on me le change (car tous les nouveau-nés étaient séparés de leur mère la nuit et rassemblés dans une salle commune), est venue la livraison. Il a fallu emmener le colis, sans assistance, avec soudain, toute la responsabilité de cet être sur les épaules et peut-être un tout petit peu plus sur les miennes car je conduisais la voiture familiale ; le petit dans un couffin et sa maman étaient derrière, j'étais seul devant au poste de pilotage. Nous n'habitions pas très loin, mais la route (et ses risques, dont je me moquais d'habitude) me parut longue, très longue, remplie d'embûches. Tout se passa bien et, deuxième angoisse réelle et du même ordre que la première, voilà ce petit truc tout agité, tout « heureux » était chez lui, mais sans autre assistance que la nôtre ! Mon premier souci a donc été évidemment de rechercher une gentille, compétente et généreuse pédiatre et je l'ai trouvée ; elle se déplaçait volontiers et elle s'est particulièrement déplacée pour Quentin et pour rassurer le vieux père (surtout), inquiet au moindre hoquet ; le carnet de santé de Quentin est d'ailleurs comme un témoignage rempli des cachets et des signatures de ce médecin.

Être père, c'est formidable ; être vieux père, c'est sûrement semblable, mais c'est surchargé d'inquiétudes. Pour des raisons d'emploi du temps et de souhaits de donner à Quentin, sans attendre, une vie « sociale », nous l'avons mis à la crèche, dès novembre 1995, au rez-de-chaussée de l'immeuble que nous habitions ; un luxe ! Il a d'ailleurs très vite montré ses humeurs, puisque, heureux le matin de retrouver ses petits amis mais supportant mal notre départ, il le manifestait en nous ignorant et en nous tournant le dos quand nous venions le reprendre, le soir !

Il n'existe pas de règles d'éducation ou, s'il en existait, je n'y croirais guère. Nous avons pensé, sa maman et moi, qu'il fallait d'abord lui apprendre le respect de l'autre, l'amour des gens sans jamais perdre pour autant l'esprit critique et la capacité de les juger ; mais lui apprendre aussi l'omniprésence de l'affection entre lui-même et ses proches, ses amis, amies, ses copains, copines, ses potes, dit-on en ce moment, avec les nuances qui ne regardaient que lui. Commençant à appliquer ces préceptes, un jour (il était en primaire), il m'avait demandé s'il n'existait pas de podiums à quatre places ; il avait fait, pour son propre usage, un bilan des jeunes amies qu'il préférait, et il ne parvenait pas, sur les quatre gagnantes, à en éliminer une !

Mais la distance, aussi bien vis-à-vis de soi que vis-à-vis des autres, c'est aussi l'humour. Mes premiers essais de plaisanterie, je dois dire n'ont pas été fructueux ; à une « méchante astuce », Quentin, par gentillesse, tentait de me répondre par une autre mais l'adéquation était souvent hélas complètement ratée ; j'en étais triste ! Et puis, peu à peu, l'ajustement des répliques s'est fait moins mauvais, et j'ai été rassuré le jour où il me montra quelqu'un du doigt et qu'à ma remontrance : « Quentin, on ne montre jamais personne du doigt », sans me répondre, il plia le bras et me désigna la même personne du coude.

Nous avons pensé ensuite, sa maman et moi bien sûr, qu'il lui fallait bien asseoir ses racines pour le rendre d'autant plus stable. Les épaisses forêts maternelles des Ardennes et les longues plages paternelles de Bretagne sont venues avec succès étayer le pilier parisien ; il est amoureux des trois. « C'est en étant profondément enraciné qu'on est prêt à toutes les ouvertures », écrivait Joseph Ki Zerbo, un ami burkinabé. Voilà donc les racines ! Venons-en aux ouvertures : il fallait qu'il apprenne à bouger, et nous nous en sommes chargés ; Quentin a bougé avec l'un ou l'autre de ses parents ou avec les deux, très tôt et très loin, et il bouge aussi bien sûr tout seul depuis un certain temps déjà.

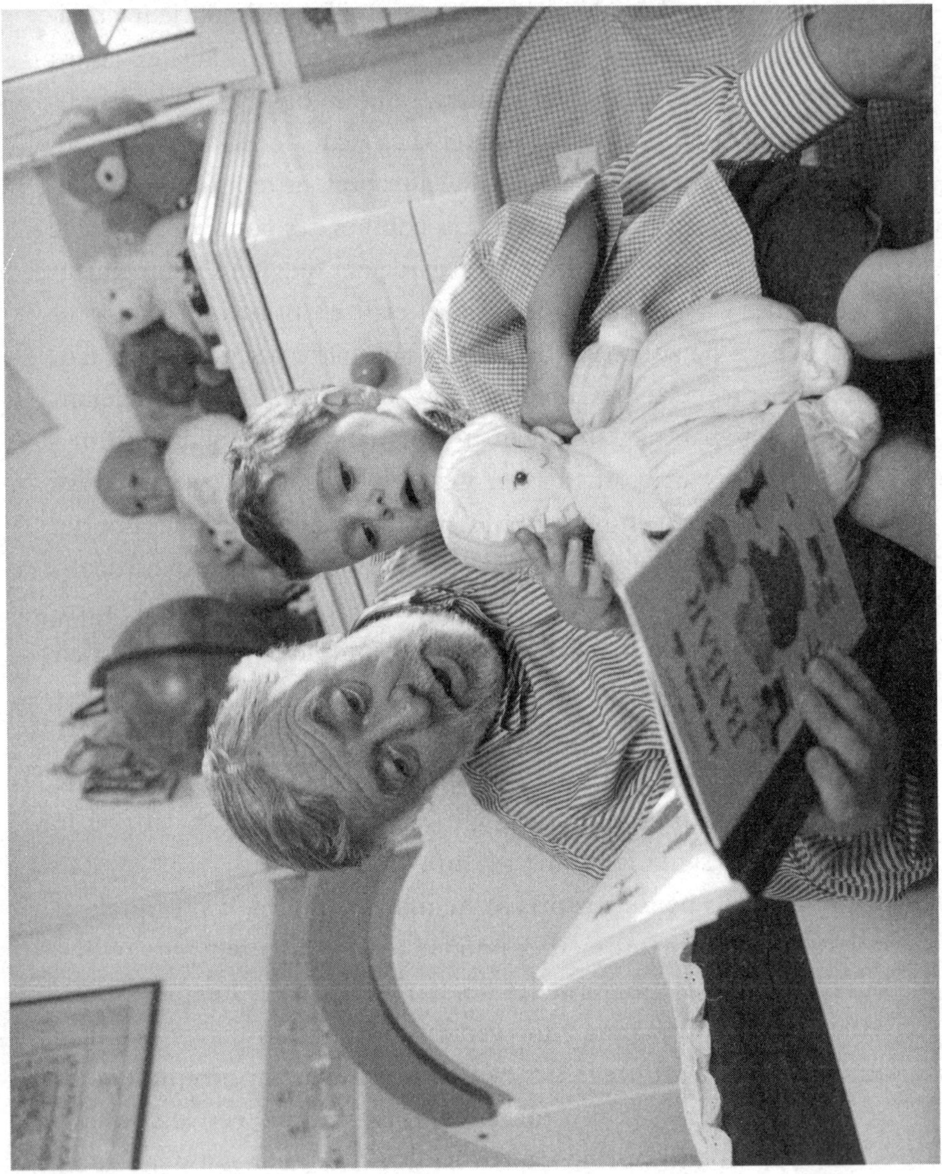

Figure 32. *Mon fils et moi, 1998 (photo © Marianne Rosenstiehl).*

Pour compléter ces voyages réels (qui n'ont donc jamais cessé), j'avais vite pris l'habitude, quand il était petit, de l'emmener en voyage virtuel, en lui racontant chaque soir une histoire ; c'était aussi une leçon de concentration. Il s'est ainsi établi une sorte de rituel ; nous avions un répertoire de six thèmes : « la savane africaine » dont il n'avait évidemment aucune idée ; les animaux sauvages ; les singes, qui étaient à part ; les avions ; les militaires (extraits de mes dix-huit mois de service militaire ou de rencontres sur le terrain) et, bien sûr, mes chantiers de préhistoire et de paléontologie. Quentin était couché, biberon de chocolat en main. C'est donc lui qui choisissait le thème du soir, je me lançais et il écoutait sans un mot, biberon perché au bout d'un bras tendu. L'histoire terminée, j'avais le droit aux deux questions, elles aussi rituelles : « Elle est finie, Papa ? » et « Elle est vraie, Papa ? » et à mes réponses affirmatives, il se calait dans son lit, me tournait le dos après m'avoir dit bonsoir (la bise de rigueur), mettait en route la consommation du biberon et partait, je suppose, vers un doux sommeil, plongé dans les images fabriquées par ma petite histoire du jour toute fraîche.

J'ai souvent entendu dire à la mort d'un père : « Je regrette de n'avoir pas pris le temps de parler un peu plus avec lui ! » Alors j'ai profité de mon âge et de mes plus grandes facilités de gestion du temps pour emmener mon garçon sans sa maman quelque part – n'importe où – et cela dès son tout petit âge (la première fois, il avait encore le bavoir « ramasse-miettes » et je devais louer une voiture avec siège pour enfant à l'arrière) ; ça représentait environ une généreuse semaine par an. Ces moments en tête à tête, sans doute agréables mais normaux pour lui puisqu'il les a « toujours » connus, furent formidables pour moi. Les règles à deux, qui plus est deux hommes, ne sont pas les règles à trois. Ce n'est pas un jugement de valeur, c'est simplement le constat d'une différence.

Que vous dire de Quentin ? Tant de choses. Je lui ai dit un jour (tard pour ne pas créer chez lui de mauvaises empreintes psychologiques) que « Quentin » était un nom latin, qui signifiait le cinquième et qu'il n'était pas dû au fait que c'était mon cinquième enfant, mais au fait qu'ayant découvert, codécouvert ou cosigné quatre hominidés originaux avant sa naissance (*Tchadanthropus uxoris*, 1965 ; *Paranthropus aethiopicus*, 1967 ; *Australopithecus afarensis*, 1978 ; *Australopithecus bahrelghazali*, 1994), il était au fond mon cinquième « squelette », bien enveloppé celui-là ! Ce n'était pas vrai ! Martine et moi l'avons appelé Quentin parce qu'on s'est tout simplement entendus sur ce joli prénom ; l'histoire du cinquième squelette était donc une plaisanterie, mais elle s'est répandue, au point que beaucoup de collègues, américains par exemple, me demandent encore souvent : « *How is the fifth ?* » Quentin n'en a pas été affecté !

Quand Quentin, adolescent, a commencé à sortir (c'est comme cela qu'on dit !), je lui ai fait lire de Rudyard Kipling – en le resituant dans le contexte du début du XXe siècle et qui plus est chez les Anglais et qui plus est en Inde – le somptueux poème « Tu seras un homme mon fils » :

If you can fill the unforgiving minute
With sixty seconds' worth of distance run,
Yours is the Earth and everything that's in it,
And – which is more – you'll be a Man, my son !

Il l'avait affiché, bien sûr en anglais, dans sa chambre et j'ai tenté de lui donner, en plus et en outre, deux petites « maximes » pour accompagner son existence de jeune homme libre : « Ne sois pas raisonnable, ce serait dommage, mais toujours raisonné ! » et : « Ne raccourcis pas ta vie ni ne la charge. » Je suis conscient du côté un peu prétentieux, voire un peu snob, de cette manière de faire, mais elle n'avait pour but, tout le monde l'a bien compris, que d'être plus facilement mémorisable et donc mémorisée.

Après quoi le navire pouvait, me semble-t-il, lever l'ancre et naviguer. Ce qu'il fit et continue de faire.

Une dernière histoire, parce que je n'en finirais plus. Quentin s'intéresse à tout ou presque, à la préhistoire aussi bien sûr – comment aurait-il pu l'ignorer. J'ai pourtant tenté d'être discret mais, de la maternelle (troisième année) à l'université (Paris-Dauphine), chaque année, il m'a été demandé au moins une conférence, une causerie, un exposé, un débat, une projection, une exposition, pour sa classe. Les premières années, ces manifestations étaient données au bénéfice de l'école, pour compléter le budget du voyage annuel, et puis c'est devenu le seul plaisir de la rencontre entre les élèves ou les étudiants et un vieux monsieur de sciences et d'aventures. Alors Quentin, peut-être pour ne pas vivre au moins un peu au début dans l'ombre du père et je le comprends, mais aussi par goût personnel, heureusement, s'est tourné vers autre chose que les fossiles. Et c'est très bien ainsi !

Il n'empêche que Quentin, vous l'avez compris, est ma plus belle découverte !

CHAPITRE 3

Construire et gérer

« Se réunir est un début. »

Henry Ford.

L'intitulé « Construire » est sans doute aussi prétentieux que la dénomination « le savant ». Quant à « Gérer », n'en parlons pas ! Mais ce n'est que pour que ce chapitre se balance avec le suivant « Séduire et transmettre ».

Je dois dire d'ailleurs que ces deux chapitres, celui-ci et le suivant, s'interpénètrent volontiers et que, par exemple, les jurys de thèses dont j'ai fait état dans le chapitre suivant, parce que j'en avais deux cents et que je voulais m'en vanter, seraient à leur place ici, et il en est de même des participations aux comités éditoriaux, etc. Mais j'ai gardé, en gros, pour « Séduire et transmettre » l'action individuelle et pour « Construire et gérer » l'action collective.

Je passerai donc ici en revue rapide quelques-uns des principaux comités, commissions, conseils dont j'ai pu, et souvent dû, faire partie – ces engagements relèvent du piège de la cité dont j'ai parlé précédemment. Par exemple dans mon statut de chercheur, comment échapper au comité national du CNRS ? Dans mon expertise de préhistorien, comment échapper aux commissions donnant les permis de fouilles en France et à l'étranger ? Passages obligés ou presque et qui impliquent des dossiers, des enquêtes, des rencontres, des rapports, sans parler du temps à siéger pour en rendre compte, les débattre et les voter.

Eh bien, j'ai été en effet élu, à deux reprises, au comité national du Centre national de la recherche scientifique, ce qui m'a retenu presque dix ans, car j'ai « bénéficié » de prolongations à chaque fois ! J'ai aussi été membre du Conseil supérieur de la recherche archéologique au ministère de la Culture, à partir de 1979 (fouilles en France) et, bien sûr, membre de la Commission consultative des recherches archéologiques françaises à l'étranger au ministère des Affaires étrangères (à l'époque des « Relations extérieures »), à partir de 1980. Ces comités sont nécessaires et il est un devoir pour des chercheurs devenus seniors, d'y siéger, mais quand on fait la comparaison du temps de recherches à vingt-cinq ou trente ans et du temps de recherches et de direction de la recherche à trente-cinq ou quarante, ou, à plus forte raison, plus tard, on est impressionné et triste de s'être fait un peu trop mobiliser de la sorte. Mais la « réunionite » est de tous les temps, de tous les pays et de toutes les institutions. J'ai connu beaucoup de chercheurs qui, à un certain âge ou après un certain temps de recherches fondamentales, souhaitaient passer du milieu de la recherche à celui de l'administration de la recherche et il en faut ; pour eux, ce que j'appelle piège ou mobilisation n'en était pas. Mais j'ai connu aussi des chercheurs demeurés chercheurs jusqu'à leur dernier jour et nous avons le luxe en France d'avoir des organismes qui permettent de vivre cette vocation sans être contraint de l'interrompre ; ce fut, quand même, mon cas.

Mais je reviens aux Commission avec un C majuscule. Je ne donnerai pas la liste de celles qui m'ont vu et entendu car, si j'adoptais les quantifications du chapitre suivant, elles se compteraient par centaines, seulement quelques-unes picorées dans un beau choix : je suis fier d'avoir été conseiller du directeur général de l'Unesco, Federico Mayor (2001), pour la paléontologie et la préhistoire et n'ai jamais bien compris en quoi consistaient mes devoirs, mais j'ai quand même été appelé souvent pour « avis » ; j'ai participé à la fondation du Tillmiap (The International Louis Leakey Memorial Institute for African Prehistory), comme je l'ai déjà dit, et j'ai été ensuite membre de son *advisory council*, si important pour la recherche, l'étude et la conservation des collections préhistoriques et paléontologiques du Kenya ; c'était en 1992, à Nairobi. J'ai aussi été membre du *board* des Community Museums of Kenya, membre de l'*advisory board* de l'International Committee du Sterkfontein site de l'Université de Johannesburg, *honorary research associate* (en anglais, *honorary* ne veut pas dire « honoraire » mais « d'honneur » !) de la Human Origins and Past Environments Programme (HOPE) du Museum de Pretoria. J'ai également été *trustee* de la L. S. B. Leakey Foundation à Londres et membre de son *selection committee*, à partir de 1977, puis membre du *scientific advisory council* de la même fondation à Pasadena en Californie à partir de 1986, à Oakland à partir de 1991 ; membre et puis directeur du bureau de la Foundation for the Research on the Origin of Man à New York, à partir de 1983, membre du comité des humanités de la European Science Foundation (représentant la France) à partir de 1980, membre du groupe d'étude Menschwerdung de l'Akademia der Wissenschaft de la DDR à Berlin à partir de 1990, membre de la Fondation Easy Planet de la Silicon Valley, à partir de 2001, etc. Cela ressemble à un C.V. !

Faisons un grand saut dans le temps pour ne pas citer tous les engagements à l'étranger, mais évoquons l'un des plus importants parmi les plus récents ; il s'agit de l'appartenance au conseil scientifique du RHOI (Revealing Hominid Origin Initiative). Ce conseil, fondé à Berkeley en 2004, est chargé de contrôler le programme de la National Science Foundation concernant la recherche paléoanthropologique et n'est composé que de quatre experts, trois Américains et moi, si bien que lorsque je suis arrivé au campus de Berkeley pour y siéger la première fois, je me suis modestement présenté à mes trois collègues en leur déclarant : « *I am the World !* »

En France, et en particulier à Paris, j'ai dû siéger dans à peu près toutes les instances gérant les grands établissements, conseil d'administration du Muséum, conseil scientifique du Muséum, tous les conseils possibles du musée de l'Homme, conseil d'administration du musée du Quai-Branly ; j'ai assuré le parrainage de la fameuse salle Piette où se trouve la séduisante Vénus de Brassempouy et de diverses manifestations, dont les Mois de la préhistoire, du musée d'Archéologie nationale (Saint-Germain-en-Laye)[1]... j'ai aussi siégé au Comité des sciences de la Terre et puis au conseil d'administration du Palais de la Découverte, aux conseils variés de la Cité des sciences et de l'industrie et puis d'Universcience, au conseil scientifique de l'École normale supérieure, au conseil scientifique de l'École pratique des hautes études où je n'ai par contre jamais été directeur d'études comme l'a inventé Wikipédia, à la commission des Monuments nationaux, au conseil scientifique de la Fondation de France, au Conseil d'analyse de la société, au conseil et au comité technique du Mouvement universel de la responsabilité scientifique (1983, j'en ai été vice-président en 1984 ; le président était alors Jean Dausset) et, bien sûr, à de multiples commissions dans mes Académies, Académie des sciences de l'Institut de France, Académie des sciences d'outre-mer, Académie nationale de médecine (commissions que d'ailleurs, par manque de temps, j'avoue sécher souvent !).

Je n'oublie évidemment pas les jurys de tous les prix possibles, de l'Académie des sciences, du Collège de France, mais aussi de la chancellerie des universités, de l'Association française pour l'avancement des sciences, du prix Médecine et Recherche de l'Institut des sciences de la santé (succédant à sa demande à Jean Bernard), du Grand Prix Descartes de la Commission européenne à Bruxelles pour l'excellence dans la recherche scientifique (à partir de 2004), etc., avec, chaque fois, les sempiternels enchaînements de dossiers, instruction de dossiers, rapports, classements, décisions.

1. Dont je viens de recevoir (2017) la médaille du cent cinquantième anniversaire de la création.

Et je n'oublie pas non plus les directions successives d'équipes et de laboratoires, nomades sur le terrain ou sédentaires à Paris ou en région (comme on dit), et leurs toujours nombreuses réunions pour toute décision, bien sûr, mais surtout pour évacuer, de temps à autre, les frustrations qui s'accumulent vite. Durant mes années de « directeur[1] » du musée de l'Homme, j'ai toujours eu, par exemple, ma porte ouverte, à l'écoute, sans rendez-vous, de toute plainte, malaise, rumeur. Dans la grosse équipe de l'expédition de la vallée de l'Omo, la « sous-équipe » des Kambas (cuisinier, chauffeur, safari assistants, chefs de chantier de fouilles) me sollicitait de temps en temps de la même manière pour « vider » ainsi certains abcès ; nous nous réunissions alors, eux et moi, souvent une nuit entière, et le lendemain l'ambiance du camp était incontestablement plus légère, plus joyeuse, libérée de certains soucis, de certains problèmes, considérés comme des injustices, de certains ressentiments mauvais quand ils s'accumulaient et ce... jusqu'aux « pesanteurs » suivantes.

J'ai appartenu à des laboratoires à la Sorbonne, au Muséum (Jardin des plantes), au musée de l'Homme, puis j'ai hérité de certains d'entre eux, ou j'en ai monté moi-même, des recherches coopératives sur programmes, des actions spécifiques, des actions thématiques, des laboratoires associés, des UPR, des URA, des UA, des UMR, des ANR et beaucoup d'autre sigles encore...

Sur le plan politique, j'ai mangé à tous les râteliers, convaincu que la science ne pouvait avoir de couleur. J'ai donc appartenu au Conseil supérieur de la recherche et de la technologie en 1989 (Hubert Curien), au Haut Conseil de la coopération internationale de la République française en 2000 (Lionel Jospin) ; j'ai été président de la commission chargée de rédiger la Charte

1. Cela ne s'appelait pas ainsi, mais la charge était bien celle-là (parce que le musée de l'Homme faisant partie du Muséum national d'histoire naturelle, ne pouvait avoir de direction propre).

de l'environnement en 2002 et 2003 (Roselyne Bachelot) et puis membre du Haut Conseil de la science et de la technologie en 2006 (Jacques Chirac) ; mais comme on peut facilement se l'imaginer, c'est la rédaction de la Charte de l'environnement qui a été mon principal engagement.

Tout a commencé par six coups de téléphone, le premier un lundi soir (3 juin 2002) à mon domicile, vers 20 heures, et mon rappel car je n'étais pas encore rentré chez moi (Mme la ministre Roselyne Bachelot me demandait de prendre la présidence de la commission chargée de la rédaction de cette charte ; je lui ai demandé un temps de réflexion d'environ une semaine ; elle l'a limité à vingt-quatre heures !). Le troisième coup de téléphone a été le lendemain, mardi 4 juin, au Collège de France, vers midi, à mon assistante, Anaïs Statian, appel du directeur de cabinet de Mme Bachelot, Gilles Pipien ; il me demandait ma décision ; je lui ai alors répondu que je refusais. Quatrième coup de fil au Collège de France encore, toujours à mon assistante, pendant mon cours, vers 15 ou 16 heures, du président de la République en personne ! Anaïs Statian a répondu qu'elle ne pouvait pas me déranger pendant mon enseignement ! Cinquième, c'est moi, cette fois, qui, à la sortie de mon cours, vers 17 heures, ai rappelé, sans hâte, le président de la République, sentant bien que j'étais « piégé ». Je n'avais absolument pas saisi par contre que c'était pour le Conseil des ministres du lendemain, que le président voulait ma tête ! Le président Chirac, immédiatement joint par son secrétariat particulier, s'est évertué à m'expliquer que j'étais… le meilleur et lorsque, comme pour Mme Bachelot, je lui ai demandé un temps de réflexion, il m'a généreusement donné quelques heures ! « Je quitte l'Élysée à 19 h 45, m'avait-il dit, je reviens vers 20 h 30 ; vous m'appelez avant, ou vous m'appelez après. » Et puis, se reprenant, il corrigea : « Si vous voulez m'appeler après, vous m'appelez avant pour me dire que vous allez m'appeler après ! »

Sixième appel, encore moi, de chez moi, au président, pour lui dire : « Oui ! » Il était 19 h 30. Il m'a dit : « Merci ! »

Le Conseil des ministres du mercredi 5 juin passé et ma nomination entérinée, je me suis rendu au ministère de l'Écologie et du Développement durable, avenue de Ségur, où j'ai été admirablement reçu par Mme Bachelot, que j'appelais, à l'africaine, « Madame ma ministre », et où, bien sûr, je me suis aperçu comme d'habitude, que j'étais président d'une commission qui n'existait pas : je devais commencer par la constituer, en en inventant l'effectif, la composition, les statuts, le mode de fonctionnement, son lieu de réunion et la fréquence de ses réunions ! Grâce à l'aide très efficace de Delphine Hédary, maître de requête au Conseil d'État, que Mme Bachelot avait pris soin de recruter dans son cabinet et de placer à la tête d'une mission pour la préparation de la Charte de l'environnement, tout cela fut vite (tout est vite dans ce milieu) bouclé. j'ai choisi une commission de taille très moyenne, plus facile à gérer et à faire travailler (dix-huit personnes en me comptant), sorte de reflet, évidemment très approximatif et très incomplet de la société française, y compris de ses courants politiques (comme on dit) ; j'ai eu, sur cette composition, beaucoup de suggestions, mais une totale liberté de décision. La commission composée, les personnalités membres furent contactées et une première réunion très officielle eut lieu au ministère dès le 26 juin, réunion à laquelle assista le Premier ministre, Jean-Pierre Raffarin, pour évidemment l'installer ! Et nous nous mîmes très vite au travail dans les locaux de notre ministère de tutelle.

Je fus royalement doté d'un généreux bureau aux immenses vitres en rond, donnant sur l'avenue de Ségur, bureau encadré par, d'un côté, le bureau de Delphine Hédary, de l'autre, ceux, successifs, de préfets détachés du ministère de l'Intérieur pour me prêter main-forte, et de jeunes gens contractuels recrutés pour dépouiller tous les retours de mes futurs sondages, courriers, audits, forums.

La machine se chercha un peu, démarra doucement avant l'été, pour ne prendre sa vitesse de croisière qu'à l'automne. Mais finalement ce calendrier nous ayant obligés à mettre le pied à l'étrier avant ce qu'en France on appelle les grandes vacances, était habile, si tant est qu'il ait été réfléchi. Toujours est-il que la lettre officielle de Mme la ministre de l'Écologie et du Développement durable me traçant pour la postérité ma mission (mission dont les grandes étapes avaient été élaborées ensemble) ne fut datée que du 8 juillet 2002 ; en voici quelques-uns des principaux passages :

> Vous avez accepté d'animer la réflexion et la consultation devant aboutir à une Charte de l'environnement. Ce projet auquel le président de la République attache une grande importance vise à proposer aux Français une charte adossée à la Constitution. Le Premier ministre a repris dans son discours de politique générale cet objectif comme l'une des priorités de l'action gouvernementale.
>
> La France a déjà pris, tant au niveau international qu'au niveau européen, dans de nombreuses conventions et traités, des engagements en faveur d'un développement durable, solidaire, équilibré entre les objectifs économiques, sociaux et environnementaux. Notre droit national contient de nombreuses normes techniques qui concourent à la protection de l'environnement, mais il manque une dimension transversale et l'affirmation de principes fondamentaux de niveau supérieur. Il s'agit maintenant de donner une portée constitutionnelle aux principes que nous voulons consacrer à l'environnement afin qu'ils s'imposent à tous. Tel sera l'objet de la charte que vous devez préparer. Elle donnera une cohérence d'ensemble au droit de l'environnement et devra également exprimer la recherche d'une justice et d'une solidarité entre les peuples et les générations…
>
> J'ai proposé au président de la République, au Conseil des ministres du 5 juin 2002, une méthode et un calendrier de travail qu'il a acceptés, de même que votre nomination en qualité de président de la Commission de préparation de la Charte de l'environnement. Vous avez donc la responsabilité d'animer et de diriger les travaux de cette commission…

> Vous me remettrez pour le 21 mars 2003 les conclusions de ses travaux ainsi qu'une proposition de texte fondée sur l'analyse de ces enjeux et sur les consultations des acteurs concernés.
> Je suis sûre que votre engagement personnel en faveur d'une approche humaniste de l'environnement, l'intensité et la rigueur de votre travail insuffleront à l'ensemble de la préparation de la Charte la motivation et le dynamisme nécessaires à cet ambitieux projet démocratique.
> Je vous remercie d'avoir accepté cette mission et vous prie de croire, Monsieur le Professeur, à l'expression de ma considération distinguée.
>
> Roselyne BACHELOT-NARQUIN.

La commission s'est donc mise en route, comme on l'a dit, et elle a navigué jusqu'au printemps 2003 avec un petit peu d'opinions excessives au départ et un petit peu de turbulences à l'arrivée, mais elle s'est merveilleusement terminée. J'ai raconté ainsi son fonctionnement :

> La Charte de l'environnement a donc été une commande du président de la République par précaution devant les dommages portés par l'homme à sa planète.
> Après avoir été pressenti pour présider la Commission de préparation de ce projet de charte, j'ai dû commencer par la constituer, ce qui fut fait en juin 2002. Cette commission s'est vite dotée d'un certain nombre de comités, comité scientifique, comité juridique, comité d'éthique, pour accroître ses consultations et enrichir son information. Un site Internet s'est développé ; un questionnaire a été établi et il a été adressé à 55 000 correspondants choisis parmi les personnes les plus sensibilisées aux problèmes d'environnement ; 14 assises territoriales ont réuni dans la France métropolitaine, les départements et territoires d'outre-mer, entre janvier (le 29 à Nantes avec le président de la République) et mars 2003 (le 25 à Cergy-Pontoise avec le Premier ministre), 500 à 800 personnes chaque fois pour des débats, des tables rondes sur les problèmes liés à l'environnement et plus spécifiques

Figure 33. *Couverture du rapport de la commission Coppens de préparation de la Charte de l'environnement.*

de chacune des régions visitées ; un colloque, enfin (le 13 mars 2003), « La Charte de l'environnement, enjeux scientifiques et juridiques » a complété le travail de réflexion de la Commission pour alimenter la rédaction de la fameuse charte.
Toutes ces données, ces humeurs aussi, ont été dépouillées au fur et à mesure de leur entrée ; c'est dire que la Commission de préparation de la Charte de l'environnement a pu disposer en temps réel, comme on dit, de l'ensemble de cette quête, pour rédiger son projet de loi constitutionnelle.

Et voici enfin le texte d'introduction à mon rapport final :

En ouverture de ce rapport, je voudrais exprimer ma reconnaissance aux très hautes autorités politiques, la plus haute d'abord, M. Jacques Chirac président de la République, et Mme Roselyne Bachelot-Narquin, ministre de l'Écologie et du Développement durable, qui ont eu l'idée de me choisir pour conduire les travaux de la Commission de préparation de la Charte de l'environnement.
Je voudrais ensuite saluer tous ceux, extrêmement actifs et efficaces, qui m'ont aidé dans cette tâche, en tout premier lieu la mission pour la préparation de la Charte de l'environnement, placée sous l'autorité de Mme Delphine Hedary, Maître des requêtes au Conseil d'État, et à laquelle ont notamment collaboré MM. Yves Duruflé puis Philippe Yvin, sous-préfets, ainsi que les services du ministère de l'Écologie et du développement durable.
Je voudrais saluer bien sûr les dix-sept membres de ma commission et leurs suppléants qui se sont beaucoup investis dans nos programmes au point d'avoir réalisé, au fil de nos treize réunions formelles, un véritable record de présence.
Fécondée par les multiples consultations et les réflexions de ses comités, la commission a été en mesure de remettre à Mme Roselyne Bachelot-Narquin, le mardi 8 avril 2003, les propositions de Charte constitutionnelle qui lui avaient été commandées au mois de juin 2002.
Je tiens à dire un mot sur les règles, et du même coup sur le fonctionnement, de la commission pour la préparation de la Charte de l'environnement puisque j'en avais la responsabilité. Respectant

évidemment au même titre chacune des personnalités nommées, j'ai tenu à les entendre toutes, sans limites de temps de parole ou d'autres expressions entre les séances, de manière, au bout du mandat, à avoir recueilli, à coup sûr, la totalité des dix-sept réflexions qu'elles représentaient et qui se trouvent exprimées dans ce rapport. Ce résultat est dû au long travail des discussions sans contraintes que nous avons eues, mais il est certainement dû aussi au fait que ces questions étaient tout à fait mûres, déjà bien pensées et donc prêtes à être exprimées et partagées. C'est aussi l'impression que nous avons rapportée de la consultation nationale et de celle des experts.

Ce début de XXIe siècle s'imposait véritablement pour qu'affleure ainsi, pour la première fois de l'histoire de l'humanité, la conscience de sa responsabilité dans la protection de l'environnement dont elle est issue, protection menée dans le cadre du développement économique de ses membres et de l'amélioration permanente de leur bien-être.

J'espère beaucoup que notre travail aboutira à sa consécration suprême, son adossement à la Constitution de la République française.

Yves COPPENS.

Ce projet a été remis au président de la République en avril 2003, il est passé devant le Conseil d'État en mai, devant le Conseil des ministres en juin ; il a été présenté à l'Assemblée nationale en première lecture par le garde des Sceaux et Mme Nathalie Kosciusko-Morizet son rapporteur, puis au Sénat, à nouveau à l'Assemblée nationale en deuxième lecture et adopté en 2004, puis adopté en tant que loi constitutionnelle par les chambres réunies en Congrès à Versailles le 28 février 2005 ; la charte est alors entrée dans le préambule de la Constitution française.

Voici la loi constitutionnelle qui en est résultée et qui a évidemment servi de socle au Grenelle de l'environnement (Nicolas Sarkozy), puis à la COP21 (François Hollande).

Loi constitutionnelle n° 2005-205 du 1er mars 2005 relative à la Charte de l'environnement

Le président de la République promulgue la loi dont la teneur suit :

Article 1. Le premier alinéa du Préambule de la Constitution est complété par les mots : « ainsi qu'aux droits et devoirs définis dans la Charte de l'environnement de 2004 ».

Article 2. La Charte de l'environnement de 2004 est ainsi rédigée :

« Le peuple français,

« Considérant,

« Que les ressources et les équilibres naturels ont conditionné l'émergence de l'humanité ;

« Que l'avenir et l'existence même de l'humanité sont indissociables de son milieu naturel ;

« Que l'environnement est le patrimoine commun des êtres humains ;

« Que l'homme exerce une influence croissante sur les conditions de la vie et sur sa propre évolution ;

« Que la diversité biologique, l'épanouissement de la personne et le progrès des sociétés humaines sont affectés par certains modes de consommation ou de production et par l'exploitation excessive des ressources naturelles ;

« Que la préservation de l'environnement doit être recherchée au même titre que les autres intérêts fondamentaux de la Nation ;

« Qu'afin d'assurer un développement durable, les choix destinés à répondre aux besoins du présent ne doivent pas compromettre la capacité des générations futures et des autres peuples à satisfaire leurs propres besoins,

« Proclame :

« Art. 1er. Chacun a le droit de vivre dans un environnement équilibré et respectueux de la santé.

« Art. 2. Toute personne a le devoir de prendre part à la préservation et à l'amélioration de l'environnement.

« Art. 3. Toute personne doit, dans les conditions définies par la loi, prévenir les atteintes qu'elle est susceptible de porter à l'environnement ou, à défaut, en limiter les conséquences.

« Art. 4. Toute personne doit contribuer à la réparation des dommages qu'elle cause à l'environnement, dans les conditions définies par la loi.

« Art. 5. Lorsque la réalisation d'un dommage, bien qu'incertaine en l'état des connaissances scientifiques, pourrait affecter de manière grave et irréversible l'environnement, les autorités publiques veillent, par application du principe de précaution et dans leurs domaines d'attribution, à la mise en œuvre de procédures d'évaluation des risques et à l'adoption de mesures provisoires et proportionnées afin de parer à la réalisation du dommage.

« Art. 6. Les politiques publiques doivent promouvoir un développement durable. À cet effet, elles concilient la protection et la mise en valeur de l'environnement, le développement économique et le progrès social.

« Art. 7. Toute personne a le droit, dans les conditions et les limites définies par la loi, d'accéder aux informations relatives à l'environnement détenues par les autorités publiques et de participer à l'élaboration des décisions publiques ayant une incidence sur l'environnement.

« Art. 8. L'éducation et la formation à l'environnement doivent contribuer à l'exercice des droits et devoirs définis par la présente Charte.

« Art. 9. La recherche et l'innovation doivent apporter leur concours à la préservation et à la mise en valeur de l'environnement.

« Art. 10. La présente Charte inspire l'action européenne et internationale de la France. »

Article 3. Après le quinzième alinéa de l'article 34 de la Constitution, il est inséré un alinéa ainsi rédigé :

« – de la préservation de l'environnement ».

La présente loi sera exécutée comme loi de l'État.

Fait à Paris, le 1er mars 2005. Jacques Chirac, président de la République, Jean-Pierre Raffarin, Premier ministre, Dominique Perben, garde des Sceaux, ministre de la Justice et Serge Lepeltier, ministre de l'Écologie et du Développement durable.

Réunissant ce que j'ai appelé les Compagnons de la Charte, en d'autres termes les membres de la Commission de préparation de la Charte de l'environnement, à l'Hôtel Bristol, le 30 octobre 2005, Mme la ministre Bachelot a rendu hommage à notre travail et à son résultat, a estimé à environ un demi-million le nombre de personnes consultées et m'a déclaré ceci qui m'a beaucoup étonné, moi l'ignare en politique : « Merci ! Vous nous avez donné une belle leçon de démocratie participative ! » Je ne peux que terminer là-dessus sans commentaires.

Donnons encore, pour clore le chapitre, quelques exemples des commissions cette fois en cours que j'ai l'honneur et la charge de présider. J'en citerai quatre, pour lesquelles je me suis beaucoup investi : le Conseil scientifique international de Lascaux, le Comité scientifique international des mégalithes de Carnac, de la baie de Quiberon et du golfe du Morbihan, le Comité scientifique international du musée d'Anthropologie préhistorique de la principauté de Monaco et le conseil scientifique de l'Institut des déserts et des steppes.

J'ai déjà mentionné, en évoquant les mégalithes du Morbihan, l'existence de ce Comité scientifique international dit des mégalithes de Carnac de la baie de Quiberon et du golfe du Morbihan[1]. C'est en fait dès 2003 que j'ai été approché par le maire de Carnac et la préfète du Morbihan pour mettre sur pied une sorte de commission susceptible de s'occuper des monuments mégalithiques de Carnac (et des environs), commission dont je serais président. Cela se passait à la mairie de La Trinité-sur-Mer où je venais de recevoir la citoyenneté d'honneur de ce port prestigieux (c'était la première fois que cette commune pratiquait cette « reconnaissance »). Je fus ainsi nommé en 2004 président du comité scientifique du Centre de ressources sur le mégalithisme à Carnac. Et puis, il ne se passa plus grand-chose. La direction régionale des affaires culturelles (DRAC) de Bretagne à Rennes se préoccupa certes de ce manque de contrôle d'un pareil patrimoine et ne

1. Qui s'appelle désormais « de Carnac et des rives du Morbihan ».

cessa d'y travailler de son côté jusqu'au jour d'un nouveau départ. C'était en 2006, je me suis retrouvé président d'une nouvelle instance, le Comité scientifique du groupement d'intérêt public à enjeux culturels (GIPC) « Mémoires de pierre, mégalithes du Morbihan » ; j'ai alors choisi sa composition et nous nous sommes réunis une fois (en 2007) à la préfecture du Morbihan à Vannes, à l'initiative de la DRAC (Stéphane Deschamps). Et puis il ne se passa pas grand-chose à nouveau. Reprenant les « menhirs » en main, en 2012, le maire de Carnac, Jacques Bruneau, mit sur pied une association (Paysages des mégalithes) dont je suis président d'honneur (dans les statuts !) et un comité scientifique international dont je devenais président (mais pas d'honneur !). Avec la DRAC (Stéphane Deschamps), qui n'avait pas cessé de travailler entre-temps (avec entre autres Christine Boujot), je constituai mon comité scientifique international, car comme d'habitude j'étais nommé président d'une instance qui n'existait pas. Et cette fois, cahin-caha, malgré quelques difficultés d'articulation entre les deux entités (c'est toujours comme ça), le train s'est mis en marche.

Le but avoué de ce système est en fait la préparation d'un dossier pour l'inscription par l'Unesco des mégalithes compris entre la rivière d'Étel et la presqu'île de Rhuys (26 communes) au patrimoine mondial de l'humanité. Le but inavoué (en tout cas le mien), qui se trouvait en amont de l'opération Unesco et qui va bientôt en bénéficier en aval, est la conservation réelle, attentive, vigilante, de cet immense et puissant sanctuaire (temples et nécropoles) des tout premiers agriculteurs armoricains, unique au monde par la quantité, la diversité, le gigantisme fréquent et la qualité de ses monuments. Nous voici donc aujourd'hui roulant sur trois roues, mais roulant bien, comme je l'ai évoqué dans la première partie, le Comité scientifique international (avec Christine Boujot comme vice-présidente et Yves Ménez, comme secrétaire de séances), l'association Paysages de mégalithes (avec Olivier Lepick, actuel maire de Carnac comme

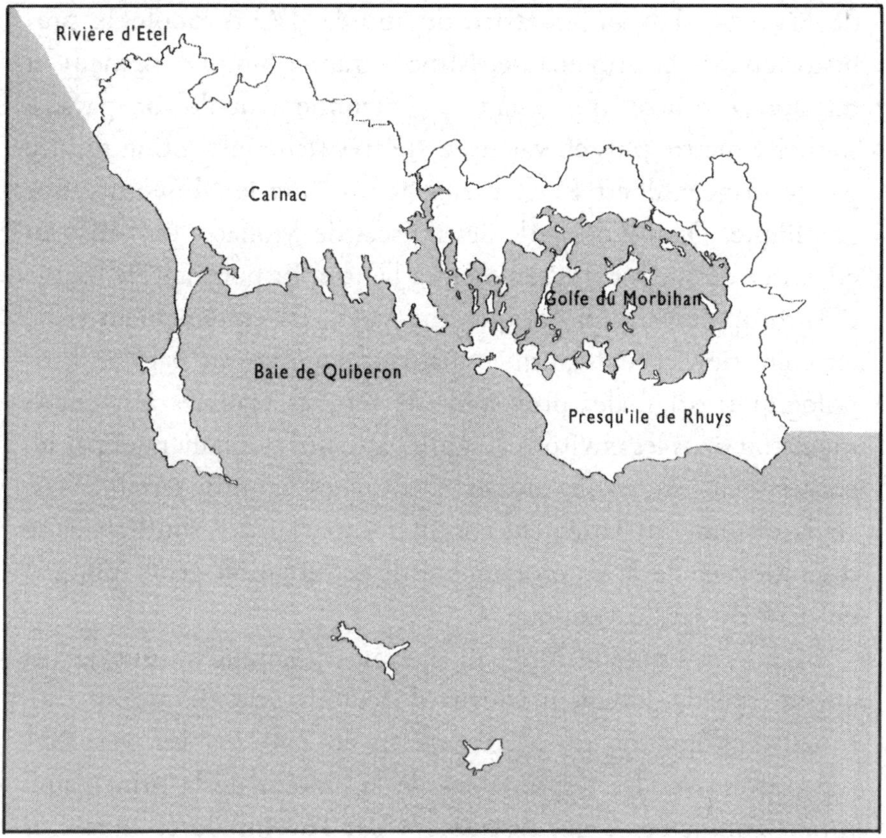

Figure 34. *Carte de la région mégalithique dont nous nous occupons, région « sacrée » de Carnac, de la baie de Quiberon et du golfe du Morbihan (la plus grande densité de mégalithes au monde).*

président et Jean-Baptiste Goulard comme délégué permanent) et un comité de pilotage, présidé par le préfet. L'objectif n'est pas atteint mais j'ose dire qu'il est en vue, ce qui est nouveau car, pendant bien des années, il a été dans le « crachin ».

La seconde commission a été l'appel tout à fait inattendu et bien séduisant de Son Altesse Sérénissime le prince Rainier III de Monaco. La conservatrice du musée d'Anthropologie préhistorique de la principauté, Mme Suzanne Simone, prenant sa retraite, le prince, très attentif au rayonnement de son pays, a souhaité mettre plus en valeur, cette très riche institution fondée par le prince Albert Ier en même temps que le Musée océanographique. Quand on parle des musées de Monaco, on pense en effet à ce dernier et très rarement à l'autre. Et pourtant, le musée d'Anthropologie préhistorique, dit MAP, est extrêmement riche en collections préhistoriques, paléontologiques et paléoanthropologiques originales provenant de fouilles réalisées à Monaco même ou dans les environs (Ligurie, aujourd'hui italienne) par les conservateurs successifs, tous excellents chercheurs de terrain. Mais ce patrimoine, parfaitement connu des spécialistes, souffrait de sa discrétion et de la confidentialité de sa situation géographique, en haut du jardin exotique.

Ce fut, à l'origine, un peu comme « conseiller » que je fus appelé ; j'étais devenu président du comité scientifique international d'orientation du MAP ; c'était en 2002, et les premières rencontres avec les responsables de la culture de la principauté furent consacrées à des discussions sur l'avenir de ce musée et la validation (demandée par courtoisie) du recrutement de son nouveau directeur et de son personnel. L'idée de réunir, sous ma présidence, un comité scientifique international, destiné à séduire à l'intérieur de la principauté et à faciliter la diffusion à l'extérieur, se fit jour ensuite. Et, comme chaque fois, je constituai ledit comité que je devais présider. Monaco étant un État à part entière, et pas un morceau de la Côte d'Azur, je le composai donc très largement international et le plus équilibré possible entre recherches (et ses trois grands axes précédemment cités) et muséologie. Et peu à peu s'est installé une sorte de rituel d'accompagnement de toute réunion du Comité scientifique international (déplaçant des scientifiques de grande qualité du monde entier) : un colloque public et, le cas échéant, une exposition, réunion, colloque et exposition donnant lieu à la publication d'un numéro spécial du *Bulletin du musée d'Archéologie préhistorique de Monaco* (le dernier date de 2016 et propose les actes d'un colloque réuni en octobre 2014 sur le thème « L'homme, la faune et le climat durant la préhistoire » ; il était accompagné d'une exposition nommée *Un mammouth à Monaco*).

Son Altesse Sérénissime le prince Albert II, succédant au prince Rainier III, a bien voulu conserver ce qu'avait initié son père, lui apporter son soutien généreux et honorer fidèlement de sa présence toutes les réunions du comité ; nous en sommes au cinquième mandat de trois ans, avec de légers changements ou enrichissements de composition à chaque renouvellement. Le très créatif directeur du musée est depuis le début M. Patrick Simon, entouré d'une belle et bonne équipe en accroissement modeste mais constant.

Je devins membre (d'honneur) de l'Institut des déserts dès 1986 et puis la présidence d'honneur me fut offerte par son président, l'archéologue Pierre-Henri Giscard. Ayant travaillé d'abord au Sahara, Pierre-Henri Giscard avait fondé cet institut et c'était Théodore Monod qui l'honorait de sa présidence. Le grand saharien étant mort et le Sahara se fermant aux recherches pour des raisons de sécurité, Pierre-Henri Giscard s'en alla travailler en Mongolie et élargit l'intitulé de son Institut en le nommant désormais « des déserts et des steppes ». Il m'invita alors à en prendre la présidence d'honneur ; c'était en 2007. Mais cela ne lui a pas suffi puisque, dès 2009, j'ajoutai à ma première présidence, celle, cette fois plus active, du Conseil scientifique dudit institut. Et comme la recherche de Pierre-Henri Giscard s'était un peu tarie en Mongolie où il avait terminé ses recherches en beauté en annonçant la découverte de la tombe de Gengis Khan, il se tourna vers l'Afrique du Sud et son Veld (sorte de steppe) et les recherches à Kromdraai, près de Johannesburg, d'un jeune collègue toulousain que je lui avais présenté, José Braga. Ces nouvelles orientations dans le temps (il ne s'agissait plus d'une archéologie de quelques siècles ou de quelques millénaires, mais d'une paléontologie et paléoanthropologie de quelques millions d'années) et mes présidences ne suffisant pas à Pierre-Henri Giscard, insatiable, ce fut cette fois mon nom qu'il réclama pour appeler un institut dont l'intitulé s'allongeait de trop. Cette dernière aventure date de 2017 !

Enfin, parmi mes activités actuelles, je ne peux manquer de parler de Lascaux. Lascaux est, comme l'on sait, une grotte ornée et ses peintures (un millier) et ses gravures (1 500), d'une qualité artistique exceptionnelle, sont datées d'environ 17 000 années. C'est un sanctuaire, découvert en 1940, mais maltraité durant les premières années qui ont suivi sa découverte pour faciliter son ouverture au public (figure 35). Aménagement assez brutal et foule de visiteurs ne tardèrent évidemment pas à entraîner des menaces de dommages et, dès 1963, le ministère de la Culture (André Malraux) s'en préoccupa et mit en place des instances scientifiques de surveillance et de réflexion pour tenter d'éviter les risques de destruction et les destructions elles-mêmes. Beaucoup de recherches furent alors conduites et des équipements installés pour parer au mieux aux agressions éventuelles de l'air, de l'eau, de la température, du contenu microscopique animal ou végétal vivant et, bien sûr, des visiteurs. Il y eut des périodes d'une certaine stabilité, mais aussi des crises inquiétantes, chaque fois réparées mais toujours susceptibles de réapparaître tant que leurs raisons n'auraient pas été identifiées et étudiées. L'Unesco classa vite pareil chef-d'œuvre au Patrimoine mondial de l'humanité (dès octobre 1979), mais s'inquiéta vite aussi de la fragilité de la grotte et, sous des influences extérieures, émit des doutes sur la capacité de l'État français (le ministère de la Culture) à conserver cette grotte. La menace de placer Lascaux sur la liste du patrimoine en péril fut brandie au-dessus du gouvernement français à qui il fut également reproché d'avoir un comité scientifique de veille un peu trop juge et partie. Le ministre Frédéric Mitterrand arriva en poste au ministère de la Culture au moment où sévissait cette situation critique. Il eut donc l'initiative de commencer à la résoudre en remplaçant le comité scientifique trop lié au ministère par un conseil scientifique (plus) indépendant et déclara alors (en tout cas c'est ce qui m'a été rapporté) qu'à la présidence de ce conseil, il lui fallait un « préhistorique » !

C'est alors que je reçus un appel téléphonique du ministère me demandant si j'accepterais cette présidence – si je n'avais pas peur de me répéter, je dirais, présidence d'un conseil qui évidemment n'existait pas... J'acceptai, composai mon conseil, pas trop important (quatorze membres cette fois), évidemment international, avec évidemment les meilleurs experts en géologie, hydrogéologie, karstologie, bactériologie, en me réservant la possibilité de l'élargir en fonction des besoins qui ne manqueraient pas d'apparaître (et ce fut le cas ; on recruta ensuite de nouveaux experts, toujours les meilleurs, en pédologie, entomologie, etc.).

Je rencontrai donc Frédéric Mitterrand, mais n'osai pas lui dire que les préhistoriques sont les « gens » étudiés par les préhistoriens, et nous visitâmes la grotte une première fois en janvier 2010, puis une deuxième fois en février 2010 et je fus officiellement nommé président du conseil scientifique de la grotte de Lascaux pour trois ans.

Au terme de ces trois années, Mme Aurélie Filippetti, ministre de la Culture et de la Communication, en 2013, me renouvela la confiance du ministère en augmentant d'une année mon nouveau mandat. Je suis ainsi arrivé en 2017 à l'échéance de sept années d'exercice, heureux d'avoir participé à apaiser l'Unesco, à rendre sa dignité au ministère et sa « sérénité » à la grotte.

Nous avons fonctionné, ces sept années, sur deux pattes, avec une instance « domiciliée » au ministère de la Culture et de la

Figure 35. *Gravures de Lascaux (parmi les 1 500), frise de Cerfs, 17 000 ans.*

Communication à Paris, le conseil scientifique international de la grotte de Lascaux et une autre « basée » à la Direction régionale des affaires culturelles d'Aquitaine à Bordeaux, le groupement de maîtrise d'ouvrages. Le conseil est consultatif, le groupement, exécutif. Ce dernier a bien sûr des demandes de conseils avant d'agir et le Conseil des questions quant à l'état de la grotte et ses problèmes à étudier. On comprend aisément que l'une des instances ne peut fonctionner sans l'autre. La personne qui règne en maître sur ces deux organes est évidemment la conservatrice de la grotte, Muriel Mauriac, siégeant ès qualités au GMO et siégeant en observatrice au conseil scientifique.

Pendant ses deux mandats, le Conseil s'est efforcé de comprendre la grotte dans ses interactions avec ses environnements : le dessus et le dehors, la couverture biopédologique, la végétation et le climat ; le contenant, son cadre géologique, hydrogéologique et géophysique ; le contenu, la climatologie de la grotte, l'écologie microbienne et celle des diverses autres présences vivantes (végétaux, arthropodes…). Il a pour cela entendu, convié ou réuni des experts extérieurs, lancé des appels d'offres pour approfondir (sous la forme de thèses par exemple) des programmes particuliers, fait un travail comparatif avec d'autres grottes, d'autres pays, d'autres actions. La grotte de Lascaux, nous a-t-on dit, et c'est un compliment que nous avons reçu avec plaisir, est incontestablement la grotte ornée qui a été la plus étudiée. De cette connaissance globale et locale meilleure, le GMO a évidemment tiré des conclusions et est intervenu à plusieurs reprises dans la cavité (changements des équipements, changement de l'aération…) avec succès, je veux dire « sans qu'elle se fâche », comme elle l'avait fait quelques fois auparavant. Sept années d'un gros travail couronné de résultats extrêmement intéressants ; sept années de réunions passionnantes, deux à trois par an, chacune de quarante-huit heures, évidemment enrichies de multiples réunions secondaires, plus spécialisées, et d'échanges par différentes voies entre les membres du conseil, ceux du GMO et de multiples experts extérieurs, français et étrangers. Saluons le travail de tous, et en particulier de « mon » vice-président, Jean-Jacques Delannoy[1].

Le ministre Frédéric Mitterrand, lors de ma première visite au ministère, m'avait dit, sans l'écrire, que la fonction qu'il m'offrait devait s'occuper, certes, de la conservation des peintures et des gravures de la grotte, mais comme la visite de la grotte originale était désormais très limitée, elle consistait aussi à se préoccuper de sa ou de ses reproductions. Je partageai parfaitement cette idée que chacun a droit en effet à toute la connaissance du monde. Et c'est ce que nous fîmes. En 2010 existait Lascaux II, merveilleuse copie de la grande salle (salle des Taureaux) et du premier couloir (diverticule axial) le plus orné ; ce n'était donc qu'une copie partielle et le site choisi pour cette première reproduction était très près (trop près) de Lascaux I. C'est à ces deux restrictions que nous songeâmes et, à l'initiative du président du conseil général (maintenant départemental) de la Dordogne, M. le sénateur Bernard Cazeau, furent fabriqués un Lascaux III itinérant, présentant les reproductions de l'autre couloir (passage, abside, nef, cabinet des félins) et du puits, et un Lascaux IV, en bas de la colline de Lascaux, plus éloigné donc de la grotte première et proposant cette fois la reproduction de l'ensemble du « monument ».

J'ai ouvert Lascaux III, ou Lascaux révélé, à Bordeaux en 2012 (parce que la ministre Aurélie Filippetti s'était fait excuser, parce que le préfet n'était pas venu et parce que le sénateur Cazeau, à l'origine du projet, avait souhaité rester en retrait) et je l'ai accompagnée à Chicago (2013), pas à Houston, ni à Montréal,

1. Un colloque, que j'ai appelé *Lascaux la belle. Sept années de recherche et de veille*, s'est tenu à ma demande et sous ma présidence les 17 et 18 octobre 2017 à l'Unesco, pour rendre compte des travaux de mes deux mandats.

ni à Bruxelles, mais à Paris (2015) et à Genève (2015), mais pas à Séoul, ni au Japon, ni en Chine où elle circule actuellement. J'en suis, depuis 2010, président du comité de pilotage scientifique et artistique. Et puis j'ai été associé à l'extraordinaire aventure de Lascaux IV : travaux de l'agence Lord Culture, conférence aux Eyzies aux donateurs potentiels, pose de la première pierre (en fait, premier coup de pinceau) par la ministre Aurélie Filippetti, visite de la grotte originale par la ministre et inauguration finale par le président François Hollande (décembre 2016). La reproduction, usant des techniques les plus avancées, y est tout à fait étonnante.

Je vais peut-être maintenant participer à la réalisation de la copie de la grotte Cosquer, mais j'ai demandé cette fois à l'architecte André Stern, qui a eu l'initiative de la fabrication de ce nouveau fac-similé, une autre fonction que celle de président du futur et inévitable comité scientifique international qu'il me proposait : je serais président d'honneur (!).

*

Y. Coppens, « Préface », in M. Ruspoli, *Lascaux. Un nouveau regard*, Bordas, 1986, p. 5-6.

Y. Coppens, « Lascaux a dix-sept mille ans », *Le Figaro*, 17 août 1990, p. 23.

Y. Coppens, « Comment Lascaux a livré ses mystères », *Le Figaro*, 12 septembre 1990, p. 30 (cinquantième anniversaire de la découverte de la grotte).

Y. Coppens, « Discours de M. Yves Coppens, président de la Commission de préparation de la Charte de l'environnement », in *La Charte de l'environnement : enjeux scientifiques et juridiques*, MURS-ATLAS, 2003, p. 9-10.

Y. Coppens (président), *Origine de l'homme et peuplement de la Terre, Actes du Colloque international de préhistoire de Monaco*, Bull. du musée d'Anthropologie préhistorique de la Principauté de Monaco, 2008.

Y. Coppens, « Allocution d'ouverture », in C. Birraux et J.-C. Étienne, *Le Principe de précaution : bilan de son application quatre ans après sa constitutionnalisation, audition publique du 1er octobre 2009*, Les rapports de l'Office parlementaire d'évaluation des choix scientifiques et technologiques (OPECST), Assemblée nationale, 2009, n° 1964, Sénat n° 2 5, p. 9-11.

Y. Coppens, « Préface », in Jean-Michel Geneste, *Lascaux*, Gallimard, « Découvertes », 2012.

Y. Coppens, « Préface. Lascaux, une passion maîtrisée », in H. Chassain, D. Tauxe, *La Grande Histoire de Lascaux. De la préhistoire au XXIe siècle*, Éditions Sud-Ouest, 2016, p. 9.

Y. Coppens (président), *L'Homme, la Faune et le Climat durant la préhistoire, Actes du Colloque international de préhistoire de Monaco*, Bull. du musée d'Anthropologie préhistorique de la Principauté de Monaco, 2016.

P. Charlier, Y. Coppens *et al.*, « Contributions of indigenous peoples to the definition of health on the occasion of the CoP 21 », *New England Journal of Medicine*, 2016.

Collectif, *La préparation de la Charte de l'environnement.* Vol. 1 : *Rapport de la Commission Coppens*, vol. 2 : *Rapport sur la consultation nationale*, vol. 3 : *Comptes Rendus des travaux : I. Synthèses des travaux juridiques et scientifiques, des groupes de discussion citoyens, de l'avis du Conseil économique et social. II. Synthèses nationale, régionales et Internet du questionnaire ; synthèses des 14 assises territoriales.* Vol. 4 : *Revue de presse*, ministère de l'Écologie et du Développement durable, Paris, 2003

Collectif, *Mégalithes du golfe du Morbihan et de la baie de Quiberon, projet d'inscription sur la liste du patrimoine mondial de l'Unesco, dossier de confirmation pour la liste indicative.* « Préface par le professeur Yves Coppens, président du Comité scientifique international et Olivier Lepick, président de Paysages de Mégalithes », Paysages de Mégalithes, 2016.

CHAPITRE 4

Séduire et transmettre

« La parole du savoir peut s'écrire ou se dessiner. »

Inspiré de Bonald.

J'adore les listes.

Quand j'étais enfant, j'en faisais de toutes natures ; j'ai retrouvé la « liste des choses que j'ai » et la « liste des personnes qui passent » (c'était à Vannes et j'habitais une grande maison d'un quartier un peu périphérique où il n'y avait guère de passage ; ma liste était courte !).

J'ai gardé cette manie – c'est sans doute une névrose – qui relève de la comptabilité d'une mercerie ou d'une droguerie (marchand de couleurs, dit-on à Paris), comptabilités qui me fascinent et que j'admire, et qui me fait lister conférences, émissions, expositions, etc. Je ne vous les infligerai pas, mais pour ce chapitre qui parle de toute la partie « publique » de mon activité (depuis le public des étudiants, des chercheurs, des pairs, à celui des enfants, des élèves, du public dit grand public, etc.), je donnerai des ordres de grandeur.

Dans le registre des milliers, je citerai mes articles scientifiques. Le professeur André Thomas, pasteurien, dont j'aimais beaucoup la lucidité, avait l'habitude de dire : « Le chercheur qui déclare avoir publié plus d'un millier d'articles ne vaut rien ! » Il n'avait pas tort, mais il faut entendre par mon millier à moi (je me défends !) les 300 ou 400 articles scientifiques classiques d'une vie de chercheur, le reste n'étant qu'un listing (comme on dit en français) de notes, articles généraux, introductions, préfaces, qu'on ne cesse de vous demander, lorsque votre discipline est populaire.

À ce propos, il y a, à mon endroit, un véritable phénomène « Préface » ; depuis les années 1980 environ, j'en ai sans cesse une demi-douzaine en retard et, bien sûr, je n'accepte pas toutes les sollicitations. Je me suis évidemment demandé pourquoi. Et je pense que, comme je lis vraiment consciencieusement la totalité du texte pour lequel on m'a demandé une introduction et que j'ai plus, par paresse, l'esprit de synthèse que celui d'analyse, les auteurs aiment bien mes « ouvertures », évoquant véritablement l'ensemble du contenu à mettre en bouche dans un langage forcément plus élogieux que critique ! Pour éviter les listes – pour une fois –, j'ai regroupé, pour le moment, beaucoup de ces textes introductifs dans trois ouvrages successifs, *Pré-ambules, Pré-textes* et *Pré-ludes* (édités chez Odile Jacob respectivement en 1988, en 2011 et en 2014) et réunissant environ une centaine de préfaces chaque fois, soit 300.

Dans le même registre des milliers, je citerai les émissions de radio et de télévision. Quand vous trouvez une nouvelle espèce d'équidé (chevaux) ou de proboscidien (éléphants), tout le monde s'en moque ! Mais dès que vous trouvez un misérable bout d'os ou de chicot de dent d'hominidé, c'est le coup de feu, toute la presse se manifeste et il faut, bien sûr, être là, lui répondre sans délais, à chaud. Si, en effet, vous attendez le lendemain, l'actualité de votre bout d'os est passée. À titre d'anecdote, j'ai recherché dans mes listes mes quatre premières apparitions, deux à l'antenne et deux sur les écrans, j'ai trouvé ma voix en français dans l'excellente série d'émissions de François Le Lyonnais *La Science en marche*, sur France Culture, en 1961, et en anglais dans la série de Raymond Dart *Beyond Antiquity*, à la South African broadcasting Corporation, en 1962. Et j'ai revu, par la pensée, mon image à l'ORTF, au journal télévisé de 13 heures (interview de M. Hartzer) le 27 mai 1965 et, à l'ORTF encore, dans *Visa pour l'avenir* de Jean Lallier (interview de Robert Clarke), diffusée le 24 juillet 1965.

À titre d'anecdote encore, je citerai les derniers en date (j'ai arrêté mon comptage mi-juin 2017 ; il y en a eu un certain nombre depuis) : « La matinale » de France Info (interview de Fabienne Sintès) le 8 juin 2017 et la chaîne Inter de la SNTR, Société nationale de radio et télévision marocaines (interview de Loubna Derraji) le 10 juin 2017, et des interviews pour les journaux d'Arte et de France Télévisions le 6 juin 2017, diffusées le soir du 7 juin.

Les bouts d'os étaient évidemment celui du tout premier hominidé de ma carrière, découvert en 1961 (radio), mais nommé *Tchadanthropus* en 1965 (télé), et la mandibule découverte au Djebel Irhoud, attribuée à *Homo sapiens* et datée de 300 000 ans par Jean-Jacques Hublin et Abdelouahed Ben-Ncer, en 2017.

Ceci confirme cela.

Je dois noter ici aussi cette invitation du patron de France Info, Michel Polacco, de créer une chronique d'archéologie, de préhistoire et de paléontologie qu'il me confierait à une condition : mes sujets devaient être « d'actualité », France Info oblige ! J'avoue que cette proposition à laquelle je ne m'attendais absolument pas a su chatouiller ma curiosité, si bien que j'ai accepté de tenter cette toute nouvelle aventure ! Il s'agissait de traiter une fois par semaine une actualité « du passé » en deux minutes et demie (une pastille !). Mes nouveaux collègues, là-haut, au huitième étage de la Maison de la radio, dans leur interminable salle de rédaction en rond, m'ont courtoisement souhaité la bienvenue, expliqué que je devenais intermittent du spectacle et que j'avais de la chance car j'étais « une fin de tranche » ! Je me suis demandé longtemps ce que voulait dire ce curieux qualificatif ; en fait il signifiait simplement que ma chronique serait placée dans le programme de telle manière que je pourrais, le cas échéant, l'allonger sans dommages, en d'autres termes je ne subirais pas trop le couperet du temps d'antenne. Cela se passait en juillet 2003 ; la chronique s'est appelée « Histoire d'homme » (titre donné par Michel Polacco) et elle a duré onze ans ; et puis je me suis efforcé de transcrire en langage écrit mon « oralité » (ce qui n'est jamais simple) et ces efforts ont conduit à la publication de la totalité des chroniques dans quatre volumes : *Le Présent du passé*, *Le Présent du passé au carré*, *Le Présent du passé au cube*, *Des pastilles de préhistoire. Le présent du passé 4*, parus en coédition Odile Jacob/France Info, respectivement en 2009, en 2010, en 2013 et en 2016.

Par timidité, j'ai mis un certain temps avant de me décider à monter sur les planches et puis l'exercice m'a plu parce que j'aime bien les gens, parce que j'aime bien raconter des histoires même si elles sont de science, parce que j'aime bien qu'on m'écoute, qu'on me comprenne, qu'on m'aime. C'est un peu du cabotinage ! C'est poussé par Robert Gessain, mon directeur au musée de l'Homme de 1969 à 1980 avant que je ne lui succède, que j'ai fait ma première apparition publique, en l'occurrence un enseignement (en 1970) à l'université Paris-V, dans le cadre d'un cours de l'UER de sciences sociales et puis je n'ai plus cessé d'enseigner et de conférencer. Ma conférence suivante a été donnée à l'Institut de paléontologie humaine en 1970, immédiatement suivie d'une autre à l'Académie des sciences d'outre-mer en 1972, puis, un peu forcé par les événements, par des conférences en anglais en Californie, Berkeley, Los Angeles et San Francisco en 1972, car je m'y trouvais en mission de recherche au laboratoire d'anthropologie du campus de l'Université Berkeley. C'est donc également dans les milliers que je liste mes conférences, allocutions, enseignements, etc. Et j'ai bien sûr à mon actif un certain nombre de conférences à noms (données à Montréal – à l'université francophone et à l'université anglophone –, à Québec, à New York, à Londres, à Francfort, à Stockholm, à Pretoria) et un grand nombre de grandes conférences dites inaugurales, ou *keynote lectures*, mais anonymes dans beaucoup de pays et qui devraient avoir le même prestige mais sont évidemment moins visibles.

Je voudrais évoquer ici un autre phénomène amusant, le nombre de conférences inaugurales de grands congrès de médecine pour lesquels j'ai été sollicité. Comment l'expliquer ? Je pense que c'est parce que mes compétences sont à la fois proches de l'expertise des médecins (anatomie, anthropologie, paléopathologie) – ce n'est pas pour rien que j'ai été élu à l'Académie nationale de médecine de Paris, à celle de Bruxelles, à celle de São Paulo – et suffisamment larges et dépaysantes pour donner aux congressistes la fraîcheur et l'ampleur de la culture générale, avant qu'ils ne plongent dans les travaux « pointus » de leur spécialité. Citons, pour le plaisir, les conférences inaugurales des Journées médicales de Bruxelles (1986), des Congrès de neurobiologistes (1989), orthopédistes (1993), vétérinaires (1995), chirurgiens (1997), chirurgiens-dentistes (2000), podologues (2001), kinésithérapeutes (Belgique) (2001), dentistes (2001), orthodontistes (2002), diabétologues (2003), dermatologues et vénérologues (2005), chirurgiens de la main (2006), cardiologues (2007), anesthésistes et réanimateurs (2008), spécialistes de la ménopause (2008), spécialistes des translations cortico-motrices (2008), pneumologues (2009), vétérinaires (2010), orthopédistes dento-facial (2011), chirurgiens orthopédistes et traumatologues (2012), chirurgiens (Belgique) (2012), ostéopathes (2012), gynécologues et obstétriciens (2012), endocrinologues (2014), orthopédistes (2014), spécialistes de la maladie de Parkinson (2014), chirurgiens de la colonne vertébrale (2015), vétérinaires (2015), cardiologues (Italie) (2015)... J'ai été en outre président des Congrès internationaux de l'évolution et de la paléoépidémiologie des maladies infectieuses, à Toulon en 1993 (la syphilis), à Budapest en 1997 (la tuberculose), à Marseille en 2001 (la peste)... mais je ne suis pas contagieux !

Parmi les conférences, il y a une autre catégorie originale, c'est celle des exposés sur des paquebots ; je viens de les compter pour votre plaisir, mais surtout pour le mien ; j'ai fait une trentaine de croisières. Et là évidemment les anecdotes ne manquent pas, depuis des conférences ponctuées par la corne de brume, des conférences toutes lumières éteintes dans des eaux réputées fréquentées par des pirates jusqu'à des conférences roulantes et tanguantes à souhait devant un public clairsemé et à moitié (ou complètement) malade ! Je n'ai pas encore eu le mal de mer, ce qui est confortable, si bien qu'un jour, sur un paquebot qui s'appelait *L'Azur*, en Adriatique, j'ai été sollicité par l'organisateur (c'était une croisière Encyclopaedia universalis) pour remplacer au pied levé la conférence sur la Grèce de l'helléniste Jacques Lacarrière, couché dans sa cabine sans espoir d'amélioration ; j'ai donc improvisé un sujet de mes compétences ; ça se passait dans un salon aveugle, au fond du bateau, je veux dire tout en bas, ce qui n'était pas des plus facile ; ça roulait moins mais c'est toujours mieux dans ce cas de voir la mer ! Séduit par ce service inattendu, tellement précieux pour un responsable de l'« animation » des passagers, cet organisateur (Marc Saugier) ne m'a plus « quitté » et je continue à naviguer à son invitation ; j'ai d'ailleurs fondé avec lui et Dominique Leglu les Croisières annuelles du savoir de *Sciences et avenir*, il y a huit ans.

Encore quelques conférences originales pour s'amuser : il m'est arrivé d'entretenir de l'origine de l'homme des condamnés « à perpétuité » dans la prison de Saint-Maur dans l'Indre ; c'était dans leur chapelle car il n'y avait pas d'autre lieu. Tout s'y est très bien passé lorsque, passant aux questions, la première qui jaillit fut : « Quelle impression ça vous fait d'être ici parmi nous ? » J'ai fait d'autres conférences dans des églises ou des chapelles, désaffectées ou pas, mais jamais en chaire ! J'ai donné des conférences dans des théâtres souvent ; une fois, dans le cadre d'une programmation particulière dite « Les lundis du Palais-Royal » au superbe petit théâtre du même nom, un des plus vieux de Paris (1783). Le lundi étant le jour de relâche, les propriétaires avaient créé ce programme complémentaire, partie de l'abonnement, pour y laisser s'exprimer des acteurs qui souhaitaient raconter des histoires, jouer une saynète qui leur tenait à cœur, etc., et je me suis donc vu proposer un de ces fameux « lundis ». J'ai tout de suite accepté et j'avoue avoir ressenti sur scène, moi qui ai fréquenté tant de salles, d'amphis, de tribunes, de planches, de tréteaux, une vraie émotion ; il faut dire que les personnels n'avaient rien négligé ; j'ai eu le droit à la loge bien solitaire, à la sonnette, aux trois coups, à l'ouverture de l'épais rideau rouge… Je ne regrette pas ces deux heures derrière ma petite table, agrémentée d'un malheureux verre d'eau et face à un trou noir plus ou moins bruissant. À la sortie de scène, les propriétaires, un peu inquiets au début, ravis à l'arrivée, et qui n'avaient qu'un lundi à m'offrir, m'ont proposé… une tournée en province ! Inutile de préciser que je n'en avais pas le temps… Une autre fois, je me suis trouvé un des cinq acteurs improvisés dans un spectacle qui s'appelait *Éloquence, 5 × 15* et en sous-titre : *You've got 15 minutes. What are you going to talk about ?* C'était le 16 décembre 2016, au théâtre de la Pépinière, rempli comme un œuf de curieux, attirés sans doute par l'exercice ; j'étais le cinquième des cinq à me jeter et j'y ai traité de « mes concierges et la science » ; j'ai eu l'impression que notre public s'en est allé heureux !

J'ai donné des conférences aussi bien sûr dans des théâtres à l'antique, à l'extérieur, sans toit, dits de verdure en France ; je me souviens de l'une d'entre elles à Djibouti. Les enfants des écoles étaient venus (et repartis) en boutres dont on voyait les voiles de mon amphithéâtre de pierre… Voir arriver ses jeunes invités par la mer, c'était superbe !

De même que Robert Gessain m'a mis le pied à l'étrier dans la « catégorie » cours et conférences, autrement dit rencontres avec le public que je craignais par timidité, c'est Odile Jacob qui m'a fait écrire ; j'aimais écrire et je le faisais volontiers depuis longtemps pour des articles scientifiques, des articles de vulgarisation, des communications de colloques ou de congrès, des participations à des ouvrages, comme on vient de le voir, etc., mais je n'avais pas vraiment envisagé, pas en tout cas pris le temps, d'écrire un ou des livres pour un public curieux ou, à plus forte raison, cultivé ; le premier *Le Singe, l'Afrique et l'Homme*, publié en 1983 dans la collection « Le temps des sciences », dirigée chez Fayard par Odile Jacob, fut, pour moi, une révélation et c'est la raison pour laquelle il a été suivi d'une trentaine d'autres, une vingtaine cette fois chez l'éditeur Odile Jacob, dans son écurie dont je fais partie et dont je suis fier de faire partie depuis sa création. Merci Odile ! Les dix autres sont des livres scientifiques chez des éditeurs français ou étrangers spécialisés.

Dans les milliers, j'y reviens, il y a bien sûr aussi les articles de presse ; je les ai conservés (ou du moins beaucoup d'entre eux) mais je n'ai jamais eu le courage d'en faire des listes. Il y aurait beaucoup à dire, à ce sujet : articles annonçant une découverte, articles de synthèse, articles interviews, de quotidiens, d'hebdomadaires, de mensuels ou de hors-séries, français ou étrangers. Je ne retiendrai que l'histoire d'une jolie coquille, parue en très « gras » à la une d'un quotidien de province : « Yves Coppens a découvert un crâne d'hominidé fossile en excellent état de conversation » ; je l'aurais bien voulu, mais, hélas, c'était de conservation dont il était question !

Encore et enfin dans la rubrique des milliers, je n'oublierai surtout pas les rapports, attestations, lettres de soutien, pour des programmes, des financements, des prix, des nominations, des promotions, des courriers souvent confidentiels ; il n'y a pas eu de semaine que je n'en ai fait (et ça continue) ; j'ai sans doute aidé – ou tenté de le faire –, dans mes compétences, une bonne partie de la génération qui me suit et sans doute de celle qui suit celle-là… qu'elle soit francophone ou anglophone, et je m'en réjouis. C'était une aide personnelle et personnalisée et, en même temps, un soutien à la discipline, sans considération de labo, de chapelle, d'équipe. J'ai gardé le double de ces plaidoyers.

Venons-en aux centaines ; j'ai déjà présenté mes centaines de préfaces dont certaines ont été regroupées en recueils parus en trois livres ; j'ai aussi déjà présenté mes centaines de chroniques, toutes transcrites et publiées dans quatre livres. Mais je n'ai pas encore parlé de jurys de thèses (deux cents) auxquels j'ai participé en qualité de directeur de thèse, président de jury, rapporteur, membre ; la plupart d'entre elles sont françaises, mais j'ai fait quelques escapades dans des jurys en Belgique, en Hollande, en Espagne, en Afrique du Sud. Comme pour les émissions de radio ou de télé, amusons-nous à rechercher la première soutenance : c'était en 1974 à l'université Paris-V, sur l'évolution de la denture humaine (Paul Mazars) et la dernière en date, en 2015 à l'université Paris-VI, sur la biominéralisation des environnements d'Afrique australe et orientale (Loïc Segalen).

Citons encore les centaines de participations à des colloques, symposiums et congrès variés, avec, bien sûr, chaque fois, une communication ; ma première apparition en public avait été en juillet 1957, à la session annuelle de l'École antique de Nîmes ! J'y étais allé seul en voiture et j'avais campé à Palavas-les-Flots, sur un terrain de foot (j'avais planté ma tente en y arrivant, dans la nuit, et ne m'étais pas rendu compte de ma bévue !). Je ne saurais citer tous les colloques étranges ou prestigieux ; je pense quand même à cet étonnant château perdu dans les montagnes d'Autriche, Burg Wartenstein, où la Wenner-Gren Foundation de New York, propriétaire, sous la puissante autorité de Lita Osmundsen, femme de charme et de stratégie, recevait des semaines durant des scientifiques (sans leurs conjoints, était-il précisé sur les invitations !) dans une atmosphère de luxe et de travail.

Et puis citons encore les centaines de participations à des expositions temporaires ou permanentes, la première sans doute,

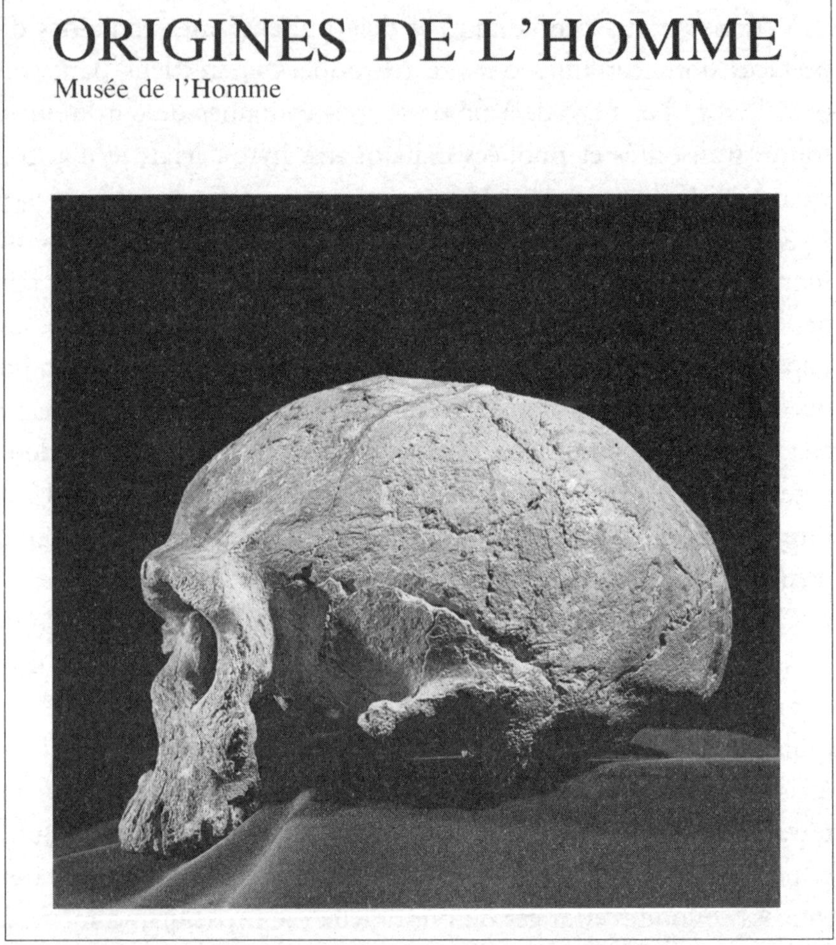

Figure 36. *Catalogue de l'exposition Origines de l'Homme (j'en étais le commissaire), musée de l'Homme, 1976-1978*[1].

---

1. Il s'agit du crâne dit n° 1 du Djebel Irhoud, un *Homo sapiens* de 300 000 ans. Ce crâne hérité de Camille Arambourg était alors en ma possession ; je l'ai rendu à son pays d'origine en 1981 (à S. M. le roi Hassan II) ; il est actuellement au Musée d'archéologie de Rabat.

au Musée archéologique de la Société polymathique du Morbihan, dès 1948. Mais l'exposition la plus importante que j'ai réalisée de A à Z, en qualité de commissaire scientifique, a été incontestablement celle intitulée *Origines de l'homme* au musée de l'Homme, en 1976, et qui, après plusieurs prolongations, a tenu jusqu'en 1978 (figure 36). Elle aurait été la plus fréquentée de toutes les expositions temporaires du musée depuis son origine et jusqu'à la nouvelle présentation du nouveau musée de l'Homme, je suppose. J'avais monté au premier étage, un week-end, avec beaucoup de volontaires, des tonnes de sable, pour simuler un terrain de fouilles (un week-end parce que le professeur Lionel Balout, professeur de préhistoire au Muséum national d'histoire naturelle et alors responsable du musée de l'Homme, me l'avait interdit !). Les 500 mètres carrés de l'exposition principale étaient ainsi quadrillés de piquets et de ficelles et semés d'ossements fossiles et de pierres taillées accessibles (et en deux ans personne n'y a touché !) ; les vitrines, installées le long d'un parcours chronologique, avaient pour fond d'immenses photographies de sites, comme des fenêtres sur lesquelles elles s'ouvraient. Quant à la dernière vitrine, comme je voulais y faire figurer un humain d'aujourd'hui et que j'hésitais forcément entre un homme, une femme, un vieux, un jeune, un Blanc, un Noir, un Jaune, j'avais installé, au fond d'une vitrine pour que ça ne soit pas trop vite apparent, un miroir… À l'inauguration, la ministre, Alice Saunier-Seïté, s'était laissé prendre ; je lui avais dit que quelqu'un d'entre nous se tenait en permanence dans cette dernière vitrine pour figurer l'humanité actuelle ; elle était littéralement entrée dedans de bon cœur, puis avait eu un haut-le-corps et avait hurlé : « Vous êtes formidable ! » L'exposition, après Paris, est partie en voyage ; sa première destination a été l'Université Sapienza de Rome, ce qui m'a donné le plaisir, à son inauguration, de rencontrer Fellini et de dîner avec lui, un monsieur à l'enthousiasme débordant et qui, bien sûr, sur le coup, voulait faire un film avec moi…

Rappelons qu'une des dernières expositions en date, dont j'ai présidé le comité de pilotage scientifique et artistique a été Lascaux III, conduite avec brio par Olivier Retout et récipiendaire de prix à Berlin (2013), à Paris (2015) et à Bruxelles (2016). Mais j'en ai déjà parlé…

J'ai participé à beaucoup d'expositions en Italie (à l'Université de Bologne), aux États-Unis (à San Francisco et à un autre projet californien d'exposition itinérante *Hunt for Human Origins, an Adventure in Evolution*, en 1995, mais toujours dans les cartons), en Grande-Bretagne (à Londres, inaugurée par Sa Majesté la reine Elizabeth II), en Suisse (à Neuchâtel, j'étais un des quatre parrains), en Tchécoslovaquie (à Brno, je l'ai inaugurée), en Belgique (à Bruxelles, à plusieurs reprises), en Afrique du Sud, à Pretoria (j'étais « *honorary patron* » !). J'ai fabriqué un musée (anthropologie, paléontologie, préhistoire, anatomie comparée, ethnologie) à Fort-Lamy (aujourd'hui N'Djamena), travaillé beaucoup à de nombreuses reprises pour la galerie de paléontologie du Muséum national d'histoire naturelle (Jardin des plantes), siégé dans plusieurs commissions préparatoires à la création de la Grande Galerie de l'évolution du même Muséum (Jardin des plantes) et siégé aussi dans plusieurs commissions préparatoires à la création de la Cité des sciences et de l'industrie de la Villette, dans celles du Palais de la Découverte et de leur union nommée Universcience, participé aux montages de nombreuses expositions et de tronçons de galerie permanente au musée de l'Homme et participé à sa nouvelle présentation (2015), siégé au conseil d'administration du musée du Quai-Branly-Jacques-Chirac, soutenu les initiatives du musée d'Archéologie nationale de Saint-Germain-en-Laye et, bien sûr, toutes les expositions du musée d'Anthropologie préhistorique de Monaco depuis que j'en préside le comité scientifique international (2004). Avec Bernard Vandermeersch, j'ai créé un parc en Charente-Maritime, à Saint-Césaire, le Paléosite ; j'en ai parrainé un autre dans les Deux-Sèvres (Zoodyssée), dans l'Allier (Gannat) et j'en ai conseillé, seul ou en collaboration, un certain nombre, je pense à celui du superbe domaine du Sauvage en Haute-Loire. L'un d'entre eux enfin au Congo a pris mon nom.

Toujours dans les centaines, ma participation à l'édition de revues scientifiques, comités éditoriaux, comités de lecture, doit être retenue ; j'ai été aussi directeur de deux collections au CNRS, et récemment d'une collection chez Odile Jacob et, bien sûr, mille fois *referee*, etc. Dans ma notice de 1982, la première mention de cette catégorie est celle de membre de l'*editorial board* (1968) du *West African Journal of Archaeology* d'Ibadan, suivi par celle de l'*editorial board* (1969) du *Journal of Human Evolution* de Londres, etc. Mais il s'en est ajouté de France, cela va de soi, d'Italie, d'Espagne, de Suisse, du Gabon, du Sénégal, du Canada, des États-Unis, etc.

Et puis viennent les présidences d'honneur, et les divers titres de membre d'honneur, parrain, membre, de multiples associations, celles liées à mon expertise bien sûr (président d'honneur de la Société préhistorique française [1987], président d'honneur – après avoir été président *honoris causa*, ce qui était original – de la Société polymathique du Morbihan [1986], président de la Société d'anthropologie de Paris, président de l'Association française pour l'avancement des sciences), mais aussi celles de très nombreuses sociétés, chaque année, pour m'honorer et utiliser, dans le meilleur sens du mot, l'âge venant, comme une sorte de validation, mon accord de figurer dans leur conseil scientifique, comité directeur, comité d'orientation, conseil d'administration. C'est aussi du devoir du chercheur senior d'accepter avec plaisir, voire enthousiasme, ces responsabilités légères et peu chronophages.

Nous voilà arrivés aux dizaines. J'ai déjà parlé de mes trente paquebots, comme il se doit dans la rubrique « conférences » ;

en fait trente croisières signifient plus d'une centaine de conférences, car l'embarquement veut dire, selon un accord préalable de deux à quatre, quelquefois cinq, conférences, en français, quelquefois en anglais.

Les autres dizaines concernent les distinctions, comme on dit dans les rapports d'activité du Collège de France, distinctions reçues ou distinctions remises. J'ai en effet reçu trente-trois fois (!) la médaille de citoyenneté d'honneur de villes françaises et, à deux reprises, de villes étrangères (Allemagne, Maroc). La toute première, noblesse oblige, a été celle de la ville de Vannes, reçue en 1986 ; la toute dernière, celle de Maignelay-Montigny dans l'Oise en janvier 2017. Je dois ajouter une soixantaine de prix, diplômes, trophées, reçus en France, en Belgique, à Monaco, en Italie, en Espagne, en Suède, au Maroc, en Éthiopie, aux États-Unis. Je suis bien sûr fier de tous mais, sans doute, de manière un peu particulière : des trois prix de l'Académie des sciences de l'Institut de France, reçus en 1963, 1969 et 1974 (taris car, contrairement à ce qui se passe ailleurs, on ne peut plus recevoir de prix de l'Académie ou gérés par l'Académie à partir du moment où l'on devient académicien, pour moi depuis 1983...), de la médaille d'argent du CNRS (1982), de la médaille Carl Gustav Bernhardt de l'Académie royale des sciences de Suède (1997), de la médaille d'or de l'empereur Haïlé Sélassié Ier d'Éthiopie (1973), du prix Frassetto de l'Academia dei Lincei de Rome, du diplôme de l'Institute of Human Origins de Berkeley (1997), mais aussi des prix de vulgarisation (popularisation) scientifique, prix scientifique de la Fondation de France (1975), prix européen Glaxo (1978), prix Kalinga de l'Unesco (1984), prix Andersen du Salon du Livre de Milan (2008) et plein d'autres médailles que, je dois dire, j'adore recevoir... ! Et cela doit se sentir !

Pour l'anecdote, je n'oublierai pas que j'ai reçu aussi le Mickey d'or du futur (!), attribué en 1988 par un vote des enfants lecteurs du *Journal de Mickey* à l'occasion de la célébration des soixante ans du journal, le prix Nonino à « *un Maestro de nostro tempo* », reçu en 2007 à Ronchi Percoto des mains d'une superbe jeune femme, fille d'un célèbre fabricant de grappa et dans le même ordre d'idée, le prix Victor-Peyret du cru de beaujolais juliénas en 2003.

Dans l'autre « sens », j'ai accroché les insignes des divers ordres français (Légion d'honneur, Mérite national, palmes académiques) à une trentaine de personnalités, personnalités qui m'ont beaucoup touché en me choisissant pour leur parrain, ce n'est jamais anodin. Et j'ai, bien sûr, remis médailles, prix, trophées à des centaines de personnes, des jeunes surtout : à Givet, un jour, c'était à des classes entières que j'avais affaire et, dans les Ardennes, on embrasse quatre fois. Je n'ai jamais tant distribué de « bises » d'un coup que ce jour-là, car quand on a commencé, on ne peut pas ne pas continuer !

Venons-en à quelques dizaines de films sûrement, dont j'ai été assistant réalisateur dans la fin des années 1950 (j'en ai déjà parlé) et puis conseiller ou directeur scientifique comme pour le triptyque de Jacques Malaterre, *L'Odyssée de l'espèce*, *Homo sapiens* et *Le Sacre de l'homme*, sortis respectivement en 2003, en 2005 et en 2007, récipiendaires de nombreux prix, dont le Sept d'or (2003), le trophée du film français (2003), le DVD de platine (2003), le laurier d'or du Club audiovisuel de Paris (2004) ; comme pour le film de Daniel Vigne, *Une femme ou deux*, dans lequel Gérard Depardieu jouait mon rôle (il était paléontologue et fouillait…) aux côtés de Sigourney Weaver (1985) ; ou comme pour de multiples films, de séries françaises ou étrangères (BBC, MGM, etc.) sur la paléontologie ou la préhistoire, évidemment.

Dans les dizaines, je citerai mes engagements « humanitaires », engagements auxquels je tiens particulièrement, sans m'y étendre, car ils sont faits pour les autres. Je pense à ma participation à la protection civile que j'ai beaucoup aimée, c'était aux côtés de mon ami Maurice Serre, officier de l'infanterie de marine en retraite, et des pompiers de la brigade fluviale sur la Seine dans les années 1970. Je pense aussi aux bénévolats en direction de la santé des enfants : vice-président de l'association Sauver les enfants (à partir de 1987, la présidente était Simone Weil) ; membre d'honneur de l'association Les Tout-Petits (détection et soins d'enfants handicapés psychomoteurs) à partir de 1976 ; parrain de la Maison de l'enfant handicapé, à Villeneuve-la-Garenne (2000). J'ai encore aidé l'Association Ajado, Orphelins sans frontières, le sourire de l'Orphelin (à partir de 1997), Enfance espoir (à partir de 2002). Et, en direction de leur éducation, j'ai été ou suis toujours membre de Planète Mômes (1994), du festival L'Enfant et le septième art (depuis 1993), des Trois Coins de l'enfance (1993), de Planète Avenir (2006) et de Bourgeons, qui aide les enfants éthiopiens. Je suis signataire du Cercle bleu (prélèvements et dons d'organes et de tissus, 1997), membre de l'Association VIFF SOS (soutien des femmes victimes de violences conjugales, 2004), de Reporters d'espoir (2003), soutien de la Mission contre le cancer (100 hommes pour la vie, Institut Gustave-Roussy, Villejuif, 2006), parrain de l'association Le Grand Chemin (personnes handicapées mentales, Boulogne, 2004), membre du comité d'honneur de la Société de gérontologie (2006), parrain de la Fondation pour la santé respiratoire (2008), membre du jury de l'association pour soutenir les aidants (Crédit agricole 2012), parrain ou participant actif de plusieurs éditions du Téléthon (Sannois, Troyes), membre des associations pour l'encouragement à la lecture (Scriptura, 2000 ou Bibliothèques sans frontières, 2012), pour l'enseignement et l'éducation permanente (président d'honneur à la succession d'Alfred Kastler, 1985), etc. Et je ne voudrais pas omettre mon parrainage actif de la belle association Dor le dor, « de génération en génération », de mon amie Anne Sand, qui s'efforce de recueillir les témoignages des voix échappées à la Shoah (depuis 1990).

Dans les dizaines, alignons les institutions, universités, collèges, écoles, « espaces », salles, médiathèques, promotions, prix, bancs (j'en ai un !) et même une chaire (Brésil), un astéroïde (n° 172850), un parc préhistorique et animalier (Congo), et les neuf espèces d'animaux et de plantes fossiles ou actuels, qui ont pris mon nom. J'ai en effet été « latinisé » par un mauvais génitif (*coppensi*), pour nommer un petit primate de l'éocène du Pakistan, un mastodonte du miocène de Namibie, un rongeur du pliocène d'Éthiopie, un crocodile de mio-pliocène d'Ouganda, une autruche du miocène de Namibie, une puce d'Éthiopie, un papillon de Djibouti, une sterculiacée du crétacé du Tchad, une moracée du pléistocène du Tchad, etc., les généreux auteurs étant des collègues français, américains et anglais. Quand le collègue entomologiste, rentré de Djibouti, m'a fait part, en 1977, de son intention de donner mon nom à une nouvelle espèce de papillon, j'en ai été très flatté et puis j'ai rêvé de cet animal superbe aux larges ailes, pleines de couleurs, mais, comme il ne se passait plus rien et que je ne parvenais pas à voir mon « filleul », j'ai questionné mon donateur et il m'a avoué n'avoir pas osé me montrer l'animal, car il s'agissait d'un tout petit papillon de nuit, tout terne, tout triste, mais je n'en ai pas été moins fier ! Quant à la puce, elle avait été trouvée en 1970 dans la fourrure d'un rongeur piégé par un des médecins de l'Institut Pasteur que j'avais invité à bénéficier des infrastructures de mon expédition de l'Omo, région difficile à atteindre autrement, pour y rechercher ecto- ou endoparasites.

J'ai évidemment créé, signé ou cosigné, de mon côté, une douzaine d'espèces (c'est notre petit privilège à nous, naturalistes) : trois proboscidiens (animaux à trompe), un suidé (cochon), un hippopotame nain, six hominidés.

Que dire au terme de ce drôle de bilan, qui a l'allure d'une terrible autosatisfaction ? Que tout cela est normal ; tout chercheur peut aligner de la même manière une bibliographie impressionnante, une liste d'enseignements, de conférences, d'interviews, de rapports, de participations à des colloques, à des jurys, à des expositions, à des films, à des comités éditoriaux et une liste de distinctions comparables. Je suis par exemple convaincu que, dans mon entourage immédiat, Henry de Lumley, professeur au Muséum national d'histoire naturelle, pourrait faire état de sa participation à un nombre de jurys de thèses supérieur au mien, que Jean-Pierre Changeux, professeur au Collège de France, pourrait présenter une liste de distinctions bien supérieure à celle que je propose, que Pascal Picq, maître de conférences au Collège de France, pourrait offrir un choix de livres bien plus important que ma petite trentaine de volumes. Que ces collègues veuillent bien m'excuser de les avoir pris en exemple, mais c'est par admiration (envie et jalousie !). Quant aux cadeaux de genres ou d'espèces nouvelles, je parcourais, il y a quelque temps, le curriculum d'un grand ami, Théodore Monod, professeur au Muséum national d'histoire naturelle, hélas décédé depuis déjà quelques années : le nombre d'espèces « monodi », « theomonodi », « monodosus », « monodii », « monodiana » qu'il aligne est impressionnant. Il a même des genres (*Monodanthura*, *Monodella*, *Monodichthys*), lui !

Peut-être dans certaines des catégories que j'ai artificiellement fabriquées, ai-je la supériorité du nombre, mais ce n'est évidemment nulle part une compétition ; cela démontre seulement, je pense, la manière dont le savant dans la cité est piégé, mais aussi honoré ! Quand il est sur le terrain, on l'oublie ; de toute façon, on ne peut guère faire autrement. Quand il est dans la cité, on le sollicite, le mobilise, lui inflige commissions, comités à l'infini et, de charge en charge, on l'accable et l'étouffe, s'il ne sait pas se défendre et garder du temps pour la recherche (sur le terrain ou pas), la réflexion, l'écriture, la fantaisie (!). Il est facile de mesurer, à la lecture de ces listes, le temps passé à la préparation et la réalisation de toutes ces entreprises. Mais c'est aussi un devoir, accompli avec intérêt, conscience et plaisir. En fait, soyons honnête, il y trouve son compte de vanité.

*

Y. COPPENS (dir.), *Origines de l'homme*, musée de l'Homme, 1976.

Y. COPPENS, *Pré-ambules. Les premiers pas de l'homme*, Odile Jacob, 1988.

Y. COPPENS (*guest editor*), *Des étoiles à la pensée*, revue *Diogène*, Gallimard, 1991, n° 155.

Y. COPPENS, in *100 hommes pour la Vie, catalogue de l'exposition 100 hommes contre le cancer*, Groupe Dassault, Institut Gustave-Roussy, 2006, p. 35.

Y. COPPENS, *Le Présent du passé. L'actualité de l'histoire de l'homme*, Odile Jacob/France Info, 2009.

Y. COPPENS, *Le Présent du passé au carré. La fabrication de la préhistoire*, Odile Jacob/France Info, 2010.

Y. COPPENS, *Le Présent du passé au cube. Des nouvelles de la préhistoire*, Odile Jacob/France Info, 2013.

Y. COPPENS, *Des pastilles de préhistoire. Le présent du passé 4*, Odile Jacob/France Info, 2015.

Y. COPPENS, *Pré-textes. L'homme préhistorique en morceaux*, Odile Jacob, 2011.

Y. Coppens, *Pré-ludes. Autour de l'homme préhistorique*, Odile Jacob, 2014.

Y. COPPENS (dir.), *Origine de l'homme. Réalité, mythe, mode* », Artcom', 2001.

Y. COPPENS, *L'Histoire de l'homme. 22 ans d'amphi au Collège de France (1983-2005)*, Odile Jacob.

Y. COPPENS, P. PICQ, *Aux origines de l'homme,* CD-rom, Microfolie's, 1995 ; édition Mac, 1996, prix Möbius, trophée Espoir, prix de la Classe multimode.

Y. COPPENS, P. PICQ (dir.), *Aux origines de l'humanité. De l'apparition de la vie à l'homme moderne,* Fayard, 2001.

Y. COPPENS, SOIZIK MOREAU (coll.), SACHA GEPNER (illustr.), *Yves Coppens raconte l'homme*, Odile Jacob, 2008.

Y. COPPENS, SOIZIK MOREAU (coll.), SACHA GEPNER (illustr.), *Yves Coppens raconte nos ancêtres. L'histoire des singes* », Odile Jacob 2009.

Y. COPPENS, SOIZIK MOREAU (coll.), SACHA GEPNER (illustr.), *Yves Coppens raconte nos ancêtres. La vie de premiers hommes*, Odile Jacob, 2010.

Y. COPPENS, SOIZIK MOREAU (coll.), SACHA GEPNER (illustr.), *Yves Coppens raconte nos ancêtres. L'éveil de l'homme au sacré*, Odile Jacob, 2011.

J.-M. PELHATE, P. PICQ (avec la participation d'YVES COPPENS), *Darwin et les théories de l'évolution, 2* CD-rom, Boulevard-Quai Nord/SFRS, Club Investissement Media, 1997.

P. PELOT (coll. scientifique Y. COPPENS), Denoël, 1996-2000 :

1. *Sous le vent du monde. Qui regarde la montagne au loin,* 1996.
2. *Le Nom perdu du soleil,* 1998.

3. *Debout dans le ventre blanc du silence*, 1999.
4. *Avant la fin du ciel*, 2000.
5. *Ceux qui parlent au bord de la pierre*, 2000.

P. Pelot (coll. scientifique d'Y. Coppens), *Sous le vent du monde. Anthologie*, édition Omnibus, 2011.

P. Picq, Y. Coppens (dir.), *Aux origines de l'humanité. Le propre de l'homme*, Fayard, 2001.

H. Reeves, J. de Rosnay, Y. Coppens, D. Simonnet, *La Plus Belle Histoire du monde*, Seuil, 1996.

CHAPITRE 5

Un autre bouquet de quelques petites idées

« L'imagination est plus importante que le savoir. »

Albert EINSTEIN.

J'ai retenu dix idées, pour ce nouveau bouquet ; ses fleurs peuvent se nommer : anticiper, ranger, répondre, rythmer, coexister, renverser, passer, bavarder, grandir, évoluer.

Moins de terrain, c'est moins de fouilles et moins de cette recherche-là, celle qui est au plus près de la « donnée », de la confirmation ou non d'une idée. Mais il convient aussi de savoir s'envoler au-delà de cette « donnée » pour atteindre l'altitude qui permet l'hypothèse. Il faut ensuite revenir à la base, à la recherche brute, au contact de la preuve, pour tester l'hypothèse, l'idée, et la confirmer ou pas. C'est ainsi que marche la science. Il n'y a pas une recherche plus noble qu'une autre, les deux sont nécessaires, elles sont successives et complémentaires ; celle du terrain, puis celle des idées, et à nouveau celle du terrain pour apporter la démonstration sans laquelle l'idée n'est pas validée et ainsi de suite.

L'enseignement, l'exposé, l'écriture, qui font réfléchir à la manière de ranger les données, d'en rendre plus simple l'accès, d'en structurer l'organisation et par suite d'y réfléchir mieux et d'anticiper, c'est aussi de la recherche. C'est d'ailleurs un peu le principe qui préside au fonctionnement du Collège de France : enseigner ce que sa propre recherche en cours vous inspire et éclairer sa recherche par l'obligation de la rendre plus simple en l'enseignant.

J'ai pratiqué ces deux recherches, si je puis dire ; la première d'abord, plus que la seconde, la seconde ensuite un peu plus que la première. Mais il s'agit bien des deux facettes de la même.

Anticiper. Les découvertes paléontologiques « progressent » majoritairement en vieillissant ; « Quand tu avances, tu recules », me disait avec humour un des tout premiers sous-directeurs du musée de l'Homme, fondateur du musée des Arts et Traditions populaire, Georges-Henri Rivière ! Découvrir, c'est formidable, mais il est facile de penser que le plus ancien fossile découvert a très peu de chances d'être effectivement le plus ancien de son genre ou de son espèce. Il est donc normal, notamment dans des enseignements dont les caractéristiques se doivent d'être synthétiques et donc simples et claires, d'anticiper, dans une certaine limite, les découvertes. C'est ce que je me suis efforcé de faire, parce que d'abord c'est la tendance de ma réflexion et parce qu'ensuite je devais enseigner et transmettre de grands schémas pour être compris et retenu. J'ai ainsi enseigné vingt-deux ans au Collège de France, l'apparition de la vie, il y a 4 milliards d'années (on disait 3,8 milliards parce que la Terre aurait subi il y a 3,9 milliards, un cataclysme tel que l'émergence de la vie en aurait été retardée ; j'ai toujours pensé que l'obsession de la nature et l'incroyable résistance de la vie avaient été plus fortes, mais sans preuves). On vient (2017) d'atteindre cette date de 4 milliards d'années. J'ai enseigné que la naissance des hominidés avait 10 millions d'années (j'ai dit 8 longtemps), 10 parce que se développent à ces moments-là les grandes étendues de graminées (plantes en C4), lisibles dans l'analyse des dents de grands mammifères d'Afrique orientale, graminées qui sont le reflet évident d'un changement climatique, responsable du redressement permanent du préhumain, notre ancêtre, l'homininé. Les collègues d'autres cultures, qui ne se permettent pas d'anticiper et donc de dépasser les données, ont peiné pendant des années à plonger dans ces dates, passant de 3 à 4 millions puis à 6 (une audace !), puis à 7 (grâce à Toumaï), puis à 10 où certains m'ont rejoint.

Je situe de la même manière depuis bien longtemps le premier homme à 3 millions d'années tout simplement, là aussi, parce que le changement climatique à l'origine de cette adaptation (à réfléchir, respirer et manger différemment dans un pays beaucoup plus sec, beaucoup plus découvert dans lequel on est beaucoup plus vulnérable) est daté de 3,3 à 2,4 millions d'années. Une mandibule attribuable au genre *Homo* vient d'être découverte à Leidy (2016) en Éthiopie et elle aurait 2,8 millions d'années ! On y arrive !

Je parle depuis aussi longtemps de la « bougeotte » immédiate, géologiquement parlant, du genre humain pour plusieurs raisons évidentes : réflexion meilleure, plus grande curiosité, plus large répartition depuis qu'il est omnivore, plus grande mobilité depuis qu'il est carnivore et chasseur, plus de facilités à conquérir de nouveaux territoires et de nouvelles niches écologiques depuis qu'il est équipé d'outils prolongeant son corps, plus grande nécessité de nouveaux territoires pour l'alimenter depuis que sa démographie, grâce au succès de son adaptation, a grandi doucement. Compte tenu de toutes ces données, j'ai donc proposé 2,5 millions d'années pour la première sortie d'Afrique quand la majorité des auteurs n'osaient pas dépasser 1 million d'années ! La découverte de Dmanisi en Géorgie, site de 1,8 million d'années, a étonné tout le monde (pas moi, et David Lordkipanitz, le collègue géorgien, le sait très bien). Et aujourd'hui, on « encaisse » 2,3 à 2,4 millions pour un outillage d'Israël (Yiron), 2,4 millions d'années pour un outillage de Chine (Longuppo), 2,6 millions ans pour des marques de décarnisation d'ossements de vertébrés d'un site indien (Masol), etc.

J'ai proposé et enseigné un peuplement probablement aussi ancien à l'ouest (Europe) qu'à l'est (Asie) ; la pilule a de la peine à passer et on bute sur 1,6 million d'années (gisement italien de Pirro Nord) ; je ne serais pas étonné non plus que la néandertalisation ait commencé au-delà du million d'années ; on y arrive doucement (500 000, 600 000) avec des dénominations destinées à les dédouaner de l'espèce *neandertalensis*. Le terme Neandertal est victime du fait que les premiers découverts étaient parmi les plus récents. On aurait découvert tout de suite les plus anciens (ce qui a été le cas pour les *Homo erectus* de Java), on n'aurait pas eu de peine à dénommer les premiers, mais cette fois on en aurait sans doute eu à appeler les plus récents !

J'ai de même enseigné une origine des *Homo sapiens* aux alentours de 500 000 ans ; je ne les ai pas crus d'abord strictement africains, mais les paléogénéticiens ont fini par me convaincre ; quant à leur âge, je suis encore en avance. Jean-Jacques Hublin (et son collègue Abdelouahed Ben-Ncer) vient de faire un grand pas en datant de 300 000 ans (c'est important car c'est une démonstration), les fossiles du Djebel Irhoud au Maroc. À cette époque, dit-il, l'*Homo sapiens* est panafricain, ce qui veut évidemment dire que son origine et antérieure.

Un auteur, sans doute pas très bien disposé à mon égard (mais peut-être clairvoyant), aurait écrit un article dans lequel il qualifiait de « vieillissante » ma façon de voir désormais les problèmes de ma discipline, c'était en 1994, j'avais 60 ans. Ce mot, *a priori* blessant, m'a fait réaliser qu'il représentait parfaitement en fait ma manière de concevoir en les anticipant, c'est-à-dire en les vieillissant, les schémas évolutifs des êtres et des cultures et qu'il me donnait une belle occasion d'en mieux exposer les principes. C'est en effet la façon habituelle dont je m'efforce de comprendre et d'exposer les problèmes en allongeant (vieillissant) jusqu'à des dates butoirs raisonnées les rameaux phylétiques ou quelque chronologie que ce soit. J'ai ainsi intitulé mon cours 1994-1995 au Collège de France « Le modèle vieillissant » ! Il n'y a pas de mal(veillance) qui ne serve à bien !

Ranger. Rendre plus clair, plus structuré, tout ensemble d'idées, de faits, c'est organiser ces idées et ces faits entre eux. Quand on raconte l'histoire de l'homme, comme l'homme est un être vivant, on est évidemment amené à remonter à l'histoire de la vie et comme la vie est apparue sur la Terre ou dans le système solaire, on est amené à remonter de l'histoire de la vie à l'histoire de la Terre et à celle de l'Univers. L'expérience m'a appris que les publics, quels qu'ils soient, comprennent et retiennent mieux cette histoire dans le sens de l'écoulement du temps, du plus ancien au plus récent. La première perception de l'Univers, disent les astrophysiciens, remonte à environ 14 milliards d'années ; avant, précisent-ils, c'est « opaque » ! Et à partir du moment où on perçoit notre Univers, on est frappé par le fait que sa matière change tout de suite, et tout de suite dans le sens de l'organisation, mais aussi de la complication (et elle ne cessera plus de le faire), dans un monde aux lois physiques au contraire stables. On peut dire donc qu'apparaît, d'entrée, une loi universelle, que l'on retrouvera jusqu'à aujourd'hui : la matière paradoxalement s'organise de mieux en mieux, mais se complique de plus en plus. Et puis s'installe, parmi d'autres, un système stellaire qui nous est cher, le système solaire, il y a de cela 4,6 milliards d'années. La Terre, une des planètes de cette étoile, le Soleil, dégaze et se fait abondamment bombarder pendant ses premières centaines de millions d'années, car elle n'a pas encore de « bouclier » de protection ; mais petit à petit, en quelque 500 millions d'années, elle va réunir assez de gaz pour que s'installe l'atmosphère et assez d'eau pour que s'établissent les océans. Je dis souvent que, vers 4 milliards d'années, son gaz et son eau lui ont été livrés. Et, dans cette eau, la matière, obsédée par son « objectif » de se compliquer et de s'organiser, va trouver les conditions pour le faire à nouveau : les molécules s'y font cellules. D'une matière inerte on passe à une matière vivante, faite d'entités ayant un intérieur et un extérieur, susceptibles d'échanger matière et énergie entre elles et avec l'extérieur et susceptibles de se reproduire. Comme la vie va tout de suite se saisir de cette propriété nouvelle pour s'adapter aux divers milieux qu'elle rencontre, en inventant des quantités de bricolages pour réaliser ces adaptations et répondre à la nouvelle obsession de la matière qui est celle de la conservation à tout prix de toutes les espèces « construites », il est clair qu'au paradoxe « mieux organisé, mais plus compliqué », s'en ajoute un nouveau : « de plus en plus diversifié (biodiversité), mais de plus en plus contraint (par les lois de l'hérédité, limitant les extravagances dont est capable la nature) ». Et la vie va donc dérouler son étonnant ruban durant 4 milliards d'années, inventant, au fur et à mesure de l'évolution des environnements et de la nécessité d'adaptation que cette évolution exige pour survivre. Et puis, il y a 3 millions d'années, pour précisément une de ces raisons d'adaptation à un changement d'environnement (sécheresse), la nature invente le genre humain, au cerveau plus important, plus compliqué, mieux irrigué, pour trouver les parades à la prédation plus dangereuse en milieu découvert ; un usage pirate de cette adaptation sera l'accroissement du niveau de réflexion qui passera sans doute un seuil, permettant à ce cerveau, d'anticiper, de réfléchir, de fabriquer des outils. Ce genre humain « inventera » aussi un système respiratoire supérieur transformé pour mieux respirer en atmosphère sèche (un usage pirate de cette adaptation sera la naissance du langage articulé). Ce même genre humain fabriquera enfin une denture à manger de tout, y compris de la viande, car il n'y a plus assez de végétaux pour une alimentation suffisante. Et c'est ainsi que s'ajoute un troisième paradoxe aux deux premiers (en attendant le suivant) : plus de liberté, acquise par le développement de l'encéphale, mais plus de responsabilités, qui limitent et régulent la liberté elle-même. En même temps que l'obsession de la conservation à tout prix de l'espèce va naître celle de la conservation à tout prix de la personne et cela est évidemment nouveau.

Pour les personnes et les publics que l'évolution des climats inquiétait pour l'avenir de l'humanité, j'ai voulu apporter un rangement confirmant certes en partie leurs craintes mais les relativisant aussi beaucoup, en prenant, comme d'habitude, une large perspective temporelle.

J'ai d'abord montré, comme à plusieurs reprises dans ce livre, que le genre humain était apparu il y a 3 millions d'années ou presque, qu'il était apparu comme n'importe quel autre animal de la même époque de la nécessité de s'adapter à un changement climatique pour survivre ; notre ancêtre préhumain changea sa tête, son système respiratoire et ses dents et ce fut un succès de la sélection naturelle et le succès inattendu de l'usage « pirate » de ces transformations. Toujours est-il qu'il est clair qu'à ce moment-là l'environnement est subi. Le malheureux préhumain, contraint de changer, n'a rien fait de manière délibérée pour choisir les transformations qui vont lui faire réussir son adaptation aux conditions nouvelles (plus sèches et donc moins riches en végétaux et beaucoup plus découvertes, et, donc, plus exposées à la prédation).

Il s'ensuit une immense période de 3 millions d'années (moins quelques milliers d'années), où l'homme va développer son libre arbitre, né de l'usage pirate de son cerveau, et gagner de plus en plus et de mieux en mieux la capacité de composer avec l'environnement ; en fonction des vicissitudes du climat, il bougera ou se protégera, s'habillera ou se déshabillera, adaptera son régime alimentaire et en parlera avec les gens d'à côté ou les gens rencontrés. La démographie, même si elle croît, n'est pas très importante et les ressources largement suffisantes pour ces quelques milliers, puis quelques centaines de milliers, puis quelques millions de nomades à travers le monde (qui s'est étendu de l'Afrique à l'Eurasie, puis au Nouveau Monde) ; leur développement est par excellence durable.

Reprenons l'humanité triomphante et insouciante il y a 10 000 ans. C'est alors la fin de la dernière glaciation (en attendant la prochaine) ; le climat plus tempéré permet à beaucoup de plantes mais surtout, en l'occurrence, à beaucoup de graminées consommées par l'homme, de mieux pousser. Et il se trouve que c'est au Proche-Orient d'abord, et puis dans bien d'autres régions du monde ensuite, que l'homme va s'arrêter, se sédentariser, pour les cueillir. À force de les cueillir, il va avoir l'idée de les stocker, puis de les semer (et c'est d'ailleurs le début des sélections de graines qu'on appelle aujourd'hui les OGM, organismes génétiquement modifiés). Étant installé avec sa réserve de végétaux, il va peu à peu s'entourer d'animaux qu'il domestiquera et puis que peu à peu il élèvera pour divers usages, dont bien sûr la consommation de viande. C'est une révolution qui voit l'humanité passer d'une économie de prédation (chasse, pêche, cueillette) à une économie de production. J'ai appelé cet environnement-là « conquis ». Quant au développement de l'homme, il est toujours tout à fait durable. La démographie fait évidemment un bond, un baby-boom, dû à la plus grande sécurité dans la sédentarité et la plus grande régularité alimentaire. On dit parfois 10 millions d'humains il y a 10 000 ans.

Le saut suivant est aussi très important puisqu'il nous fait pratiquement parcourir les 10 000 années moins 200 ans. C'est en effet au début du XIXe siècle que l'effectif des humains atteint le milliard d'individus. Pour la première fois, mais dans une parfaite inconscience, on perçoit la limite de la durabilité. Pour se nourrir, l'humanité va se lancer dans la production de masse et, pour ce faire, développer techniques et industries et peu à peu verser dans l'exploitation excessive et sans contrôle de notre planète, pas si grande qu'on la voudrait. J'ai appelé cette phase d'un méchant jeu de mots, l'« environnement surpris », car pris en excès en même temps qu'arrivé de manière tout à fait inattendue. Adam Smith (XVIIIe siècle) écrivait : « Les ressources naturelles sont renouvelables, donc inépuisables », et Gandhi lui-même : « Le monde contient bien assez pour les besoins de chacun, mais pas assez pour la cupidité de tous. »

2017 : deux siècles se sont écoulés depuis ce calcul du premier milliard d'êtres humains (1815) et on est passé de 1 à presque 8 milliards d'individus. Cela ne peut conduire qu'à un peu de bousculade ! Le développement ne peut plus être durable, c'est le temps des OGMM, organismes génétiquement mécaniquement modifiés, et il convient de s'en préoccuper. Ce constat n'est pas très ancien, une toute petite centaine d'années peut-être. Il a été certainement facilité par l'extraordinaire développement des vols spatiaux qui ont mieux montré ce que l'on savait depuis longtemps mais dont on n'avait pas pris la vraie mesure, que la Terre est une petite planète dans un système solaire immense, dans une galaxie aux milliards de systèmes comparables (ou pas ?). Le mouvement écologiste a su tirer la sonnette d'alarme et on peut désormais parler d'« environnement compris ». L'humanité, prise certes dans ses compétitions et ses profits, est moins inconsciente qu'on ne le dit et je garde toute confiance en l'homme, libre mais aussi responsable depuis 3 millions d'années (ou presque).

« Mon » rangement voit donc se succéder, et tout au long de l'aventure de l'Univers, les paradoxes « mieux organisé mais plus compliqué », « plus diversifié mais plus contrôlé », « plus libre mais plus responsable » et tout au long de l'aventure humaine, les environnements subis, conquis, surpris, compris !

Une incidente : la mode du néologisme « anthropocène ». Je n'ai rien contre ce néologisme sauf lorsqu'on en fait un morceau, le plus récent forcément, de l'holocène. C'est additionner haricots et petits pois, les hominidés et leurs outils, le pléistocène et le paléolithique ! L'holocène s'aligne parfaitement devant le pléistocène selon les règles de la classification géologique, l'anthropocène, pas ! Alors je me suis dit, pour m'amuser, que l'on pouvait admettre, même adopter, l'anthropocène, mais dans une classification qui lui serait propre. La Terre a 4,6 milliards d'années, je propose le minéralocène (je le vois gris !) pour le premier demi-milliard ou les premiers 600 millions d'années. Je propose l'océanocène pour la très longue période suivante (je la vois bleue ou grise et bleue) qui a connu la naissance de la vie et son long développement de 3,5 milliards d'années dans l'eau. Et puis je suggère le biocène (je le vois vert, bien sûr, et bleu) pour le dernier demi-milliard d'années qui voit la vie se développer sur les continents et « verdir » en utilisant (enfin) l'énergie solaire. L'anthropocène (que je vois multicolore et triomphant) pourrait couvrir alors les 200 dernières années (!) de ce biocène. Et dans cette nouvelle échelle, ce substantif, qui fait fureur, prend alors sa modeste place.

Mais sa fréquente connotation antihumanité, qui n'a évidemment pas de sens quand on connaît l'histoire de cette dernière, continue à me gêner beaucoup ! Peut-être ai-je tort.

Répondre. Je voudrais attirer l'attention sur une autre histoire intéressante. Depuis longtemps, je pense que les australopithèques dits robustes, sud-africains et est-africains, n'ont pas de lien (direct) de parenté. Je le pensais à l'époque où toutes les phylogénies branchaient, à qui mieux mieux, les uns sur les autres ou les autres sur les uns ! Pour le faire bien savoir, j'avais fait renaître le terme générique *Zinjanthropus* pour les australopithèques robustes est-africains, réservant celui de *Paranthropus* pour les australopithèques robustes sud-africains. Les uns et les autres étaient pour moi des réponses comparables mais pas semblables à l'agression climatique (l'assèchement qui a fait l'homme) dont on a parlé mille fois. La nature a souvent cette « attitude » ; pleine d'idées certes mais avec parfois des limites qui la font reprendre la même idée qu'ailleurs mais jamais de manière tout à fait identique ! Et je me souviens d'une collègue étrangère, en visite au Collège de France (c'était en 2002), outrée par mon audace ou amusée par mon retard : « Le nom de *Zinjanthropus* a été abandonné depuis longtemps, m'avait-elle dit ; c'est publié ! » (sous-entendant la science officielle en effet, celle des revues dont on a déjà parlé, avait adopté cette manière de voir les choses !). Ce n'était pas la mienne… mais dans l'esprit de bien des scientifiques (c'est la même chose aujourd'hui), hors du discours officiel et officiellement consensuel, point de salut ! Je viens d'entendre ces jours-ci (2016-2017) qu'on en vient à cette idée qu'il serait bon de séparer le paranthrope d'Afrique de l'Est du paranthrope d'Afrique du Sud ! Je ne veux pas dire que j'ai raison à tous les coups ; il y a dans ce livre la description de situations où j'avais tort. Mais ce que je veux dire c'est qu'on se laisse piéger par une seule manière de voir que diffusent un nombre très réduit de revues ; je ne veux pas dire non plus que ces revues ne sont pas bonnes, elles sont souvent excellentes et leur contenu a de bonnes raisons d'être pris en considération. Mais la science doit rester libre et surtout ne pas se faire mettre en cage par des courants quasi dogmatiques. Quand je fais une conférence aux États-Unis (suivez mon regard… !), la réflexion du collègue qui m'a invité est souvent : « *How refreshing !* » Peut-être est-ce par courtoisie ? Peut-être pas seulement.

Rythmer. Quand on étudie l'histoire de la science paléoanthropologique, en d'autres termes l'histoire de l'histoire de l'homme, il est amusant de constater, qu'elle peut se structurer en deux parties d'en gros un siècle chacune. De 1829 à 1929, en fait 1941, c'est une histoire de l'inversion du temps et de 1940 à 2020 (pour faire rond), une histoire de l'inversion de l'espace.

Durant le premier des deux siècles, en effet, les fossiles humains ont été découverts dans ce sens inverse de leur ancienneté : *Homo neandertalensis* d'abord (Engis, Belgique, 1829, 50 000 ans ?), *Homo erectus* ensuite (Trinil, Java, Indonésie, 1891, 700 000 ans ?), *Australopithecus africanus* (Taung, Afrique du Sud, 1924, 2,5 millions d'années ?).

Et durant le siècle ou les quatre-vingts années suivantes, le berceau de l'humanité a roulé dans le sens inverse de son déploiement, déploiement qui s'est fait en effet d'Afrique vers l'Eurasie, l'Asie d'abord, l'Europe après, semble-t-il ; il est passé de l'Europe (oréopithèque, Italie, 1940-1960, 8 millions d'années), à l'Asie (sivapithèque, Inde-Pakistan, 1960-1980, 8-12 millions d'années), à l'Afrique de l'Est (l'East Side Story, 1980-2000, 8 millions d'années), puis à toute l'Afrique tropicale (Toumaï, 2000-2017, 7 millions d'années). J'appelle ce dernier berceau, semble-t-il assez stable, le « berceau concentrique » parce qu'il occupe en arc de cercle qui circonscrit la forêt qui, elle-même, se love en demi-cercle autour du golfe de Guinée. Je l'appelle aussi « berceau en rond » (*cradle's ring*).

Coexister. La diversité humaine n'est bien sûr pas différente de la diversité du monde vivant en ce qui concerne sa part naturelle, mais s'y ajoute une part culturelle qu'il serait impardonnable d'oublier (biodiversité et culturodiversité). Comme l'homme d'aujourd'hui se « réduit » à un seul genre, *Homo*, et à une seule espèce, *sapiens*, on a de la peine à imaginer les temps multiples où coexistaient des genres humains et préhumains (qu'on devrait alors appeler parahumains) ou des espèces humaines. La coexistence – et même cohabitation – des genres *Homo* et *Paranthropus* entre 3 et 1 million d'années est par exemple parfaitement documentée ; ce sont d'ailleurs deux parades différentes (dissuasion intellectuelle et dissuasion physique) à la même crise climatique, l'assèchement que j'ai identifié et appelé (H)Omo Event. L'existence en contemporanéité en Eurasie d'*Homo neandertalensis*, *Homo sapiens*, denisoviens, *Homo erectus* de Java, *Homo floresiensis* de Florès en est un autre exemple, chargé des problèmes philosophiques que pose l'existence côte à côte de gens à encéphale de 1 000 à 1 500 centimètres cubes et d'autres à encéphale de 500 à 1 000 centimètres cubes de moins.

De la même manière, la coexistence en Afrique du Sud d'*Homo sapiens* (Florisbad) et d'*Homo naledi* (si c'en est un), il n'y a que 300 000 ans, espèces qui offraient non seulement des capacités endocrâniennes très différentes, dont on a déjà parlé à propos du cas précédent, mais une locomotion (bipède et arboricole chez *H. naledi*) et, par suite, une station différentes, posait-elle problème ? Ces gens avaient-ils conscience d'appartenir au même genre humain, sans doute pas, et peut-être, comme souvent, ayant des niches écologiques différentes, ne se gênaient-ils pas du tout. Mais peut-être, au contraire, en avaient-ils conscience et développaient-ils des « humeurs »…

Renverser. Une histoire de mammouth me tient à cœur. Il s'agit en effet d'une sculpture, une somptueuse statue féminine, de quelque

22 000 à 23 000 années, à peine plus ancienne donc que Jarkov et Fish Hook, taillée dans l'ivoire d'une défense d'un mammouth qui s'était courageusement aventuré jusqu'aux contreforts des Pyrénées. Découverte en 1922 par René et Suzanne de Saint-Périé, dans la grotte des Rideaux, à Lespugue en Haute-Garonne – elle porte d'ailleurs, le joli nom de Vénus de Lespugue –, elle fait partie aujourd'hui des collections les plus précieuses du musée de l'Homme.

Haute de 147 millimètres, c'est en effet une des pièces maîtresses de l'art du paléolithique supérieur, de l'époque dite gravettienne. Décrite mille fois, il n'est cependant pas inutile d'en reprendre ici les principaux termes. Elle comporte, de haut en bas : une tête petite, ovoïde, projetée, lisse du côté du visage et portant, de l'autre côté, une coiffure mi-longue et déliée ; un cou bien dégagé ; un buste menu aux épaules tombantes ; des seins lourds aux attaches basses et sur lesquels s'appuient les avant-bras ; un dos sans relief, encadré de bras asymétriques ; une taille délicate ; un ventre court et rond ; des fesses larges, peu cambrées ; des cuisses fortes dont la partie postérieure se trouve couverte d'un pagne fait de bandes tressées terminées par des franges ; des jambes courtes et serrées et des pieds à peine ébauchés.

Or j'ai eu la chance de « fréquenter » quatorze ans (j'ai été sous-directeur du musée de l'Homme et puis « directeur ») la dame en question. Sa beauté, sa matière, sa couleur, sa plastique, ses proportions m'ont troublé chaque fois que je la contemplais, mais chaque fois aussi un trait particulier de son anatomie m'embarrassait : elle avait les fesses à l'envers !

J'ai évidemment cherché ce qu'en disaient ses multiples admirateurs : pour l'un, il s'agissait d'une erreur du sculpteur, qui s'était simplement trompé de sens au moment où il l'avait retournée ; c'était donc une étourderie bien humaine ; pour un autre, une fantaisie comme seuls peuvent s'en permettre les artistes. Je ne pouvais vraiment pas admettre qu'un pareil chef-d'œuvre

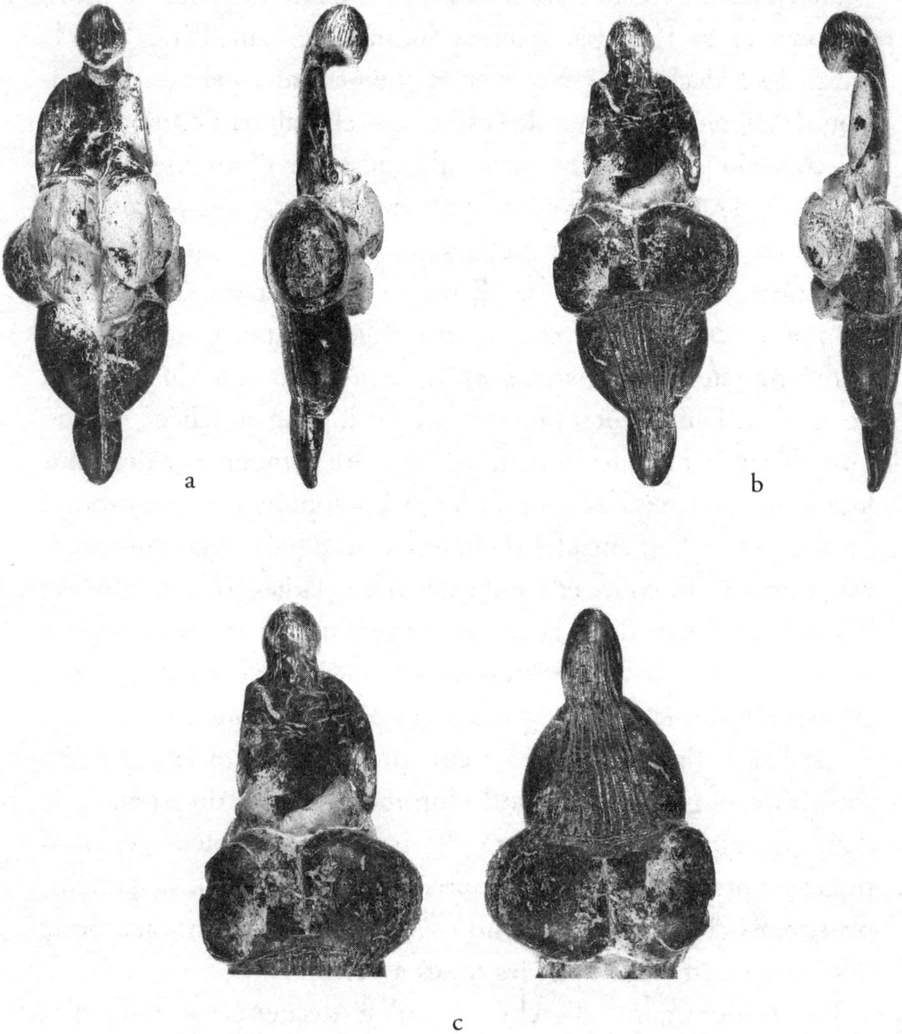

Figure 37. *Vénus de Lespugue, 23 000 ans, face, dos, profils (en haut) et demi-dos « supérieur » dans un sens, demi-dos « inférieur » dans l'autre sens (en bas).*

aussi abouti, aussi maîtrisé, ait pu être victime d'une telle désinvolture.

Alors je l'ai retournée moi aussi. Et un autre personnage m'est alors apparu de la tête aux fesses comprises ; il s'agissait d'un autre sujet féminin dont la tête (les pieds de celle jusque-là décrite) serait ovale, plus forte que celle de l'autre, et porterait une chevelure longue et tressée (le pagne), le cou marqué pas un étranglement, le dos (les cuisses) et les fesses normales. À la lumière de ce nouveau regard, retournée une autre fois (c'est-à-dire à l'endroit), le haut du dos de la statuette m'apparut en effet alors comme le haut d'une femme vue de dos, de la tête à l'amorce des hanches, assise sur les fesses (à l'envers) de l'autre !

Nous serions en présence d'une statuette représentant de face une femme et une seule, je dirais jeune mais plusieurs fois mère, et, de dos, deux femmes affrontées par le bassin : une femme jeune aux cheveux libres (peut être la même que celle de face) et une autre, plus âgée, aux cheveux longs et savamment liés. S'agit-il d'une représentation de classes d'âge, reconnaissables à certains traits physiques et aux chevelures différemment traitées. S'agit-il d'un personnage mythique, féminin et double ! S'agit-il d'un simple jeu, genre rébus, de l'artiste ou d'une licence gratuite de son inspiration ?

Ayant trouvé moi-même, dans un autre musée, un autre exemple de représentation humaine double du même âge (cette fois un bas-relief), j'ai osé faire part de ma réflexion à la communauté des préhistoriens ; j'ai alors entendu au moins deux collègues, une Italienne et un Américain, prendre soudain conscience de l'existence en effet dans leurs collections de sculptures paléolithiques d'autres cas de figuration de personnages doubles. Je pencherais donc plutôt pour une représentation symbolique qui avait, il y a 20 000 et quelques années, pour nos ancêtres cro-magnoïdes, un sens bien précis et bien connu d'eux.

Passer. Une drôle d'idée : comme les barrières paléogéographiques ou paléoclimatiques séparent les groupes humains et les contraignent du même coup à des dérives génétiques, je me demande si *Homo erectus*, pris entre les hauteurs de l'Atlas et la Méditerranée, n'est pas devenu un *erectus* un peu particulier (tels l'homme de Java ou l'homme de Florès ou l'homme de Pékin). Camille Arambourg l'avait d'ailleurs appelé *Atlanthropus mauritanicus*. Toujours est-il que, lorsque l'on visite Gibraltar d'une part et Tanger d'autre part, on ne comprend guère pourquoi les hommes, curieux et agités comme ils le sont, ont attendu si longtemps pour franchir le détroit. Des Marocains tangérois me disaient que lorsqu'une femme avait égaré une bague dans le sable des plages d'Algésiras, ce sont eux qui lui criaient : « Ne cherchez pas, ne cherchez plus, on la voit, elle est là ! »

Cela pour dire que je ne serais pas étonné que ce soit cet *Homo erectus mauritanicus*-là, celui du Maghreb, qui, il y a sans doute plus du million d'années, aurait passé le détroit pour donner naissance à un *Homo erectus* de plus en plus dérivé, celui que l'on appelle successivement *Homo antecessor, Homo heidelbergensis, Homo neandertalensis*, mais qui est le même de plus en plus néandertalisé. Par prudence, on appelle cet homme, parfois, prénéandertal, anténéandertal, ce qui évidemment n'existe pas dans les conventions de la nomenclature zoologique internationale.

Et encore une idée plus drôle ; pourquoi, alors que l'on assiste dans les récoltes paléoanthropologiques de Casablanca (Sidi Abderrahmane) au passage d'*Homo erectus* à *Homo sapiens*, en 500 000 à 1 million d'années (on appelle d'ailleurs souvent les plus anciens *sapiens, Homo rhodiensis*), pourquoi donc ce ne serait-ce pas cet *Homo sapiens*-là qui, longeant la Méditerranée d'ouest en est, serait passé par le Proche-Orient pour atteindre l'Europe il y a 50 000 ans ?

Un immense rôle dans les peuplements du dernier million d'années de l'Ancien Monde circum-méditerranéen reviendrait ainsi au Maghreb.

Mais j'arrête là mes rêveries !

Bavarder. Il est facile de constater combien on est marqué par sa formation. Je veux dire qu'un préhistorien (sciences humaines) ne pourra jamais avoir la perspective d'un paléontologue (sciences naturelles) et réciproquement. C'est sans doute la raison pour laquelle les naturalistes continuent de classer les hommes dans de petites cases spécifiques dans lesquelles ils ont l'habitude de ranger les grenouilles ou les papillons. Un événement important s'est pourtant produit dans le monde naturel il y a 3 millions d'années, c'est évidemment la naissance d'un monde culturel. Il est certain en effet que la culture rétroagit sur la biologie. Mais ne jetons pas la pierre qu'aux naturalistes : il existe aussi des collègues qui tentent de tout expliquer par l'esprit, en oubliant que ce dernier est porté par le corps.

Toujours est-il que lorsque les groupes humains, les toutes premières « espèces » humaines par exemple, se dispersent, comme leur démographie est faible, elles vont être vite isolées les unes des autres et petit à petit dériver génétiquement. Comme c'est ce processus qui conduit à la spéciation, on aura tendance à les différencier sous des noms d'espèces différents. C'est commode pour en parler et pour les reconnaître. Mais imaginons deux troupeaux d'antilopes qui se croisent ; elles vont suivre leur chemin et s'ignorer superbement ! Si deux groupes d'humains se croisent, *Homo* dit *habilis* et *Homo* dit *rudolfensis* par exemple, ils vont s'agresser ou sympathiser, avec méfiance mais curiosité, et se mettre à parler. Parler du temps, du pays, de leur origine et, de manière plus ou moins honnête, de leur destination, de leur alimentation et des troupeaux qu'ils ont rencontrés ou qu'ils cherchent, et, si la rencontre est agréable, ils vont échanger, par courtoisie et par intérêt, des vivres, des matières premières, des objets fabriqués, les techniques de ces fabrications… et offrir des « alliances » ! Nous y voilà ! Et le métissage ou l'hybridation va se faire et la pseudo-espèce *habilis* et la pseudo-espèce *rudolfensis* vont accoucher de formes anatomiques qui seront le cauchemar des naturalistes « classificateurs ». C'est peut-être la raison pour laquelle le fameux crâne, dit crâne n° 5, de Dmanisi en Géorgie (1,8 million d'années) est un peu *habilis* d'un côté, un peu *rudolfensis* d'un autre, un peu *ergaster* d'un autre encore et un peu *erectus* enfin ! Mon tableau est un peu caricatural mais il est certain que le phénomène d'émergence de la dimension culturelle dans le monde naturel n'a pas été anodin. Et, à la limite, je me demande si toutes les espèces humaines ne sont pas des grades d'une même espèce, susceptibles d'interfécondité partout et en permanence. De toute façon, la notion d'espèce est plus poreuse que ne l'espéraient les classificateurs !

Grandir. Voici un autre exemple de la « déformation » que crée toute formation trop exclusive ; depuis des siècles, les paléontologues savent que les îles (océaniques ou continentales), disons les isolats, aux surfaces plus réduites, à la prédation moins importante, voient leurs populations animales tendre vers leur idéal énergétique propre, sans entraves naturelles. Les animaux ont donc, en d'autres termes, tendance à s'installer dans les dimensions et les proportions dans lesquelles ils sont le mieux du point de vue des rapports avec les autres membres de l'écosystème. C'est ainsi que depuis toujours les paléontologues connaissent le nanisme insulaire des éléphants (4 à 5 mètres au garrot sur le continent européen, par exemple, 80 centimètres à 1 mètre dans les îles de la Méditerranée), des hippopotames, de certains bovidés, suidés, édentés, comme ils connaissent le gigantisme de certains rongeurs (l'un d'entre eux aux Antilles avait la taille d'un ours [!]), ou de certains oiseaux. Si bien que lorsque le collègue australien Moorwood a découvert, dans l'île de Florès, une espèce humaine fossile naine, datée de 60 000 ans, les paléontologues, très étonnés bien sûr (c'est vrai qu'on ne s'y attendait absolument pas !), ont vite conclu à la manifestation du phénomène hormonal insulaire qu'ils connaissaient bien et ont vu dans cet *Homo floresiensis* une forme réduite d'*Homo erectus* (celui de Java par exemple), alors que certains paléoanthropologues, et, à plus forte raison, certains préhistoriens, ont voulu en faire un australopithèque (taille), un *Homo habilis* (travail récent), un être pathologique et je ne sais quoi encore. Je ne jette toujours pas la pierre à qui que ce soit et suis persuadé ne pas être à l'abri moi-même de pareille dérive. Mais comme les proboscidiens ont toujours été pour moi de bons guides, parce qu'ils évoluent vite et bougent beaucoup, comme l'un d'entre eux, un stégodonte, *Stegodon trigonocephalus*, est passé un beau jour d'il y a un peu moins de 2 millions d'années du continent asiatique à Java alors reliés, et puis qu'à Java, devenu insulaire, il a évolué, d'une forme A (*Stegodon trigonocephalus praecursor*) à une forme B (*Stegodon trigonocephalus trigonocephalus*), puis à une forme C (*Stegodon trigonocephalus ngandongensis*), et comme la forme de Florès (*Stegodon trigonocephalus florensis*) semble descendre de la forme B et non de la A, ni de la C, ce proboscidien montre que la route de Java à Florès, en passant évidemment par le chapelet d'îles intermédiaires (Bali, Lombok, Sunbawa), a été empruntable – et empruntée – vers 700 000 ans. Et comme c'est précisément l'âge des plus vieux outillages de pierre découverts à Florès, voire des plus vieux restes d'hominidés, d'ailleurs également petits, il est possible que, comme souvent, les proboscidiens et les hominidés aient été les premiers à profiter d'un abaissement du niveau des eaux, signalé en effet à cet âge géologique-là. Tout cela me conforte dans l'idée qu'*Homo floresiensis* descend d'*Homo erectus* (de Java ou d'ailleurs) et qu'il a subi le classique phénomène du nanisme insulaire.

Si par ailleurs un milieu soumis à une moindre prédation voit beaucoup de ses vertébrés perdre taille et poids, sans doute peut-on penser que le contraire peut arriver. Je veux dire qu'un milieu à forte prédation peut, peut-être, entraîner une augmentation du poids et de la taille. Réfléchissons à l'accroissement récent et étonnant de la taille des humains (7 à 11 centimètres en cent ans) dans les pays dits industrialisés, c'est-à-dire à haut et stable niveau de vie. Ne pourrait-on alors penser à une réaction biologique naturelle d'humains soumis à une compétition beaucoup plus importante dans un monde où la démographie a littéralement explosé et où les « places » sont de plus en plus rares et chères ? Ce n'est qu'une idée. On a dit, et je crois avec raison, que ce phénomène était dû à une alimentation régulière, saine et riche, mais les deux phénomènes ont pu se manifester en même temps.

Évoluer. Un autre sujet ne cesse de me tracasser et ce n'est pas le moindre puisqu'il s'agit du processus de transformation des êtres vivants pour acquérir des adaptations plus ou moins bricolées à des environnements qui changent, en d'autres termes pour survivre. La sélection naturelle est certainement une des explications, mais elle n'est parfois pas suffisante.

J'ai souvent fait remarquer que mon expérience de terrain (des dizaines de tonnes de fossiles racontant des morceaux d'histoires de beaucoup d'entre eux) m'a montré que l'adaptation était souvent réussie par un très grand pourcentage des membres d'un écosystème soumis à une crise, beaucoup trop pour que le seul hasard puisse être invoqué. Les généticiens disent que, lorsqu'il y a crise (changement climatique par exemple), le nombre de mutations est multiplié : la sélection naturelle a donc un plus grand choix à sa disposition. Est-ce suffisant ?

Aujourd'hui, ce transformisme que l'on nomme « évolution » est un fait, ce n'est plus une théorie. Mais ce n'est pas servir Darwin que de l'appeler darwinisme. La science n'est pas restée figée depuis 1859. La découverte de l'hérédité, de ce que l'on a appelé précisément le néodarwinisme, la découverte des gènes et de leurs mutations, l'émergence de la génétique des populations, la théorie synthétique de l'évolution, le développement plus récent de la biologie du développement, le retour attendu (par moi), et particulièrement intéressant, de l'épigénétique ont transformé en profondeur l'histoire de la vie. On doit désormais tenir compte de la phylogénie moléculaire et d'une génétique beaucoup plus probabiliste. Il est nécessaire d'ajouter une pression interne à la pression environnementale : les organismes n'ont pas la passivité confortable que nous pensions (que nous espérions !) ; le génome a une fluidité incontestable. Ce qui n'arrange pas les choses !

« L'évolution n'est ni un hasard aveugle ni un dessein intelligent », écrit Michel Morange, professeur à l'École normale supérieure ; c'est une interaction beaucoup plus complexe entre une sélection naturelle, une sélection sexuelle, une dérive génétique, une néosélection et une épigénétique encore mal circonscrite, etc. Mais la sélection naturelle reste, avec les réserves que l'on a entrevues, ce qui est considéré comme la raison principale de la transformation de la vie. Merci quand même Charles Darwin ! Charles Darwin dont je suis allé visiter, avec beaucoup de curiosité et d'intérêt, la maison, le lieu de travail et de réflexion, Down House, dans la campagne du Kent, pleine de feuilles, de fleurs et d'étroits chemins si particuliers à ce pays et à sa culture.

Mais je demeure insatisfait !

*

Y. Coppens, « Préface », *in* Henri Delporte (dir.). *La Dame de Brassempouy, Actes du Colloque de Brassempouy (1954)* et *Rech. archéol. de l'Université de Liège*, 1955, p. 15-16.

Y. Coppens, « Hominoïdés, hominidés et hommes », *La Vie des sciences, Comptes Rendus Académie des sciences*, 1984, s. g. 1 (5), p. 459-486.

Y. Coppens, « Évolution de l'homme », *La Vie des sciences, Comptes Rendus de l'Académie des Sciences*, 1986, s.g., 3 (3) p. 227-243.

Y. Coppens, « L'origine des hominidés et de l'homme », in *L'Évolution dans sa réalité et ses diverses modalités*, Masson/Fondation Singer-Polignac, 1987, p. 171-178.

Y. Coppens, « L'origine de l'homme : le milieu, la découverte, la conscience, la création », *Revue des sciences morales et politiques*, 1987, 4, p. 507-532.

Y. Coppens, « L'ambiguïté des doubles Vénus du gravettien de France », *C. R. Acad. inscriptions et belles lettres*, 1989, p. 566-571.

Y. Coppens, « Défense et illustration de la systématique et de la biologie des organismes », *Bull. Soc. fr. systématique*, 1989, 7, p. 11-18.

Y. Coppens, « Brain, locomotion, diet and culture : How a primate, by chance, became a man », in J.-P. Changeux, J. Chavaillon (dir.), *Origins of the Human Brain*, Clarendon Press, 1995, p. 104-115.

Y. Coppens, « *Hominidae* and *Homo*, discontinuity and continuity, "environnementalisme et comportementalisme" », in H. Ullrich (dir.), *Man and Environment in the Paleolithic*, Études et recherches archéologiques de l'Université de Liège (ERAUL), 1995, 62, p. 89-96.

Y. Coppens, « Environnement subi, environnement conquis », résumé de la conférence donnée le 12 mai 2006 à Monaco, dans le cadre des *Journées de commémoration du centenaire de l'expédition du prince Albert Ier en Arctique, 1906-2006.*

Y. Coppens, « Préface », in A.-C. Prévot-Julliard, *Biodiversité. Nouveaux regards sur le vivant*, Le Cherche midi/CNRS, 2006, p. 6-8

Y. Coppens, « L'homme et l'environnement, climat subi, climat conquis, climat meurtri », in *Le Climat dans tous ses états. Les mystères du XXIe siècle à Saint-Tropez*, décembre 2007, 7-9, DVD, 2008 (DVD n° 1/4).

Y. Coppens, « The bunch of prehumans and the emergence of the genus Homo », *Scientific Insights into the the Evolution of the Universe of and of Life. Pontifical Academy of Sciences, Acta 20,* 2009, p. 367-372.

Y. Coppens, « Vénus ou Janus ? », in E. Azoulay (dir.), *100 000 ans de beauté*, t. 1 : *Préhistoire/Fondations*, Gallimard, 2009, p. 203-206.

Y. Coppens, « L'Universo, la terra, la vita, l'uomo. Due sensi e tre paradossi », in Fiorenzo Facchini (dir.), *Complessità, evoluzione, uomo*, Jaca Book, 2011, p. 101-104.

Y. Coppens, « Devenir humains », in Y. Coppens (avec 10 invités), *Devenir humain*, Autrement/Musée de l'homme, « Manifeste », 2015, p. 144.

Y. Coppens, « The notion of progress in human history in depth of time », in *Notion of Progress in the Diversity of World Cultures, Keynote speech*, New York, Nations unies, mai 2015 ; « Réflexions sur le progrès », *Le Monde diplomatique*, octobre 2015.

Y. Coppens, « La station debout, étrange adaptation au premier environnement mosaïque », in H. de Lumley (dir.), *Sur le chemin de l'humanité*, CNRS/Académie pontificale des sciences, 2015, p. 19-29 et 42-57.

Y. Coppens, « Le temps long : critères anthropologiques » *in* G. Bœuf, B. Swynghedann, J.-F. Toussaint (coord.), *L'Homme peut-il accepter ses limites ?*, Éditions QUAE, 2017, p. 172-177.

Y. Coppens, « What a child of the XXIst Century should know about the origin and the evolution of man », in A. M. Battro, P. Léna, M. Sánchez Sorodon, J. von Braun (dir.), *Children and Sustainable Development*, Springer, 2017, p. 269-272.

Sans oublier Y. Coppens, les quatre *Présent du passé* (Odile Jacob/France Info), le triptyque *Préambules, Pré-textes, Préludes* (Odile Jacob), *L'Histoire de l'Homme. 22 ans d'amphi au Collège de France (1983-2005)* (Odile Jacob), *Histoire de l'homme et changements climatiques*, Fayard/Collège de France, 2006, entre autres déjà cités.

CHAPITRE 6

À côté

« Celui qui ne supporte pas la fumée n'atteindra jamais le feu. »

Proverbe wadaabe.

Un étudiant vint un jour me voir pour avoir, disait-il, des « conseils ». Et il me raconta qu'il s'était d'abord rendu chez Albert Ducros, un ami et collègue, anthropologue, enseignant à l'université Paris-VII-Denis-Diderot, qui lui avait déclaré : « Faites comme Coppens ; faites ce que vous avez envie de faire et, après, vous verrez bien ! »

C'est pour moi une introduction prétentieuse à ce chapitre « À côté », mais c'est celle qui définit le mieux la raison de cet ensemble hétéroclite de situations, fonctions, jamais recherchées, souvent acceptées (ce qui ne veut pas dire du tout que je les ai toutes acceptées, loin de là !).

En vrac d'abord : j'ai été assistant-réalisateur, quatre ans, de films, de courts métrages (fiction ou documentaires), comme on l'a vu dans le livre 1 ; j'ai été pilote sur Air Djibouti (Dakota, DC3), sans savoir piloter, au-dessus du territoire et du golfe d'Aden ; et puis j'ai été steward sur la même compagnie, sur la ligne Djibouti-Addis-Abeba ; j'ai été inspecteur « anglais » d'école d'anglais à Djakarta (Indonésie) ; j'ai été parrain de zébus à Madagascar ; j'ai décoré (avec peine car elle ne voulait pas l'être) une vache dans l'Aisne ; j'ai été guide au cap Nord (Norvège) pour les touristes venus vivre « en haut de l'Europe » l'expérience du soleil de minuit ; j'ai été membre du jury des bébés Cadum ; j'ai été président du jury des Miss France ; j'ai été membre plusieurs années du jury du prix Veuve-Clicquot de la femme d'affaires (grand électeur), membre de l'Association des femmes mythiques, Legendary Women, membre du jury des Totems du livre de jeunesse, membre du jury Rolex à Genève ; j'ai été ambassadeur de Toyota (Prius et Lexus) et d'Opel (Ampera et Adam) ; j'ai fait de la publicité pour les TGV Pro (SNCF) ; j'ai été responsable d'un groupe de touristes français pour une transatlantique de trois semaines et toutes ses escales sur un paquebot Costa, d'Italie (Savone) au Brésil (São Paulo, Santos) ; j'ai reçu, au nom de l'Unesco, une délégation officielle suédoise sur le site de Zhoukoudian, en Chine ; j'ai été invité à me rendre au pôle Nord, avec quarante députés de la Douma, pour voir en septembre 1999, le dernier quart d'heure de soleil du millénaire (dix heures d'avion militaire de Moscou en Sibérie, vingt heures d'hélicoptère aller et retour, dix nouvelles heures du même avion militaire de Sibérie à Moscou) ; j'ai été invité à Longyearbyen au Spitzberg (que je connaissais déjà très bien) par l'émission *Thalassa* pour un de ses anniversaires, invitation pour le mois de mars (il faisait –30 °C) pour filmer le premier rayon de soleil sur la capitale, après quelque six mois de nuit ou de pénombre ; j'ai représenté la ville de Lausanne à l'émission *Autour du Tour* (de France) de la télévision française ; j'ai été enseignant « palestinien » à Tripoli ; j'ai été (et suis toujours) ancien du 1er régiment du génie de Strasbourg, alors que je n'ai jamais quitté, dix-huit mois durant, le 6e régiment du génie d'Angers ; j'ai été chargé par les autorités administratives britanniques, comme je l'ai déjà évoqué, d'inaugurer le buste de l'hématologue anglais Arthur Mourant, *fellow* de la Royal Society, à sa demande et en sa présence, dans les jardins du musée de Jersey, etc.

Mais j'arrête ce « pot-pourri » de petites responsabilités ou de petites aventures, la plupart inattendues et improvisées, d'autres réfléchies et acceptées, toutes très agréables et accomplies avec « application », voire un vrai plaisir « savouré » : « Celui qui ne supporte pas la fumée… »

Je retiendrai deux exemples plus importants dans l'investissement, pour poursuivre ma liste insolite.

En 2015, je me suis vu attribuer par le ministère de la Culture et de la Communication (signé de la ministre Fleur Pellerin) le « nouveau prix de Rome » ! Certes j'aime tous les arts et suis convaincu, et ce depuis toujours, que l'art, « chaud », par sa sensibilité, sent et ressent l'atmosphère d'une époque et pressent les choses, les événements, bien avant que la science, « froide », qui attend, au ras des pâquerettes, de pouvoir les démontrer, ne s'exprime. Mais j'ai quand même reçu cette reconnaissance avec étonnement avant de m'enquérir de sa signification. Ce titre, mal nommé, recouvre en fait une fonction, celle d'une sorte de parrainage, un an, des pensionnaires de la promotion de cette année-là de la Villa Médicis (pour moi 2015-2016). J'étais aux anges et n'ai cessé de l'être durant toute la durée de mon mandat. Sur les douze mois d'exercice, je me suis rendu à Rome six fois et me suis mis bien sûr à la disposition des lauréats, sans aucune obligation de leur part. J'ai eu la visite de tous, les ai vus et revus et je continue à en voir. Ils étaient une vingtaine, en fait sûrement un peu moins, mais comme il y en avait qui auraient dû être partis et qui ne l'étaient pas et que d'autres « nouveaux » passaient quelques semaines seulement, bénéficiant d'un régime différent, je tournais donc toujours autour d'une vingtaine de « filleuls ». Que faisaient ces jeunes gens ? De l'histoire et de la théorie des arts, de la mise en scène et de l'écriture de scénarios, de la composition musicale, de la littérature, des arts plastiques, du design, mais sous ces étiquettes se cachaient beaucoup de nuances, beaucoup d'imagination, beaucoup de création. Prenons les arts plastiques, par exemple, on y trouve des graffeurs (que j'appellerais volontiers « tagueurs » parce que c'est la réalité et que j'aime bien ce mot un peu provocateur), mais on y trouve aussi des performeurs ou performeuses aux idées étonnantes (au sens propre), interpellantes et multiples, idées suivies d'applications encore plus surprenantes. Bref, j'ai passé une année formidable, sans doute aussi enrichissante, « décalée » dit-on, pour moi que pour eux. Nous avons parlé beaucoup ; certains y ont-ils trouvé matière à réflexion ? Au-delà de ces échanges à la Villa, j'ai tenté d'apporter, par courrier complémentaire, des idées, des réactions, des textes, des images, des objets, illustrant mes propos et les leurs.

Et n'oublions pas le cadre somptueux de la Villa Médicis, merveilleux palais du XVIe siècle, ni celui de ses appartements, ni celui de son jardin aux multiples pins qui me fascinent par leurs dimensions, leurs couleurs, la répartition bien circonscrite de leurs frondaisons, le symbole (pour moi) de Rome ; pour l'anniversaire des trois cent cinquante ans de l'Académie de France à Rome, la directrice de la Villa, Muriel Mayette, m'a fait l'honneur de me faire participer à la plantation d'un de ces pins enchanteurs ; j'ai pris la pelle et l'ai bien servi en terre noire et grasse et je me suis promis d'aller rendre visite à cet autre pensionnaire, de temps en temps, pour suivre sa croissance et l'en féliciter.

Un autre exemple partage avec celui-là quelques caractéristiques architecturales. J'ai toujours été fasciné par la beauté de la pierre, et en particulier par celles qu'on appelle cristallines ou métamorphiques, le granite, le gneiss, le micaschiste, et par leurs couleurs. Or, parmi les biens immobiliers, propriétés de l'Institut de France, j'avais été frappé, il y a déjà bien longtemps, par l'architecture, sobre et élégante, d'un manoir finistérien du XVIe siècle, presque un idéal de résidence qu'on ne se lasse pas d'admirer. Étant membre de l'Institut, j'avais très vite caressé le rêve d'y avoir un jour une fonction… mais cette idée était restée très vague parce que je ne savais pas comment étaient gérés ces biens. Des années plus tard, j'ai rencontré ma consœur collègue au Collège et à l'Institut de France et amie, Nicole Le Douarin, qui se trouvait être la conservatrice de « mon » manoir de rêve. Les choses devenaient doucement plus concrètes, mais elles s'arrêtèrent alors là. Et puis me trouvant un jour à Rome, à l'Académie pontificale des sciences avec Nicole Le Douarin qui en est aussi membre, je lui confiai à tout hasard : « Si, un jour, vous souhaitez abandonner votre charge à Kerazan, sachez que je serai preneur... » Et un jour, en effet à Rome encore (décidément !), dans la voiture qui nous amenait de l'aéroport au Vatican, Nicole Le Douarin me dit : « Je vais vous passer volontiers le flambeau. » C'était fait... Ce fut ratifié par le chancelier de l'Institut de France et je me suis retrouvé heureux conservateur du fameux manoir ; j'ai d'ailleurs, encore – c'est une manie –, le jour de mon « installation », en avril 2016, participé à planter un arbre, un ginkgo biloba cette fois, à la mémoire d'un confrère, conservateur du domaine, Georges Le Rider, et qui l'avait aimé et choyé pendant bien des années avant de disparaître.

La Villa Médicis, Kerazan : deux grandes demeures, l'une plus raffinée, d'une aristocratie très mondaine dans sa société romaine du XVIe, l'autre plus rurale mais tout aussi puissante dans sa fière campagne bretonne ; deux domaines qui ont enchanté les dernières années de ce récit.

Mais la vie ne s'arrête pas à Kerazan ni à Rome et le chapitre non plus. Je voudrais ajouter en effet quelques entreprises au long cours ; j'ai été trésorier quinze ans de la Société des amis du musée de l'Homme, à la demande de sa présidente, Alix de Rothschild, une dame délicieuse, élégante, qui m'appelait, sans conséquences, avec son léger accent autrichien « mon trésor de trésorier ». Je lui ai laissé une « caisse » bien remplie ! J'ai été, huit ans, je crois, président d'une association qui porte l'étrange nom d'« Encouragement au progrès », héritière du XIXe siècle et des idées d'alors ; j'avais pris cette charge, à la suite et à la demande de Louis Leprince-Ringuet, physicien, professeur au Collège de France et j'y ai décerné et distribué des prix et des prix et des prix chaque année lors d'une séance solennelle traditionnellement au Sénat. J'ai participé à créer et j'ai présidé douze ans les jurys des prix scientifiques de la Fondation Phillip Morris, lançant les sujets, composant lesdits jurys et arrosant chaque année, grâce au mécénat de cette entreprise, bien des laboratoires qui n'en ont pas boudé la provenance ! Mais j'ai dû abandonner, vaincu par les associations antitabac (je dois dire qu'elles n'ont pas tort). J'ai présidé, d'un bout à l'autre de son existence, la jolie association Vocations patrimoine, créée par la marquise Béatrice de Foucauld ; l'idée qui avait présidé à cette création était simple, comme souvent en ce qui concerne les idées « géniales » : aller chercher l'argent là où il se trouve et le donner à des jeunes gens qui se destineraient à la gestion des sites du patrimoine mondial, par le truchement de leurs universités, dispensatrices de cours et diplômes liés à ce besoin. L'Unesco est en effet une grande maison qui a eu cette merveilleuse idée de classer les grands sites culturels de l'humanité et naturels de la planète et du même coup les protéger, mais qui, bien sûr, n'a pas les moyens, une fois ces sites classés, d'en assurer la gestion et son coût. Notre association a bien commencé et nous avons, sous le chapiteau de l'Unesco, remis à des universités irlandaise et allemande des bourses pour de futures gestionnaires de sites que nous participions à choisir. Mais la dynamique du mécénat, bien démarrée, ne s'est pas vraiment enclenchée et nous avons dû « fermer » la boutique, ce qui est toujours très triste.

On pourrait ajouter mes multiples appartenances à des confréries vineuses ou autres (fromages, foie gras, tripes...), ce qu'un ami, chirurgien à Nevers, le docteur Marc Lagrange, appelle le « curriculum vinae » ! Je n'en ferai pas la liste, bien que j'en meure d'envie, mais je citerai trois intronisations particulières. La première, c'était au vin de Chinon ; on en sortait « forcément » Entonneur rabelaisien ; je l'ai reçue en même temps que l'acteur Daniel Gélin. On m'avait parlé de cette cérémonie et je l'avais préparée en absorbant préalablement beaucoup d'huile pour tapisser mon estomac et éviter ainsi une absorption trop rapide de l'alcool (vieille méthode étudiante), moyennant quoi l'épreuve de l'immense verre à avaler, dès que l'on est vêtu de la superbe toge écarlate, ne s'était pas trop mal passée. Mon voisin n'avait par contre visiblement rien préparé du tout et cela se voyait ! Il s'est ensuivi un merveilleux dîner, arrosé de chinon aux millésimes croissants (le chinon est un des rares vins de Loire qui peut être de garde) ; c'était comme chaque fois, une grande leçon de culture.

L'intronisation à Vannes était, quant à elle, pour le moins inattendue. Les Vannetais, ayant en effet, tout à coup, pris conscience qu'Émilion était né dans leur ville (fin du VIIIe siècle), lui érigèrent une statue et firent venir la jurade de Saint-Émilion pour introniser quelques-uns de ses « nés natifs » dont je faisais partie. Je suis donc devenu juré de saint-émilion, le superbe vin de Bordeaux que l'on sait, à Vannes, dans le pays du cidre, du calva (que l'on devrait appeler morbi) et du chouchen (hydromel). Si bien que la jurade, pendant plusieurs années, m'adressa les invitations à ses chapitres à « Yves Coppens, professeur au Collège de France, Vannes » ; un coup de plume rageur d'un postier de Vannes barrait alors Vannes et écrivait Paris, et je dois remercier La Poste car tous ces plis me sont bien parvenus, réacheminés !

L'intronisation la plus originale, peut-être – mais je ne voudrais pas choquer les autres ni décourager (!) celles à venir –, est celle dite du « Tour d'Écosse » ou confrérie des « amateurs » de whiskies. L'intronisation s'était faite comme celle de Chinon à l'occasion d'un dîner, évidemment écossais (avec le haggis, d'ailleurs excellent, qui s'imposait) ; un maître de cérémonie en kilt, accompagné de l'inévitable sonneur de *bag-pipe*, annonçait chaque dégustation dans son historique et ses nuances gustatives (quatorze au total, un whisky irlandais en apéritif et puis treize écossais, noblesse oblige) et c'est bien sûr aussi lui qui lisait et commentait les *curriculums vitae* des récipiendaires au moment de leur entrée solennelle dans la confrérie très distinguée. Ce fut pour moi un de ces moments où je regrettais que l'hominidé se soit mis un jour debout ! D'autant plus que j'ai dû « passer » vers 4 heures du matin dans les derniers d'une promotion d'une petite dizaine…

*

Y. Coppens, « Préface », in *Jean-Claude Barreault, sculpteur*, Centre de développement culturel, Alençon, 1985, p. 3.

Y. Coppens, « Préface », in Arthur Choko, *L'Amour du vin*, Nathan, 1987, p. 5-6.

Y. Coppens, « Le fil d'Ariane », in Berdal, *Sculptures*, 1988, p. 12-16.

Y. Coppens, « Préface », in *Un prix pour la Science*, prix scientifique Philip Morris, Association pour le prix scientifique Philip Morris, 9 volumes millésimés, 1989-1992, 1993, 1994, 1995, 1996, 1997, 1998, 1999 et 2000.

Y. Coppens, « Postface », in Pierre-François Puech, *Mozart, une enquête hors du commun*, Maison rhodanienne, 1993, p. 108-109.

I. Patterson, Y. Coppens, *Usitalia. Rémanences*, Strasbourg, 1993, 8 photocopies et 8 pages.

Y. Coppens, « Bronzes dans le désert », projet de Jean Vérame, *in Jean Vérame,* 1995, p. 5.

Y. Coppens, in M. Franck, *Collège de France. Figures et travaux*, Imprimerie nationale, 1995, p. 146-147.

Y. Coppens, sur « Rêve de pierre », photographie de J. Sudek, in *Avant l'effacement*, Extremis Éditions, 1996.

Y. Coppens, « Christ en croix, Bouts », in *Les Collections de l'Institut, Bicentenaire de l'Institut de France,* Imprimerie nationale éditions, 1996, p. 336-337, pl. LXV.

Y. Coppens, « Une idée formidable », in « Les arts premiers au Louvre », *Le Figaro*, 1996, p. 18.

Y. Coppens, « Un humanisme universel », in *La Vie préhistorique*, Éditions Faton, 1996, p. XIX-XXIV.

Y. Coppens, « Postface », in G. Laporte, *La Sublime Porte des songes*, Éditions du Rocher, 1997, p. 577-582.

Y. Coppens, « Préface », in A. Germain, *Les Origines de l'homme ou les Aventures du Professeur Coppensius*, Le Livre de Poche, 1997, p. 7-10.

Y. Coppens, « Préface » (en français et en japonais), in *Les Maîtres de l'encre. 170 calligraphes japonais à Paris,* catalogue, espace des Arts Mitsukoshi Étoile, 19 mai-11 juillet 1998, Mainichi Shimbun, 1998.

Y. Coppens, in Anilore Banon, *Les X* Commandements pour un nouveau millénaire, Paris, 2000, p. 6-7.

Y. Coppens, « Préface », *in* Geneviève Laporte, *Voyage au pays du temps qui court*, Éditions À nos pages, 2001, p. 11-15.

Y. Coppens, in Geneviève et Xavier de Fontenay, *60e anniversaire du Comité Miss France*, éditions Xavier de Fontenay, 2006, p. 11, 14, 38, 44.

Y. Coppens, « Préface », in J.-P. Duhard, *Secrets de cuisine de mamie Germaine. Recettes de Charente, Gironde, Périgord*, Privilèges Atlantica Éditions, 2006, p. 7-11.

Y. Coppens, « Préface », *in* Sylvie Mercier de Flandre, *Nature et rêveries*, Éditions du Signe, Strasbourg, 2007.

Y. Coppens, « Préface », *in* Marc Lagrange, *Le Vin et la Mer*, Féret, 2008, p. 7-8.

Y. Coppens, « Préface », *in* Isabelle Brisson, *Les Doigts de pieds en éventail*, Les Éditions Ovadia, 2008, p. 9-11.

Y. Coppens, « Préface », in Mireille Gayet, *Grand traité des épices*, Le Sureau Éditions, 2010, p. 7.

Y. Coppens, « Préface », in *L'Identité retrouvée. Les reconstructions anatomiques d'Élisabeth Daynès*, Musée départemental de préhistoire d'Île-de-France, 2011, p. 10.

Y. Coppens, « Préface », *in* Mireille Gayet, *Grand traité des herbes aromatiques*, Le Sureau Éditions, 2012, 7.

Y. Coppens, « Préface », in E. Daynès, *Chairs des origines*, Pôle international de la préhistoire, 2014-2015, p. 7.

Y. Coppens, « Préface », in Mireille Gayet, *Grand traité du café*, Le Sureau Éditions, 2015.

Conclusion du troisième livre

Je rappelle le découpage à grands traits de mon agenda ; un tiers de recherche, un tiers de direction de la recherche, un tiers de diffusion de la recherche. En contraste avec la première partie consacrée au premier tiers et même à sa formation, mais aussi avec la deuxième partie au premier tiers largement majoritaire, la troisième partie a donné l'avantage aux deux derniers tiers : la recherche n'a jamais été interrompue, pas même sur le terrain, mais, par la force des choses, l'administration de la recherche (avec prétention on dirait le « savoir-faire ») et sa diffusion (on peut dire le « faire savoir ») ont été généreusement chronophages.

Bilan de ce troisième tiers : une belle poignée de recherche en Extrême-Orient, avec un curieux et fascinant retour inattendu aux mammouths, cette fois-ci sur le terrain (montage 1957, fouilles en Sibérie à partir de 1999), et des retours pour le plaisir en Afrique centrale (où Michel Brunet et ses élèves ont pris ma relève au Tchad) et en Afrique orientale (où Zeresenay Alemseghed en Afar et Jean-Renaud Boisserie à l'Omo m'ont succédé en Éthiopie) ; mais aussi beaucoup de responsabilités dont des surprises, comme la Charte de l'environnement (2002), le Comité international du musée d'Anthropologie préhistorique de Monaco (2003) ou le conseil scientifique international de Lascaux (2010). Et n'oublions pas un autre retour, celui séduisant en Bretagne, au Comité scientifique international des mégalithes, à partir de 2003.

Mon amarrage sur les quais de Seine a entraîné une solide implantation à Paris, Paris la belle disaient les frères Prévert ; Paris la belle en effet comme aucune autre, Paris la séductrice, la provocante, Paris toujours sereine, toujours agitée, Paris l'élégante et Paris la généreuse que j'ai visitée dès l'âge de 7 ans, puis sans cesse de 7 à 22 ans, époque à laquelle, j'y ai établi ce que l'on nomme ma résidence ; j'ai ainsi habité son XIVe arrondissement, puis son XVe, son XVIIe, son Xe, son IIIe, son XIe. J'ai été bien partout et les « indigènes », que l'on dit parfois moroses et peu aimables, sont en fait complices, prêts à l'échange, au partage, au sourire, à l'amitié. Je suis devenu un peu indigène et j'en suis fier. D'ailleurs lorsque j'ai été nommé à la présidence d'une des commissions chargées de s'occuper des monuments mégalithiques, un journal breton, un peu grognon, m'a qualifié de « désormais très parisien » ! Certes, tous les humains sont d'abord de leur arbre avant d'être de leur planète ! Et si je ne parle de Paris qu'ici, c'est parce qu'à partir des années 1980, j'y ai séjourné plus que je n'ai voyagé – voyages nombreux mais courts –, à l'inverse de la période précédente aux chantiers permanents – voyages nombreux et longs.

PORTRAITS

La couronne, la kippa, le képi

« Juste quelqu'un de bien. »

Enzo Enzo.

Les trois personnes que j'ai retenues pour le troisième tiers de ces Mémoires vont sans doute étonner. Ce sont, en effet, Sa Majesté la reine Elizabeth II, le publicitaire Marcel Bleustein-Blanchet, et un filleul, beaucoup plus jeune, admirable dans son domaine et très tôt disparu.

Pourquoi avoir choisi la reine d'Angleterre ? Parce que j'en admire le parcours, sans failles, du moins à mes yeux, la très grande noblesse de comportement, l'imperturbable sérénité, l'intelligence politique, le courage en toutes circonstances et en même temps l'adaptabilité subtile aux personnes et aux situations qu'elle rencontre et auxquelles elle doit faire face, sans jamais « la » perdre. Mon opinion est en partie instinctive et naïve, mais, tout de même, en très petite partie, vécue.

Cette souveraine me paraît non pas aimée de tous, mais admirée de beaucoup et cela dans le monde entier. Son éducation peut-être, sa personnalité sûrement, lui a dessiné une ligne de conduite, à laquelle elle s'est incroyablement tenue. Elle connaît son rôle, le tient sans le dépasser, au point de recevoir informations et décisions de son peuple et de son Parlement sans commentaires, au moins audibles, et en s'y adaptant avec une plasticité « royale ».

J'admire en outre le maintien intelligent de toute la tradition britannique, ses costumes, ses carrosses, ses uniformes, critiqués parfois jusqu'à les considérer comme grotesques, mais à terme respectés. C'est une distance qui ne peut que servir la solennité des événements et donc les grandir. Nous avons abandonné la robe dans les soutenances de thèse, sous un prétexte de simplicité et de rapprochement des juges et des jugés, et nous avons ainsi perdu une partie de l'importance du diplôme. Ce n'est qu'un exemple de démagogie se voulant humilité.

J'ai pu suivre, sur le terrain, ce que l'on nomme la décolonisation ; j'ai vu se réaliser l'anglaise, l'italienne, la française. L'habileté de la création du Commonwealth a permis au Royaume-Uni de libérer ses territoires sous tutelle tout en les conservant au moins économiquement car liés émotionnellement à l'autorité sereine de la souveraine. J'ai travaillé au Commonwealth Institute de Londres et connais un peu l'intelligence des pratiques britanniques, intéressées, mais demeurées respectables.

Enfin, il m'est arrivé de me trouver face à Sa Majesté, de mener une conversation avec elle et en présence de quelques jeunes gens britanniques de mes amis et collègues. Elle n'a pas mis longtemps à voir le peu de protocole qu'il y avait dans mes yeux et, à une plaisanterie de ma part (certainement impertinente pour un sujet), elle a réagi sans délai par une autre, dans une belle complicité d'un moment. J'ai admiré sa mesure de la situation et son étonnante réactivité sur le même ton. Merci, Majesté, j'étais déjà admirateur mais j'ai été conforté dans l'opinion que je me permettais d'avoir de Votre Personne et de la finesse, de la justesse et de la rapidité de votre adaptation, sans perdre la moindre fraction de dignité.

La deuxième personnalité est Marcel Bleustein-Blanchet. Un jour de 1963, un oncle par alliance, ayant découvert dans la presse l'existence de la Fondation de la vocation, me suggéra, connaissant ma passion pour l'archéologie, de m'y présenter. J'obtempérai, écrivis à la fondation, reçus un petit cahier-formulaire que je remplis très vite, sans brouillon, très pris par des préparatifs de voyage en Afrique, et l'envoyai. Je partis au Tchad et oubliai, je dois dire, ma candidature. Je ne répondais en effet pas bien aux critères demandés : la fondation s'adressait à des jeunes gens de moins de 30 ans (ça allait), français (ça allait aussi) et qui se trouvaient embarqués dans une vie professionnelle qui ne correspondait pas à leur aspiration (et ça, ça n'allait pas du tout) ; le prix était destiné à remettre sur la voie désirée le malheureux fourvoyé ; en ce qui me concernait, je voulais faire de l'archéologie, de la paléontologie, de la préhistoire et j'en faisais et même à titre professionnel. Mais j'avais déjà trouvé le tchadanthrope, ce qui n'échappa pas à un publicitaire, et je fus retenu parmi les vingt ou vingt-cinq lauréats de cette promotion. La fondation me chercha au Tchad, j'étais parti au Kenya, puis me poursuivit à Nairobi, j'étais parti à Johannesburg et finalement me rejoignit en Afrique du Sud pour m'annoncer la bonne nouvelle. Comme il m'était impossible de rentrer pour recevoir diplôme et chèque, elle décida de me « couronner » absent. La fondation n'avait que trois ans certes, mais j'ai été le premier lauréat absent ; j'ai trouvé mon chèque dans mon courrier mais j'ai mis des années à récupérer mon « parchemin », un des diplômes auxquels je tiens.

J'ai évidemment pris contact dès mon retour avec la fondation, ses acteurs, son fondateur. Ma rencontre avec Marcel Bleustein-Blanchet a alors été chaleureuse, mais visiblement chargée d'arrière-pensées. J'ai interprété cela plus tard comme une méfiance. Lui qui se vantait de n'avoir que son certificat d'études couronnait un universitaire ; comment les choses allaient-elles se passer ? J'avais, quant à moi, vis-à-vis de ce grand monsieur à la tête d'un empire respect et affection : respect pour son œuvre, sa réussite, l'idée de cette fondation et affection pour une personne touchante de simplicité, de sincérité, de naïveté parfois, ce qu'un petit cheveu sur la langue ne faisait qu'accroître. Et puis petit à petit se rendant compte que mon admiration était sincère, il prit confiance et me prit presque comme un fils.

Nos relations étaient très amusantes, lui, affectueux, moi moqueur ; à chaque événement, il me demandait de faire le discours d'usage, au nom des lauréats, mais un peu avec réticence, craignant que j'en profite pour plaisanter ; je le voyais hésiter et puis me le demander quand même. Je n'en ai pas fait la liste, mais j'ai dû m'exprimer ainsi à sa demande une bonne dizaine de fois (pour ses anniversaires, par exemple, ses 75 ans, ses 80 ans) et n'ai pas manqué de me moquer affectueusement de lui chaque fois. D'abord inquiet, puis soulagé, il riait beaucoup et m'embrassait au terme de chaque allocution. Je l'avais un jour comparé à Cro-Magnon et l'avais appelé Cro-Marcel de manière quelque peu irrévérencieuse mais il était ravi ; la fois suivante, j'étais, comme, par hasard, désigné, avec « angoisse », comme devant dire quelques mots pour un anniversaire de la fondation ; j'avais salué le génie de son fondateur, mais aussi le fait que son initiative ne lui coûtait plus un sou (ce n'était pas tout à fait vrai), puisqu'il avait réussi à faire en sorte que ce soit un honneur pour toute banque, toute entreprise, tout ministère même, d'alimenter le compte de ladite fondation, de même qu'il avait réussi à faire en sorte que ce soit un honneur du même ordre pour tout grand universitaire, tout grand chef d'entreprise, toute personnalité du monde des sciences, des lettres, des arts et de la politique de figurer dans ses jurys ! Il en a été aussi, et heureusement, très amusé, en reconnaissant que c'était un peu vrai ; j'aurais été désolé de le vexer.

Toujours est-il que j'ai été souvent invité à ses commémorations de famille comme un de ses membres, qu'il a tenu à me faire une grande fête sur les terrasses du dernier étage du 133 de l'avenue des Champs-Élysées lors de mon entrée au Collège de France, avec le double parrainage de Raymond Aron et de lui-même (je n'étais pas peu fier) et qu'il m'a confié pour traduction de l'hébreu, sans me demander si c'était de mes compétences (cela allait de soi), les deux pages encore un peu lisibles du livre, complètement calciné par ailleurs, qui se trouvait ouvert sur son bureau au moment de l'incendie de Publicis ; il s'agissait de l'exégèse de la terrible histoire de Sodome et Gomorrhe, personnages transformés en statues de sel parce qu'ils s'étaient retournés, contre la volonté divine, pour voir l'incendie qu'ils fuyaient ! Il faut dire que la coïncidence était troublante et qu'elle l'a troublé.

En tout cas, j'ai eu, pour ce grand monsieur, une réelle affection, une réelle admiration et c'est avec beaucoup de respect que je salue sa mémoire.

Mon troisième choix du troisième tiers est Frédéric Serre, de loin mon cadet et disparu très jeune. Son père, Maurice Serre, était officier dans l'infanterie de marine (d'où le képi), en garnison à Moussoro, au Tchad, en 1960. C'est là que je le rencontrai pour la première fois ; j'étais en route pour le Djourab et le Tibesti et nous devînmes amis. Moussoro se trouvant sur la piste N'Djamena Faya, c'était un passage obligé pour mes expéditions, si bien que je retrouvais Maurice Serre à l'aller et au retour de ces longs séjours dans les déserts du nord du pays et nous passions parfois, là, à Moussoro, encore appelé Bahr el-Ghazal, quelques jours avant que je ne rejoigne la capitale. Retraité jeune, comme c'est le cas dans l'armée, Maurice Serre rentra en France, à Paris, où il se reconvertit dans l'encadrement du personnel d'une usine de lessive, ce qui ne nous importe que peu ici, mais il eut surtout, coup sur coup, si j'ose dire, trois enfants, et je devins parrain du deuxième, un garçon, du nom de Frédéric. Influence du parrain ou pas, Frédéric se passionna vite pour la paléontologie et la préhistoire et en fit son métier. Rattaché au Muséum national d'histoire naturelle, il suivit le chemin de tous : participation à des chantiers de fouilles (en l'occurrence en France) et, un beau jour, soutenance de thèse (d'université). C'était en 1993 sur Les Grands Herbivores de la grotte du Lazaret, *et j'en étais rapporteur. Son diplôme en poche, Frédéric se détacha bientôt de la recherche proprement dite au profit de sa diffusion. Toujours aussi passionné par ces sujets, il se lança, enthousiaste, dans l'édition des résultats de la paléontologie et de l'anthropologie biologique, en sollicitant les meilleurs spécialistes et publia toute une série d'ouvrages d'excellente qualité, très soignés et particulièrement à jour. Il avait mis sur pied une petite « maison » d'édition, dans laquelle figuraient sa mère, son frère, sa sœur, ce qui lui permettait, selon ses propres termes, de rentrer à peu près dans ses fonds, sans aucun bénéfice, ce qui ne m'étonnait pas. C'était à la fois professionnel et philanthropique mais « ça l'amusait ». J'avais, de temps en temps sa visite et il m'inondait chaque fois d'une foule de projets, d'idées, d'initiatives, où, jamais oublié, je devenais préfacier, ou président de comités éditoriaux divers, ou directeur de collections variées. Ses inventions avaient en outre le mérite de ne pas rester velléitaires, mais de voir véritablement le jour.*

Très active, on pourrait dire très agitée, sa vie personnelle a toujours été compliquée, et ce d'autant plus que l'institution ne comprenait pas bien son type d'action pourtant si utile et n'ayant pas son équivalent. Déçu de ne pas être soutenu comme il le méritait dans sa vie professionnelle et dans ses efforts réels et permanents, n'ayant pas trouvé l'appui qu'il espérait sans doute dans son entourage ou ses entourages personnels, il s'effaça, très jeune, de lui-même.

Je garde pour Frédéric, et je ne suis pas le seul, le souvenir d'un garçon rempli d'énergie et de passion gratuite, au service de sa communauté, et salue affectueusement la mémoire de ce filleul dont je suis fier.

CONCLUSION GÉNÉRALE

La grande histoire de l'Homme
La petite histoire d'un homme

L'homme a « enchanté » l'Univers.

D'après Max Weber.

Que sont devenues l'archéologite (la paléontologite) et l'exotite de mes rêves d'enfant. Prenons-les cette fois à l'envers ?

L'exotite (l'espace), l'attrait de l'ailleurs sans exclure l'ici, a été très virulente au point de devenir chronique ! Je ne vais pas refaire la description des voyages, des prospections, des expéditions, des chantiers de mon existence (ou du moins de ses 80 premières années !), c'est déjà fait, vite fait mais fait quand même, dans les pages précédentes. Rappelons-nous seulement que mon premier grand voyage date de janvier 1960, c'était au Tchad ; et mon dernier en date, de septembre 2016, c'était au Kamtchatka. Et il y en a, bien sûr, à venir. Que m'ont-ils apporté ? Le bonheur de voir la Terre, ses forêts et ses déserts, ses océans et ses steppes, ses savanes et ses toundras, d'admirer ses faunes et ses flores, ses roches et leurs massifs, mais de rencontrer aussi et surtout la chaleur de ses populations. Je trouverais très triste une terre inhabitée et c'est ce qui me déplairait dans tout voyage sur d'autres planètes, en commençant par la Lune (mais si on me le proposait, j'irais quand même !). Beaucoup de gens vantent la sagesse de la sédentarité (« auprès de mon arbre, je vivais heureux… »), d'autres le voyage à tout prix. Un joli proverbe mélanésien allie habilement les deux, en rappelant que la pirogue qui voyage est faite du bois de l'arbre qui ne bouge pas. En tout cas en ce qui me concerne, il n'y a pas de doute : je suis bien un citoyen du monde.

Quant à l'archéologite et à la paléontologite (le temps), je n'ai jamais réussi à m'en défaire, d'ailleurs pourquoi m'en défaire et pourquoi les soigner ? Leur attrait était celui de toute science, dont la logique m'a toujours ébloui ; découvrir une chose, puis en découvrir une autre et comprendre soudain que l'une conforte l'autre ou pas, qu'il y a cohérence ou problème, corrélation ou décalage, c'est d'abord un étonnement, heureux dans tous les cas, et puis une joie profonde, et je dis bien très profonde. On est « rempli » ! La paléoanthropologie et l'archéologie, outre que ce sont bien des sciences à part entière, ont donc le devoir scientifique et philosophique grave de reconstituer l'histoire de l'homme ; elles ont démontré comme on l'a vu au fil de ce livre que nos racines étaient animales, prouvé notre cousinage avec les grands singes, déclaré notre origine unique, tropicale et africaine, montré la logique de notre déploiement progressif à travers le monde, et expliqué comment conscience et connaissance ont peu à peu donné à ce drôle de petit mammifère que nous sommes des traits comportementaux que l'on n'avait pas encore vu poindre le long des 4 milliards d'années d'histoire de la vie et qui sont le libre arbitre et la liberté, la responsabilité et la dignité.

Toute cette reconstitution se fait donc avec ce que le temps, dans son infinie profondeur, a bien voulu conserver, c'est-à-dire, essentiellement, des ossements et des cailloux ; mais ces ossements sont fossilisés et ces cailloux taillés, et les uns et les autres ont gardé de l'époque de leur existence, et parfois des époques qui se sont écoulées depuis, une impressionnante mémoire qu'il suffit d'apprendre à lire, et puis à transcrire et bien sûr à enseigner.

Mais au-delà de la science, ou plutôt au travers, ce sont vraiment les humains que j'ai toujours recherchés sans m'en rendre totalement compte. Au Centre national de la recherche scientifique, j'ai dépendu bien des années de la commission de géologie, géophysique, sciences de la Terre ; ce n'était pas une erreur, la paléontologie s'exerce au sein de ces disciplines, c'est le cas de le dire ; mais je me suis vite retrouvé élu dans la commission d'anthropologie, ethnologie, préhistoire, en sciences humaines donc. J'ai passé un long séjour au Jardin des plantes, à l'Institut de paléontologie, dans le chaudron des sciences naturelles, mais j'ai fini par être nommé à la sous-direction, puis à la direction du musée de l'Homme, encore le même glissement qu'au comité national du CNRS. J'ai été élu au Collège de France sur une chaire qui était alors (1983) classée dans les sciences historiques, philologiques et archéologiques ! Et, au même moment (1983), élu à l'Académie des sciences dans la section des sciences de l'univers, un amusant retour à l'envoyeur. Sciences dures, sciences molles, sciences humaines, sciences inhumaines, je me suis régalé partout. Mais quand on fait la courte liste de mes fonctions, on lit « anthropologie biologique » au Muséum, l'histoire naturelle de l'homme, et on lit « paléoanthropologie et préhistoire » au Collège de France, à la fois l'histoire naturelle et culturelle de l'homme. Tout cela signifie tout simplement que les sciences archéologiques et paléontologiques se trouvent aux frontières des sciences de la Terre (le contenant), des sciences de la vie et des sciences de l'homme (le contenu), ce qui montre bien sûr la porosité de leurs frontières très artificielles. La paléontologie cherche, collecte et étudie les hommes fossiles et tout ce qui permet de reconstituer leur environnement ; la préhistoire et l'archéologie tout ce que ces hommes ont fabriqué, leurs modes de vie et leurs comportements. Il ne fait ainsi pas de doute que l'intérêt pour l'humain a toujours prévalu dans mes recherches sur celui pour la géologie ou la paléontologie animale ou végétale, mais comme l'étude du contenant est nécessaire pour comprendre les conditions de dépôt et de conservation des restes humains, tandis que celle des faunes et des flores est nécessaire pour planter leur « décor » et son climat, c'est évidemment l'ensemble qu'il faut chercher, découvrir, observer, recueillir, décrire, comparer et interpréter.

Lorsque j'ai passé rapidement en revue le découpage de mon existence, pour mesurer dans l'optique de ce que je viens de dire, ce partage entre recherche archéologique et recherche anthropologique, j'ai été amusé de constater que j'avais eu la chance d'avoir été et d'être encore porteur d'au moins une découverte emblématique par tranche !

Première tranche, la Bretagne : la très grande densité de monuments mégalithiques des régions de Carnac, de la baie de Quiberon et du golfe du Morbihan, faisant incontestablement de ces lieux, entre 7 000 et 4 000 ans, un « pays » sacré pour les premières populations d'agriculteurs d'Armorique, est emblématique de toutes les concentrations de tels monuments partout dans le monde. Or on se souvient que je suis né au milieu de ce pays (ce n'est pas de ma faute) et on se souvient de mon attirance juvénile pour ces grosses pierres ; on se souvient encore que je suis aujourd'hui président du Comité scientifique international qui s'est donné pour tâche de les faire entrer au Patrimoine mondial de l'humanité ! Retour que je n'ai pas cherché mais que j'ai « adoré » !

Deuxième tranche, l'Afrique : le petit squelette de préhumain de 3,2 millions d'années, découvert en 1974 dans l'Afar par l'International Afar Research Expedition et appelé Lucy, a été, à l'époque, emblématique par excellence, car c'était alors le squelette le plus ancien et le plus complet (le moins incomplet) de préhumain connu. Et il est amusant de constater que, bien qu'on ait découvert depuis des préhumains beaucoup plus complets (Little Foot en Afrique du Sud, par exemple) ou plus anciens (Toumaï au Tchad, par exemple), Lucy est demeurée le fossile le plus emblématique de tous les fossiles de préhumains connus ! Or on se souvient que je me trouve avoir été cofondateur de l'IARE, codirecteur de ses expéditions en Afar éthiopien de 1972 à 1977, cosignataire de l'annonce de la découverte de Lucy (Académie des sciences de l'Institut de France, 1975) et cosignataire de l'annonce de sa dénomination scientifique, *Australopithecus afarensis* (musée de Cleveland, 1978). Les médias en ont « beaucoup fait » à cet égard, mais il est vrai que Lucy m'est très proche[1].

Troisième tranche, Paris ; en 1940, quatre jeunes gens découvrent, près de Montignac en Dordogne, une grotte ornée de peintures et de gravures d'une qualité exceptionnelle. La grotte de Lascaux, choisie comme sanctuaire par les hommes de Cro-Magnon il y a 17 000 ans, est devenue pour le monde entier le site emblématique de toutes les stations d'art pariétal du monde. Or on se souvient que le ministre Frédéric Mitterrand m'a choisi en 2010 pour présider le nouveau conseil scientifique international de cette grotte, ce qui m'a forcément conduit à m'occuper de la grotte originale et, de plus ou moins près, de ses reproductions (Lascaux III itinérante, Lascaux IV en bas de la colline), bien que je n'aie jamais été spécialiste du paléolithique supérieur (mais spécialiste supérieur du paléolithique, disait un ami plaisantin).

1. Et il ne faut pas oublier que de 1957 à 1961, pour les médias, j'étais « Monsieur Mammouth », de 1961 à 1967, l'« homme du Tchad », comme je l'ai déjà dit, de 1967 à 1974, l'« homme de l'Omo », et de 1974 à aujourd'hui, le « papa de Lucy »... un bon rythme de cinq à huit ans et puis une paternité qui n'en finit pas et qui gênait même Quentin, qui s'imaginait que je lui cachais une grande sœur, quand il était petit !

Je ne suis évidemment pas seul à porter ces emblèmes (ma vice-présidente, Christine Boujot connaît mille fois mieux les mégalithes que moi ; c'est Donald Johanson qui a été avec Tom Gray le collecteur des restes de Lucy ; quant à Muriel Mauriac, c'est elle la véritable responsable de la grotte de Lascaux, etc.), mais je souhaitais citer à nouveau ici ces symboles parce que je suis fier d'en partager un peu la charge et, du coup, l'éclat, et fier parce qu'ils se rapportent tous les trois à l'homme, à son origine ou à ses réalisations.

Et je pourrais ajouter mes aventures avec les mammouths, animaux les plus célèbres de la grande faune glaciaire eurasiatique et nord-américaine. Je pourrais parler de mon « insertion » inattendue dans les travaux effectués sur le site le plus emblématique de toute la Chine, celui de l'homme de Pékin, à Zhoukoudian ; je pourrais citer mes relations privilégiées avec deux des plus belles femmes du gravettien des Pyrénées (21 000 à 23 000 ans), Lespugue (musée de l'Homme) et Brassempouy (musée d'Archéologie nationale)[1], ou encore mon implication bien involontaire dans la rédaction d'une loi constitutionnelle !

Est-ce moi qui, inconsciemment, cherche ces sites ou ces fossiles, porte-drapeaux de leurs catégories ou est-ce que la chance s'amuse à les mettre sur ma route ! Tant pis pour mon péché d'ego, c'est un bilan qui me plaît trop pour que je le passe sous silence.

Je peux donc dire que les 83 premières années de ma vie ont été des années heureuses, elles me donnent l'impression du parcours d'une grande route toute droite. L'archéologite et l'exotite

1. La Vénus dite de Brassempouy ou Dame à la Capuche a été découverte dans la grotte du Pape par Édouard Piette, grand chercheur « amateur » ardennais. Furieux que son propre pays ne lui rende pas hommage, je suis parvenu, en 1995, à faire donner son nom à un collège à Liart (Ardennes) (dont je suis parrain) mais j'ai présidé aussi un colloque en 1994 à Brassempouy (Landes) et j'ai parrainé l'inauguration de la salle Piette au musée d'Archéologie nationale (son directeur était alors Patrick Perrin), salle fidèle au testament de Piette accompagnant la donation de ses collections.

de mon enfance sont devenues inguérissables – sur la ligne droite – et aujourd'hui, comme hier et avant-hier, mon intérêt, ma fascination pour un tesson de poterie ancienne ou un chicot de dent fossile sont demeurés inchangés ; je ne saurai d'ailleurs jamais comment décrire cette force qui dépasse la simple attirance réelle ou intellectuelle et serait plutôt quelque chose d'incontrôlé, de l'ordre de l'éblouissement. Quant à mon intérêt pour la rencontre des autres, des gens de partout à travers la terre entière et de chacun en particulier, il est demeuré aussi intact, curieux et chaleureux, qu'au début de ma vie. Tout cela s'est d'autant mieux déroulé que j'avais derrière – ou à côté – de moi un appui moral, dans mon cas, indispensable, celui de mes deux parents d'abord, celui d'une femme ensuite, celui d'une femme et d'un enfant enfin.

Je citerai pour finir, et pour faciliter la tâche des psychanalystes, en vrac, quelques scènes de bonheur, en dehors évidemment par pudeur de celles qui me sont les plus chères et dont je viens de citer les sources ; ce seront des images de décors, de découvertes, de rencontres, de couleurs, de sons, puisées au fil de cette longue aventure qu'a été cette « première » partie de ma vie.

Durant ma classe de cinquième à Vannes, c'était en 1945, j'avais 11 ans, est arrivé au Collège en cours d'année un « nouveau » ; il était français, s'appelait Jean-Paul et venait de Madagascar. Or Jean-Paul, apprenant mon intérêt pour l'Antiquité, m'apporta un jour, pour me le montrer, un fragment de coquille d'œuf d'un très gros oiseau fossile (500 kilos) de la Grande Île, l'æpyornis. Je ne pourrai jamais décrire l'effet que ce simple bout de coquille me fit ! J'en ai d'ailleurs acheté (très cher) à Jean-Paul (pour le contempler à loisir) un morceau du morceau, mais c'est une autre histoire. En tout cas, ce jour-là, j'ai aperçu, en miroir, l'éclat de ma passion.

Des déserts du Djourab et du Borkou où je passais des mois sans retour (déserts somptueux dans leurs dimensions, leurs couleurs, leur lumière, mais leur chaleur aussi), je décidai un jour de me rendre à Faya-Largeau, la grande oasis du nord, à 1 000 kilomètres de la capitale, N'Djamena. C'était en 1961, j'avais 26 ans ; quelques dattiers aux palmes d'un vert bronze apparurent soudain dans le vent de sable roux et puis d'autres et, à leurs pieds, de petits jardins mouchoirs de poche dessinant un damier vert tendre avec de toutes petites rigoles d'irrigation pleines d'eaux joyeuses ; c'était féerique et l'ensemble de ce paysage insolite, vite peuplé de superbes silhouettes d'hommes en longs boubous blancs et chèches aux mille tours désinvoltes mais savants, et de femmes aux pagnes aux multiples couleurs tout éclatantes, le tout sur des peaux chocolat (au lait), a représenté soudain pour moi une image de la beauté du monde.

Un jour où il faisait entre 40 et 45 °C, c'était en 1969, j'avais 35 ans, je prospectais seul, dans le bassin de la basse vallée du fleuve Omo, à la limite de l'Éthiopie et du Kenya, le long des majestueuses falaises (cuestas) toutes coiffées d'épaisses couches blanches de cendres volcaniques indurées (cinérites), lorsque je vis briller à mes pieds un tout petit objet tout humble. Il était brun assez foncé, presque noir, montrait un relief de petites bosses et m'envoyait de véritables appels provocateurs de lumière éblouissante. Je me mis à genoux pour mieux en détailler la forme et la structure mais aussi en mieux goûter l'émotion et pris le temps, longtemps, de l'admirer, avant d'oser le toucher. C'était une molaire de préhumain, d'australopithèque, de près de 3 millions d'années qui avait l'air d'arriver du temps pour me séduire (et c'était réussi !). Elle était neuve, c'était un germe sans la moindre trace d'usure, montrant sa face occlusale, la cavité pulpaire étant plantée dans le sable, et c'était évidemment son émail, coloré par la fossilisation, qui se permettait ces éclats impudiques et tellement vivants. On pourra peut-être dire que la paléontologite n'est pas une maladie, mais elle est bien parfois un vrai dérèglement psychique !

C'était pendant le ramadan dont je partageais les épreuves ; j'habitais dans une famille swahili amie, musulmane, d'origine yéménite, dans la petite ville de l'île de Lamu, sur la côte kényane de l'océan Indien. C'était en 1976, j'avais 42 ans. La fenêtre de ma chambre donnait sur une ruelle étroite – elles le sont toutes – et sur le haut-parleur d'une mosquée. Je recevais donc de plein fouet toutes les sourates du Coran, tellement belles dans la musique de leur langue et le rythme de leur texte. Ce fut cette année-là un imam de l'île voisine, Manda, qui fut invité pour chanter ces versets durant tout le jeûne. Quelle merveille de mélodie et de poésie, quelle étonnante impression de sacralité, de sérénité, dans ce long discours rassemblant les fidèles, dont je me sentais faire tout à fait partie. Mais quittons Dieu pour l'homme. La voix de ce prêtre était somptueuse, claire et puissante, joliment timbrée, elle touchait au plus profond, au plus mystérieux de soi-même. La voix humaine est pour moi le plus émouvant des instruments de musique qui transcende son propos. Cet homme était un immense chanteur sans le savoir et je garde dans l'oreille la puissance, l'élégance et la profondeur de sa prière. Il n'y a pas de doute : l'homme a en lui une facette spirituelle depuis qu'il est homme.

Je crois que c'était un des 14 Juillet de Jacques Chirac, j'avais aux environs de 60 ans ; en ouverture du fameux défilé, devant la tribune présidentielle, « en bas » des Champs-Élysées, le bagad de Lann-Bihoué, en d'autres termes, les musiciens de la marine nationale basés à Lorient, avait défilé avec solennité, en jouant (biniou, bombardes et percussion) quelques pièces d'une immense, intense, profonde beauté ; ces mélodies étaient bretonnes, écossaises, irlandaises, galloises, de ce monde dit celtique de l'extrême bout de l'Europe, celui qui plonge dans l'eau ; elles étaient toutes imprégnées d'une grande sensibilité, à vous arracher des larmes. Il est difficile ensuite de se poser sérieusement la question du propre de l'homme.

J'ai un autre souvenir de « sonneur », tout aussi fort mais d'une tonalité bien différente, plus légère et plus joyeuse, car célébrant un tout autre événement. C'était en 1993 à l'Université de Chicago. J'avais 59 ans. Nous étions huit nouveaux docteurs *honoris causa* (cinq Américains, un Israélien, une Indienne et moi) et nous avions longuement défilé en robes de couleurs variées, car de traditions différentes, le long des allées du campus, par un temps tout à fait en harmonie et précédés par un petit bagad de sonneurs et sonneuses (en kilt bien sûr), de *bag-pipes* et de tambours. La généreuse étendue bleu pastel du lac Michigan nous envoyait de l'horizon des clins d'œil amusés et la chapelle de l'université (d'État), elle-même toute fébrile, nous attendait, béante, bruissante, au bout du chemin de musique pour nous remettre nos adoubements prestigieux.

Cette fois, c'était à Moscou et je prenais le métro. C'était en 2003, j'avais 69 ans. Le métro de Moscou est particulièrement profond ; de grands et longs escalators y descendent et en remontent. Je descendais donc et j'étais sur un de ces escalators lorsque j'aperçus, sur celui qui montait, de l'autre côté d'une large séparation, une jeune femme, d'allure russe, au charme retenant le regard. Elle s'en aperçut et me décocha un sourire qui m'inonda ; je restai impuissant, immobile sur mon escalator idiot qui poursuivait sa descente, imperturbable sans peine, ni panne, jusqu'aux entrailles de la grande cité et puis c'est tout ! Ce fut juste une complicité insolente et tout d'un coup toute l'humanité et ses 100 milliards d'individus, par le truchement de l'un (l'une) d'entre eux, qui vous sourit pour toujours.

C'était en 2013, j'avais 78 ans. J'avais été invité en Tanzanie ; j'arrivai donc à Arusha, à l'ombre (mais évidemment immédiatement au soleil) du photogénique (parce qu'il est symétrique) mont Meru. Manyara, N'Gorongoro, Serengeti, Olduvai, même parcours qu'avec Louis Leakey, en 1963, juste cinquante ans avant, mais ce n'était pas exprès, il n'y avait d'ailleurs ni nostalgie ni commémorations dans ce voyage, comme je l'ai déjà dit. L'herbe commençait à jaunir et les gnous à se regrouper pour aller chercher plus vert et plus couvert ailleurs, ce qui ne m'a pas empêché d'y prendre une belle douche tropicale. Si j'en parle ici, c'est parce que me sont apparues, intactes, deux merveilles qui m'ont, quinze ans durant, séduit et rempli les yeux et l'esprit de bonheur : les arbres et les fossiles. Je suis en effet fasciné par ces somptueux acacias parasols (pour moi, d'ailleurs, cette fois parapluies), sans lesquels les MMBA, les *miles and miles of bloody Africa*, n'auraient pas la noblesse qui est la leur. Quant aux fossiles, à peine arrivé au bord de la désormais fameuse gorge, l'un d'entre eux, dont on ne voyait qu'un discret bout de peau, m'a fait signe ; c'était de l'os, bien bronzé par un long séjour dans le sédiment ; je l'ai caressé et n'ai pas pu m'empêcher de le dévêtir ; c'était un astragale complet de rhinocéros, bien lustré, bien compact et bien lourd, que je me suis empressé évidemment de laisser au petit musée local où on doit désormais le voir exposé… Je ne sais pas pourquoi les arbres, certains arbres, m'impressionnent, peut-être parce qu'ils sont vivants, discrets, qu'ils ont des dimensions parfois gigantesques, des âges parfois tout autant, une frondaison ordonnée, une silhouette qui émeut. Je ne sais pas non plus d'ailleurs pourquoi les fossiles m'attirent et me séduisent aussi et autant, avant, bien avant, que la réflexion ne s'en mêle.

C'était en 2016, j'avais 82 ans. J'étais perché sur la falaise du cap Deznev, au pied du monument que les Russes ont élevé à la mémoire de ce marin qui, au milieu du XVIIe siècle, avait atteint pour la première fois (?) cet extrême bout de l'Extrême-Orient. Et je voyais, devant moi, cette mer de Béring, immobile, métallique, à peine irisée par le passage intempestif, comme celui d'un insecte courant sur l'eau, d'un des Zodiac de mon paquebot. Il y a 50 000 ans peut-être, les premiers hommes arrivés là aussi pouvaient avoir la même image avant de se lancer dans cet étroit chenal, à sec ou pas, pour rejoindre les terres élevées d'en face, au profil arrogant, qu'ils ne savaient pas être celles d'un immense nouveau monde. Il y a ainsi des moments que l'on ne peut prévoir, où l'on s'arrête pour une gorgée de sérénité.

Table

DEUXIÈME LIVRE

Le sable et la cendre

TROISIÈME LIVRE

Le savant dans la cité

DU MÊME AUTEUR
CHEZ ODILE JACOB

Des pastilles de préhistoire. Le présent du passé 4, 2015.

Pré-ludes. Autour de l'homme préhistorique, 2014.

Le Présent du passé au cube. Des nouvelles de la préhistoire, 2013.

Pré-textes. L'homme préhistorique en morceaux, 2011.

Yves Coppens raconte nos ancêtres. L'Éveil de l'homme au sacré, 2011.

Yves Coppens raconte nos ancêtres. La Vie des premiers hommes, 2010.

Le Présent du passé au carré. La fabrication de la préhistoire, 2010.

Yves Coppens raconte nos ancêtres. L'histoire des singes, 2009.

Le Présent du passé. L'actualité de l'histoire de l'homme, 2009.

Yves Coppens raconte l'homme, 2008.

L'Histoire de l'homme. 22 ans d'amphi au Collège de France, 2008.

Le Genou de Lucy, 1999.

Pré-ambules. Les pas des premiers hommes, 1998.

Cet ouvrage a été composé
en Adobe Garamond Pro
par Nord Compo
à Villeneuve-d'Ascq (Nord).

Cet ouvrage a été achevé d'imprimer en janvier 2018
dans les ateliers de Normandie Roto Impression s.a.s.
61250 Lonrai
N° d'édition : 7381-3605-X – N° d'impression : 1705369
Dépôt légal : janvier 2018

Imprimé en France